Hendrik Killi

Die Minensucher der Deutschen Marine

HENDRIK KILLI

MINENSUCHER

DER DEUTSCHEN MARINE

Seit EMS 1789

Verlag E.S. Mittler & Sohn GmbH
Hamburg · Berlin · Bonn

Ein Gesamtverzeichnis der lieferbaren Titel der Verlagsgruppe Koehler/Mittler schicken wir Ihnen gern zu. Sie finden uns auch im Internet unter www.koehler-mittler.de.

Die Deutsche Bibliothek – CIP-Einheitsaufnahme

Killi, Hendrik:
Minensucher der Deutschen Marine / Hendrik Killi. –
Hamburg ; Berlin ; Bonn : Mittler, 2002
ISBN 3-8132-0785-4

ISBN 3 8132 0785 4

Produktion: Hans-Peter Herfs-George
Gesamtherstellung: Hans Kock Buch- und Offsetdruck GmbH, Bielefeld
Printed in Germany

Inhaltsübersicht

Grußwort des Kommandeurs der Minenstreitkräfte

Mit Erscheinen dieses Buches legt der Autor seinen zweiten Band über die Einheiten der Deutschen Marine vor.

Als Kommandeur der Flottille der Minenstreitkräfte freue ich mich über diese kompakte Darstellung der Entwicklung der deutschen Minen- und Minenabwehreinheiten seit 1957.

Der Autor hat dankenswerterweise neben einer kurzen Geschichte der Seemine, ihren wichtigsten deutschen Typen und der Kurzdarstellung der Minensuch- und Minenräumtechniken (gestern und heute), die Zeit zwischen 1945 und 1956 in Erinnerung gerufen, in der deutsche Marinesoldaten unter britischem und amerikanischem Kommando über ein weiteres Jahrzehnt hinaus ihren gefährlichen Beruf ausübten, mit dem Ziel, die Zugänge zu den europäischen Häfen wieder minenfrei zu machen. Ein Sachverhalt, der nur noch wenigen Bürgern unseres Landes im Bewußtsein ist; dessen Opfer kaum Schlagzeilen machten.

Die Tatsache, daß dieses Buch auch die Entwicklung der neuen »Minenabwehr 2000« skizziert und damit auf die neuen Minenabwehrtechniken des 21. Jahrhunderts hinweist, macht es zum aktuellsten auf diesem Gebiet.

Allen Ehemaligen, Aktiven und Interessierten wird ein Handbuch zur Verfügung gestellt, welches neben dem Wecken von Erinnerungen möglicherweise auch ein Interesse an der Beantwortung verschiedenster sich ergebender Fragen weckt.

Eine zweite, noch detailliertere Auflage würde nicht nur den Verfasser beflügeln, sondern alle an der Geschichte der deutschen Minenstreitkräfte Interessierten.

Dem Autor sei Dank gesagt für seine umfassenden Recherchen, der Minensucherfamilie wünsche ich »anregende« Lesestunden.

Hans-Joachim Unbehau
Kapitän zur See

Vorwort des Verfassers

Inzwischen haben mehr als 70.000 Marineangehörige in den Minenstreitkräften der Nachkriegszeit gedient. Dieser großen Familie soll vorliegender Band gewidmet sein.

In diesem Buch werden alle bisher für die deutsche Marine in Dienst gestellten Minensucher mit einem kurzen Lebenslauf sowie mindestens einem Foto vorgestellt. In Anbetracht des Gesamtumfanges war es dabei unumgänglich, Kürzungen in den Lebensgeschichten vorzunehmen. Daher konnte auch nicht jedes Manöver u.a. mit aufgenommen werden, dies hätte den Rahmen angesichts der Vielzahl der hier vorzustellenden Boote gesprengt. Viele Einzelerlebnisse, die ausführlicher behandelt wurden, stehen in gewisser Weise auch stellvertretend für andere, die gleiche oder ähnliche Erfahrungen sammeln durften. So konnte auch auf die Entwicklung der Minenabwehr in den Streitkräften der Nationalen Volksarmee in nur sehr begrenztem Umfang eingegangen werden. Im Querschnitt betrachtet wird dennoch in Wort und Bild das dienstliche Leben eines Minensuchers in angemessenem Umfang dargestellt.

Mit Ausnahme der zeitgeschichtlich geprägten Kapitel geschah dies vorwiegend aus der Perspektive des Aufbaus der einzelnen Geschwader und deren jeweils unterstellten Einheiten. Diese Betrachtungsweise entspricht nach der Erfahrung des Verfassers dem überwiegenden Teil der noch aktiven und in besonderem Maße der ehemaligen Minensuchfahrer. Sie sollen in diesem Buch »ihr« Boot und das Geschwader, dem es zeitweise angehörte, ungeachtet der zahlreich stattgefundenen strukturellen Veränderungen hier wiederfinden. Dabei war es unerläßlich, die Entwicklung in chronologischer Reihenfolge darzustellen.

Daneben erschien es dem Verfasser wichtig, den Ursprung dieses Schiffstyps im Rahmen des Aufbaues unserer Marine deutlich werden zu lassen. In diesem Zusammenhang wird auch die Entwicklung vom fast reinen Holzboot der ersten Nachkriegstypen bis hin zur amagnetischen Stahlkonstuktion deutlich und durch entsprechende Fotos optisch nachvollziehbar.

Weiterhin sollten die Minen als Waffe, in sowie damit einhergehend die entsprechenden Suchsysteme bis hin zu den neuesten Entwicklungen erläutert werden. Dabei wird zwangsläufig offenkundig, daß sich das Minensuchen und insbesondere das Räumen von einer Knochenarbeit früherer Tage mit entsprechendem Gefährdungsfaktor für die Besatzungen inzwischen zu einer Tätigkeit gewandelt hat, bei dem die Technik inzwischen eine entscheidende Rolle spielt.

Dessenungeachtet hat sich bei allen Manövern und anderen Anlässen immer wieder bestätigt, daß die Einsatzbereitschaft der Boote und ihrer Besatzungen den internationalen Vergleich nicht zu scheuen brauchte, wenngleich sich die Einsatzbedingungen und Unterbringungsverhältnisse an Bord der Einheiten inzwischen erheblich verändert haben. Gerade beim Golfeinsatz, den Übungen Open Spirit, Baltic Sweep und zuletzt in der Adria, wo einerseits gegen scharfe Minen und andererseits der Meeresgrund nach Fliegerbomben der NATO abgesucht wurde, haben insbesondere die dort eingesetzten älteren Boote und Systeme ihre Einsatztauglichkeit noch nachhaltig unter Beweis stellen können. Darauf dürfen die dort eingesetzten Besatzungen zu Recht ein wenig stolz sein.

In den Inhalt dieses Buches mit aufgenommen wurden auch die wichtigsten Zeitdaten sowie technische Angaben zu den einzelnen Typ-Klassen. Die Gesamtübersicht aller Einheiten gibt darüber hinaus Auskunft, welche Boote sich derzeit noch in Dienst befinden und welchem Geschwader sie zu Beginn ihrer Dienstzeit angehört haben. Ebenso können auch nachträglich stattgefundene Unterstellungswechsel so nachvollzogen werden.

Die Geschichte der Seemine und der Minenabwehr

Als Erfinder der Seemine gilt im allgemeinen der Amerikaner David Bushnell. Im Unabhängigkeitskrieg 1776 ließ er pulvergefüllte Bierfässer gegen britische Kriegsschiffe treiben. Beschädigungen sind nicht bekanntgeworden, so daß mehr die psychologische Wirkung in Erinnerung geblieben ist. Manche Quellen gehen auch von Robert Fulton als Erfinder aus. Das von ihm entwickelte Sprenggefäß nannte er zu diesem Zeitpunkt allerdings Torpedo. 1810 fertigte er die erste klassische Ankertaumine. Daneben erfand er auch den Torpedo.

1848 wurden die ersten Seeminen in deutschen Gewässern eingesetzt. Im Krieg gegen die dänische Flotte wurde die Kieler Förde vermint. Diese bestanden aus wasserdichten Fässern, die mit zweieinhalb Zentner Pulver gefüllt waren und unter der Wasseroberfläche verankert wurden. Wiederum lag die Hauptwirkung der Mine in der Abschreckung. Es wurde zwar kein dänisches Schiff damit in Gefahr gebracht, doch wurde die Stadt auch nicht von See her angegriffen.

1866 kam im Krieg Österreich gegen Italien eine Puffermine zum Einsatz. Diese hatte eine Ladung von 300 Pfund Pulver und wurde über eine Stoßzündung zur Detonation geführt. Drei Jahre später entwickelte Preußen ebenfalls eine solche Mine, die dann im Krieg gegen Frankreich 1870/71 zum Einsatz kam. Sie verfügte über eine Ladung von 75 kg Pulver, die über einen Bleikappenzündmechanismus zur Explosion gebracht wurde. Im selben Jahr wurde auch noch eine Beobachtungsmine eingeführt, die über eine Ladung von 500 kg Pulver verfügte und über eine elektrische Zündung von Land aus eingesetzt werden konnte.

1872 wurden gleich drei Minensysteme entwickelt. Zum einen war dies eine Puffermine an der Kette mit einer Ladung von 40 kg Schießwolle und Stoßzündung sowie zwei verschiedene Typen von Stoßminen, davon eine an zwei Ketten mit einer Ladung von 75 kg und Bleikappenzündung sowie eine andere Ausführung am Ankertau.

Ab 1877 gab es die erste gebrauchsfertige Mine in Deutschland! Mit einem Kalizünder ausgestattet war sie mit 40 kg Pulver geladen. Unter der Bezeichnung C/77 A wurde in der Folgezeit an der Weiterentwicklung mit gesteigerter Sprengladung, 70 kg Schießbaumwolle sowie mit Tiefensteller und verbesserter Zündeinrichtung gearbeitet.

1884 wurden dann in Deutschland und Österreich Streuminen mit Wasserdruckeinstellung entwickelt, die dann 1893 nach weiteren Verbesserungen für größere Wassertiefen eingeführt wurden.

Im Russisch-Japanischen Krieg 1904–1905 gelangte der moderne Minenkrieg zum Durchbruch. Auf beiden Seiten sorgten defensiv ausgelegte Sperren zu empfindlichen Schiffsverlusten.

Diese Erfahrungen führten in der Kaiserlichen Marine am 1. Mai 1905 zunächst zur Aufstellung der Minenkompanie, die dann am 1. Juni 1907 zur Minenabteilung ausgebaut wurde. Hier fand zunächst die Ausbildung des Personals im Minensuchdienst statt.

Dem Grunde nach entspann sich in der Folgezeit ein fast ewiger Wettlauf zwischen immer neuen Minenvarianten und vor allem neuen Zündersystemen einerseits und andererseits entsprechender Abwehrmethoden, so bald man Kenntnis über solche Neuheiten erhalten hatte. Es liegt in der Natur der Sache, daß die »Mine« dabei immer einen Zeitvorsprung und damit zunächst alle Vorteile für sich hatte. All dies ist natürlich bis in die heutige Zeit vor dem jeweiligen Hintergrund der technischen Möglichkeiten zu sehen, die für solche Entwicklungen zur Verfügung standen und mit welcher Energie diese vorangetrieben wurden.

Ab 1912 wurden Einheitsminen bei der deutschen Marine eingeführt. Diese waren mit 150 kg Schießbaumwolle gefüllt und hatten eine Sprengbüchse sowie Zeiteinstellung. Das EMB hatte bereits eine Sprengladung von 225 kg.

1918 gelang Großbritannien erstmalig die Konstruktion einer Magnetmine. Damit war der nächste Schritt in Richtung von Influenze-Minen eingeleitet, deren Zündung durch die Fernwirkung der Schiffssignatur, d.h. die Verbindung durch Magnetismus, Schall und Druck, erfolgt. Diese Minen, meistens als Grundminen eingesetzt, mußten hohen Anforderungen genügen. Entsprechend wurde ihre Weiterentwicklung von allen Seenationen nach dem Ersten Weltkrieg fortgesetzt.

Auch die Engländer erzielten mit der Nutzung der Induktionsströme für die Zündung der Magnetmine einen wesentlichen Fortschritt. Nach diesem Prinzip werden auch heute noch derartige Minen konstruiert.

Bis zum Ausbruch des Ersten Weltkrieges verfügte die Marine über keine besonders für die Minensuche und Räumung von Minenfeldern konstruierten Bootstypen. Als Behelf bediente man sich zunächst alter Torpedoboote, auf denen nachträglich Suchgeräte eingebaut wurden. Diese Boote waren in drei Minensuchdivisionen zusammengefaßt. Außerdem wurden noch andere Einheiten wie z.B. Fischdampfer für diese Aufgabe ausgerüstet. Im Verlauf des Krieges zeigte es sich jedoch schnell, daß diese Behelfslösungen auf Dauer keine zufriedenstellende Ergebnisse erbringen konnten. Dies führte dann zur Entwicklung von drei Typen.

Zum einen Minensuchboote für den Hochseeeinsatz mit rund 500 ts Wasserverdrängung sowie für den Küstenbereich flachgehende Einheiten mit 200 und 20 ts. Die Boote erhielten keine Namen und waren zur Unterscheidung lediglich numeriert.

Zur Veranschaulichung, welche Dimension der Minenkrieg bereits im Ersten Weltkrieg erreicht hatte, hier einige Zahlen: Nach den Angaben der Kriegsteilnehmer wurden in diesem Zeitraum mehrere hunderttausend Minen aller Art eingesetzt (die Zahlenangaben sind nicht einheitlich). Diesen fielen 399 Kriegsschiffe sowie 586 Handelsschiffe zum Opfer. Auch nach dem Kriege kam es wegen der Erblast der vielfach noch nicht vollständig geräumten Minenfelder noch zu erheblichen Verlusten unter der Handelsschiffahrt. So sind im Zeitraum von 1918–1922 ca. 111 Schiffe durch Minen verlorengegangen.

Auf den Konstruktionsgrundlagen und Kriegserfahrungen aufbauend, wurden dann in den zwanziger und dreißiger Jahren im wesentlichen zwei Grundtypen von Minensuchern entwickelt, auf denen dann auch im Zweiten Weltkrieg die Hauptlast im Minenkampf ruhen sollte. Nicht zu vergessen die vielen zusätzlichen Aufgaben, die diesen Einheiten mangels ausreichender Alternativen zu erfüllen hatten. So entstanden für den Hochseeeinsatz die Typen M 35, M 40 und M 43 sowie die kleineren Minenräumboote für den näheren Küstenbereich. Wie im Ersten Weltkrieg wurden auch diese Boote lediglich mit dem Zusatz M oder R vor der jeweiligen Bootsnummer versehen.

Im Zweiten Weltkrieg waren es dann bereits 636 000 Minen und Sperrschutzmittel aller Art, die in den europäischen Gewässern ausgelegt wurden. Dadurch gingen innerhalb des Kriegszeitraumes 1939-1945 ein Kreuzer, 70 Zerstörer, zahlreiche U-Boote, 243 kleinere Kriegsschiffe und 6520 Handels- und Transportschiffe verloren. In BRT ausgedrückt ergibt dies einen Gesamtverlust bei den Alliierten mit 6 657 000 BRT, die den Minen zugeschrieben wurden. Diese Zahlen sprechen wohl für sich selbst.

Die deutschen Verluste in diesem Zeitraum lagen bei 38 U-Booten, 21 Überwasserkriegsschiffen, 24 Versorgern und 81 Minenabwehreinheiten. Nicht zu vergessen noch die Minentreffer, die zwar nicht unmittelbar zum Verlust eines Schiffes geführt haben, jedoch in aller Regel einen längeren Ausfall dieser Einheit bewirkt haben und einen Werftaufenthalt notwendig machten.

Für die deutschen Opfer dieses Minenkrieges wurde in Cuxhaven ein Mahnmahl errichtet, dessen Vorderseite folgende Inschrift trägt (siehe Abb.):

> Wo aus Tiefen der Tod
> deutsche Kriegsfahrt bedroht,
> setzten Männer sich ein,
> daß frei sollten sein
> die andern.

Der Mineneinsatz im Völkerrecht

Die Seemine ist eine stille Waffe. Sie bewegt sich nicht, sie lauert vielmehr unbeweglich unter Wasser auf ihre Opfer. Erst wenn ein Schiff von ihren passiven Sensoren wahrgenommen wird, kommt es zum Waffeneinsatz. Die Mine muß, wenn sie an ihren vorbestimmten Einsatzort verlegt ist, selbständig arbeiten. Eine Einflußnahme ist dann nicht mehr möglich. Charakteristisch ist auch ihre lange Bereitschaftszeit, man geht hierbei von mindestens einem Jahr aus. An die Zuverlässigkeit werden dabei besondere Anforderungen gestellt. Schließlich kann sie nicht Freund und Feind unterscheiden.

Die Haager Konvention von 1907 über die Verwendung von Minen im Krieg, die Charta der Vereinten Nationen sowie die Genfer Abkommen vom 29. April 1958 sind die maßgeblichen internationalen Abkommen, die sich mit dem

Einsatz von Seeminen und deren völkerrechtlichen Bedeutung befassen. Danach sind Verminungen zum Schutz des eigenen Küstenmeeres bereits zu Friedenszeiten zulässig, wenn es der Sicherheit des Staates dient und die internationale Schiffahrt dadurch nicht blockiert wird. Eindeutig untersagt ist im Gegensatz dazu der Einsatz von Treibminen auf See, wie die Verminung der Hochsee.

Es folgt nun eine Übersicht über die gebräuchlichsten Minenarten

Die deutsche Marine verfügt über einen gut sortierten Bestand an Seeminen sowohl älterer als auch neuerer Bauart für unterschiedliche Einsatzzwecke. Neben verschiedenen Typen von Minensuchern verfügen auch noch andere Einheiten der Marine über Minenlegekapazitäten, so daß diese spezielle Aufgabe in einem Einsatzfall nicht allen von der Flottille der Minenstreitkräfte zu erfüllen wäre.

In den letzten Jahren hat es bei der Weiterentwicklung dieser Waffe durch die technische Entwicklung von Mikroprozessoren allgemein erhebliche Fortschritte gegeben. An dieser Stelle sei der Hinweis gestattet, daß bei der anschließenden Betrachtung der bisher verwendeten und teilweise auch weiterhin in Gebrauch befindlichen Systeme aus nachvollziehbaren Gründen nicht der allerletzte Sachstand wiedergegeben werden kann.

Technisch ist man derzeit dazu in der Lage, Minen erst im letzten Moment zu programmieren, von Land, der See oder aus der Luft die Scharfstellung zu aktivieren. Die Seemine ist somit in dieser modernen Ausführung zu einer High-Tech-Waffe der großen Seemächte geworden.

Ankertauminen

Die Ankertaumine ist mithin der älteste und verbreitetste Minentyp, der von den internationalen Seemächten bisher zum Einsatz gebracht wurde. Erst ab dem Jahr 1884 verfügte Deutschland über eine funktionsfähige Mine dieser Bauart. Diese war jedoch bedingt durch ihr geringes Ladungsgewicht und dem noch recht unzuverlässigen Zündmechanismus noch keine ernsthafte Gefahr für größere Kriegsschiffe. Durch fortlaufende Verbesserungen konnte im Laufe der Zeit Anschluß an den internationalen Standard erreicht werden. Der Vorgang des Abwurfes einer Ankertaumine ist im Schaubild und auf der Abb. leicht nachvollziehbar.

Die Ankertaumine ist im allgemeinen kugel- bzw. birnenförmig. Aus der äußeren Hülle ragen aus der oberen Hälfte die Minenhörner heraus, die bei Kontakt zu einem Schiff abbrechen und damit den Zündmechanismus aktivieren. Der äußere Mantel eines Minenhorns ist aus Blei hergestellt. Im inneren ist eine Glasröhre mit einer Säure enthalten. Beim Kontakt mit einem Schiffsboden oder einer Bordwand wird nun eines dieser Hörner in aller Regel abgebrochen. Dies hat zur Folge, daß die innenliegende Glasröhre ebenfalls bricht und ihren Inhalt, die Säure, eine Verbindung mit einem Element eingeht, das augenblicklich elektrischen Strom erzeugt, was wiederum über einen Glühfaden den Zündmechanismus der Sprengladung auslöst. Das Innenleben einer Mine enthält neben diesen Einrichtungen auch noch eine Menge Luft, um den nötigen Auftrieb nach dem Abwurf zu gewährleisten.

Die Minen müssen allerdings bereits vorher auf die notwendige Wassertiefe eingestellt werden. Nach dem Wurf ist dies nicht mehr möglich. Die Mine sinkt zunächst mit ihrem Minenstuhl auf den Meeresgrund und bleibt dort für kurze Zeit liegen, gerade so lange, wie das Salzstückchen in ihrem Mechanismus benötigt, um zu schmelzen. Danach steigt dann die Mine an ihrem Ankertau, das wiederum am Ankerstuhl befestigt ist, auf. Über eine Tiefenstelleinrichtung, die auf Wasserdruckbasis arbeitet, wird nun sichergestellt, daß die Mine auf einer konstanten Wassertiefe verbleibt. Wegen der zum Teil erheblichen Tidenunterschiede im Zielgebiet, mußten die Minen zu dem zuvor errechneten Zeitpunkt des mittleren Tidenhubes im Zielgebiet gelegt werden. Die Wirksamkeit eines Minenfeldes ist neben anderen Faktoren daher in entscheidendem Maße zunächst vom richtigen Abstand zur Wasseroberfläche, ca. 4,50 m, abhängig.

Die Ankertaumine der Bundesmarine »DM 11« wurde als U-Boot-Abwehrmine klein Typ C, unter der Bezeichnung UMC, als erste Mine nach dem Kriege entwickelt und ab 1968 an die Marine ausgeliefert. Mit dem Ankerstuhl hat sie eine Höhe von 1,53 m. Das kugelförmige Gefäß hat einen Durchmesser von 83 cm. Das Gesamtgewicht liegt bei 550 kg, wobei die Sprengladung nur 40 kg wiegt. Die Zündung wird durch mechanischen Kontakt einer der acht Stoßkappen ausgelöst. Die Tiefeneinstellung ist in einer Bandbreite von 1 bis 150 m möglich. Die Ankertaumine wird beim Auftreiben an die Wasseroberfläche dann zu einer gefährlichen Treibmine, wenn sich ihr Zündsystem nicht unmittelbar nach Erreichen der Wasseroberfläche automatisch unscharf stellt.

Die Ausführungen zur Ankertaumine spiegeln den Sachstand wider, zu dem sie entwickelt und auch eingesetzt wurde. Inzwischen ist diese jedoch wesentlich verfeinert worden, so daß diese beschriebene Art künftig weder national noch international zum Einsatz kommen dürfte.

Sie wurde an dieser Stelle lediglich deshalb so ausführlich behandelt, weil sie über viele Jahre hinweg mit sehr großen Stückzahlen in den Arsenalen der klassischen Seemächte vorhanden war und in beiden Weltkriegen eine dominierende Rolle gespielt hat.

Die U-Boot-Mine DM 41 wurde unter der Bezeichnung »Seemine G 1« entwickelt und nach 1980 ausgeliefert. Sie kann einerseits von U-Booten der Typ-Klasse 206 über eine Minenwurfanlage (Minengürtel) verlegt werden, andererseits von mit Minenschienen ausgerüsteten Überwasserfahrzeugen abgeworfen werden. Die zylindrische Mine besteht aus einer Gerätesektion mit US-Zündgerät mit Ansprache auf akustisch, magnetisch und Druck und einer Ladungssektion. Das Gesamtgewicht beträgt 770 kg.

Akustikminen: Die von einem in Fahrt befindlichen Schiff erzeugten Geräusche breiten sich in der Regel kugelförmig nach unten in Richtung Meeresboden aus. Das Zündsystem der Mine verwendet dabei Mikrofone zur Zielerfassung. Die Auffaßreichweite akustischer Minen ist dabei größer als die von magnetischen. Durch Minenabwehrmaßnahmen ist diese Minenart jedoch einfacher zu täuschen und damit entsprechend leichter zu bekämpfen.

Magnetminen: Die Zündsysteme dieser Minen können die Veränderung des Erdfeldes durch das Schiffsfeld erkennen und zur Erzeugung des Zündsignals nutzen. Das Zündsystem ist je nach Empfindlichkeit seiner Meßinstrumente in der Lage, ein Schiff festzustellen sowie in weiteren Meßtakten Abstandsveränderungen durchzuführen. Über 60 m Wassertiefe ist ein Einsatz von Magnetminen nicht zweckmäßig, da mit zunehmender Entfernung das Zündsystem keine erfolgversprechenden Impulse mehr auffassen kann.

Druckminen: Sie kamen erst gegen Ende des Zweiten Weltkrieges zur Anwendung, da erst danach die allgemeine technische Entwicklung eine Herstellung dieser Waffe möglich machte. Das Zündsystem dieser Mine reagiert auf Über- und Unterwasserdruckwellen, die beim Passieren eines Schiffes im Wasser entstehen. Diese sind abhängig von verschiedenen Faktoren wie Schiffsgröße und Geschwindigkeit. Derzeit können solche Minen nur durch Minenjagdboote bekämpft werden.

Kombinationsminen: Diese Bezeichnung bezieht sich auf die Wahl der verwendeten Zündsysteme. Dabei werden zumindest zwei oder jedes der bereits beschriebenen Fernzündungssysteme verwendet. Damit sollen die Stärken der jeweiligen drei Komponenten zum einen genutzt, zum anderen die bestehenden Schwächen der Einzelsysteme kompensiert werden.

Grundminen: Die Seemine »G 2« ist eine moderne Seegrundmine mit kombinierten Zündsystemen. Diese Minen liegen auf dem Meeresboden und werten verschiedene physikalische Schiffssignaturen für ihre Zündentscheidung aus. Im einzelnen sind diese oben bereits beschrieben. Diese Zündsysteme können auch noch in Verbindung mit einer Tarnung der Mine, wie z.B. durch Form und Beschichtung der Außenverkleidung für eine Sonarortung unansprechbar gemacht werden. Solcherart mit viel technischem Aufwand hergestellte Minen können auch nicht durch entsprechende Simulationsgeräte angesprochen werden und können gegenwärtig, wenn überhaupt, nur schwierig geräumt werden. Herkömmliche Grundminen können mit verhältnismäßig geringem Energieaufwand durch Selbsteinspülung in den Meeresboden auch für modernste Minenjagdmethoden nahezu unsichtbar gemacht werden. Dies setzt natürlich eine entsprechende Bodenbeschaffenheit im entsprechenden Seegebiet voraus. Die Sensoren der Mine bleiben auch mit einer relativ starken Sand- oder Schlickauflage voll funktionstüchtig.

Mobile Minen: Sie können sich entweder aktiv mittels einer Treibladung oder eines Raketenmotors von dem Ort, an dem sie ins Wasser abgeworfen wurden oder sich von ihrem Trägerfahrzeug gelöst haben, zu dem Ort bewegen, an dem die Zündung der Ladung erfolgen soll. Diese Standortveränderung kann auch passiv erfolgen, indem die Mine durch eine hydrodynamische Formgebung oder entsprechende Strömungsverhältnisse ihren Lageort verändert. Dabei wird bei der Sparte mobile Minen unterschieden nach der Art des dabei verwendeten Antriebes in a) Projektilminen, b) Treibminen und c) Minen mit Eigenantrieb. Hierzu einige Anmerkungen zum besseren Verständnis der Unterscheidung:

a) Projektilminen werden an ihrer Lauerposition durch Zündung einer Treibladung gestartet, nachdem zuvor das eingebaute Zündgerät auf »Ziel« erkannt hat. Nach der Zündung bewegt sich die Mine in einer selbst erzeugten Kavitationsblase zum Ziel. Dies hat zur Konsequenz, daß die Richtung bereits vorgegeben sein muß, da eine Nachkorrektur der Flugbahn nicht mehr möglich ist. Diese Minenart wird ihrer Eigenart entsprechend vorzugsweise gegen Ziele eingesetzt, die nicht in Kontakt zum Wasser sind, z.B. Luftkissenfahrzeuge oder Minenabwehrhubschrauber, und somit auch nicht durch die Stoßwelle einer herkömmlichen Unterwasserdetonation erfaßt und beschädigt werden können. Die Reichweite dieses Minentyps liegt bei einigen hundert Metern.

b) Treibminen sind zwar wie bereits erwähnt durch die Haager Seekriegsordnung von 1907 völkerrechtlich geächtet. Dessenungeachtet kann man doch von ihrer Existenz und Verbreitung in einigen Ländern ausgehen. Dies haben auch die Erfahrungen aus dem Golfkrieg bestätigt. Minen dieser Art können auch ganz einfach bei entsprechenden Räumoperationen dadurch entstehen, daß normale Ankertauminen durch Räumleinen geschnitten werden und anschließend als Treibminen weiterhin als scharfe Minen angesprochen werden müssen.

c) Minen mit Eigenantrieb nutzen in der Regel einen Motor, um ihre Position zu verändern. Zu dieser Kategorie gehören die Steigminen. Der Gefechtskopf wird dabei durch einen Torpedo oder Rakete getragen. Der Träger ist in einem Behältnis, das über einem Ankerstuhl an einer Halterung steht, untergebracht. Nach dem Lösen des Gefechtskopfträgers durch einen Impuls des Zündgerätes der Mine bewegt sich dieser zum Ziel. Die Reichweite liegt bei etwa 1 km. Ein weiterer Vertreter dieser Gattung ist die Grundmine mit Verbringungsmodul. Dieser Typ soll speziell die verdeckte Verminung gegnerischer Seegebiete über größere Entfernungen ermöglichen. Sie besteht aus einem Wirkteil, der sich nach dem Abwurf wie eine Grundmine verhält, sowie einem Modul, das der Verbringung dient.

Im Unterschied zu den erwähnten mobilen Minentypen gibt es noch die stationären Minen. Dieser derzeit wohl noch vorwiegend in Drittländern verwendete Minentyp in Form der Ankertau- und Grundmine ist in seiner Wirkungsweise bereits besprochen worden.

Nachstehend wird nun die Übungsversion der SM G2, mit der es die Minensucher der deutschen Marine bei Manövern hauptsächlich zu tun haben, näher betrachtet.

Die Übungsmine besteht wie die Gefechtsmine aus zwei Sektionen. Dabei ist die Gerätesektion sowie die Zünd- und Sicherheitseinrichtung identisch mit der Gefechtsmine. Im Unterschied zu dieser ist bei der Übungsmine der Detonator durch eine Leuchtdiode ersetzt. Die Sektion 2 ist im Gewicht und den äußeren Abmessungen nahezu gleich mit der Ladungssektion der Gefechtsmine. Darüber hinaus verfügt die Marine noch über eine Antiinvasionsmine zum direkten Schutz der Küsten.

Die Ladung der Mine

Verwendet werden feste Sprengstoffe, die in den letzten Jahren ständig in ihrer Wirkungsweise verbessert wurden. Beim Minensprengstoff ist jedoch auch die Dichte von besonderer Bedeutung, weil auf diesen Teil, gemessen am Gesamtumfang, der mit Abstand größte Raum- und Gewichtsanteil entfällt.

Bei der Zündung einer Kontaktmine wirkt die Ladung ähnlich wie bei jeder anderen Sprengladung. Dies bedeutet, daß das Schiff in erster Linie durch Zerstörung von Teilen in der unmittelbaren Umgebung der Explosionsstelle beschädigt wird. Dort entsteht zunächst ein lokaler Schaden, der jedoch auch zum Totalverlust führen kann. Die Erfahrungen aus zwei Weltkriegen haben gezeigt, daß zumindest längere Dockaufenthalte zur Behebung dieser Unterwasserschäden erforderlich sind. Das heißt andererseits, daß die getroffene Einheit über einen längeren Zeitraum nicht mehr verwendungsfähig ist.

Die Grundmine ist in sehr flachem Wasser am wirksamsten. Mit zunehmender Wassertiefe geht die Hauptwirkung von der Gasblase aus, die bei der Detonation entsteht und sich gegen das Wasser als Dämmasse ausbreitet. Dies bewirkt, vereinfacht ausgedrückt, sich schnell abwechselnde Über- und Unterdruckwellen, die sich gegen den Schiffsboden richten. Dadurch kommt es zu Verbiegungen bis hin zum Bruch von Kiel und Spanten, die dann letztlich zum Totalverlust der getroffenen Einheit führen können. Die Wahrscheinlichkeit eines Totalschadens ist bei einem solchen Treffer jedenfalls höher als bei einer Kontaktmine.

Zusammenfassend läßt sich feststellen, daß es entsprechend dem technologischen Standard eines Landes heute grundsätzlich möglich ist, Minen jeder Art herzustellen, die aus den verschiedensten Bestandteilen und Zündsystemen bestehen können. Damit sind gleichzeitig die qualitativen Herausforderungen an die Minen noch größer geworden, als sie es bisher bereits waren. Die richtige Antwort scheint die deutsche Marine bei der Entwicklung des Seefuchses und anderer geplanter Verfahrensweisen gefunden zu haben.

Siehe hierzu auch das Kapitel Minenräumtechniken.

HEMARINE

Die Minenjagd mit Booten der Klasse 331 B

Die Küstenminensuchboote FULDA und FLENSBURG waren in der Bundesmarine die ersten Boote, die entsprechend dieser neuen Suchtechnik umgerüstet wurden. Nach einer Erprobungsphase, bei der auch wertvolle Erfahrungen gesammelt werden konnten, wurden noch zehn weitere Boote dieser Baureihe mit dieser Technik ausgerüstet. 1981 war diese Aktion beendet und das Minenjagdprogramm zunächst abgeschlossen.

Das PAP 104, das derzeit noch an Bord der Klasse 331 B gefahren wird, soll in seiner Wirkungsweise nachstehend beschrieben werden, wenngleich es technisch inzwischen in verschiedenen Bereichen fortentwickelt wurde und nunmehr in der modifizierten Form als Pinguin B 3 bei den Booten der Typ-Klasse 332 eingesetzt wird.

Das Minenjagdsystem besteht aus dem verbesserten Minenjagdsonar ASDIC 193 M in Kombination mit dem in Frankreich entwickelten Minenjagdgerät PAP 104 (PAP-Poisson Auto Propulsè). Von diesem Gerät werden je zwei an Bord gefahren. In der praktischen Anwendung tastet das Sonargerät den Meeresboden im Nahbereich bis zu rund 400 m ab. Der Sonaroperator auf dem Minenjagdboot bekommt auf seinem Sichtgerät die vom Sonargerat erfaßten Kontakte übermittelt. Sofern dieses ein minenähnliches Aussehen aufweist, wird das PAP 104 zu Wasser gelassen und mittels der eingebauten Fernsehkamera an das erfaßte Objekt dirigiert. Das von der Kamera aufgenommene Bild erscheint nun über dem Lenkdraht auf einem Fernsehmonitor in der Operationszentrale des Jagdbootes. Dort erfolgt dann die Auswertung und Analyse. Sofern das Objekt als Mine identifiziert ist, erhält der PAP über den Lenkdraht ein entsprechendes Signal zum Abwurf einer Minenvernichtungsladung in unmittelbarer Nähe der Mine. In diesem Bereich wurde das System nun wesentlich verbessert. Durch technische Weiterentwicklung der Steuerungselemente ist der Pinguin inzwischen um einiges handlicher geworden, so daß ein erfaßtes Objekt nun von allen möglichen Beobachtungswinkeln betrachtet werden kann.

Der Sensorkopf des PAP ist entweder mit einem Nahbereichssonar oder einer TV-Kamera ausgerüstet. Beim Typ Pinguin B 3 sind bereits beide Sensoren in einem Suchkopf enthalten. Die gleiche Drohne setzt also in der Anfangsphase das Nahbereichssonar und in der Endphase die TV-Kamera ein. Eine weitere Verbesserung liegt in der zielgerichteteren Bekämpfung des Objektes, das mit dem Nahbereichssonar DDSX 11A eine noch genauere Ansteuerung des Objektes ermöglicht, sowie der zusätzlichen Kapazität der zweiten Bekämpfungsladung. Jede Ladung trägt dabei eine Sprengstoffmasse von 100 kg.

Die Unterwasserdrohne PINGUIN B 3

Dieses von der Fa. Systemtechnik Nord (STN) entwickelte System besteht aus zwei Unterwasserdrohnen, die zur Identifizierung und Vernichtung von Seeminen eingesetzt werden, einer Bedienungseinrichtung zum Führen der Drohne über die Operationszentrale (OPZ) bzw. vom Oberdeck aus. Weitere Bestandteile sind eine Kabelwinde zur Aufnahme des Lenkkabels der Drohne und eine Transport- und Instandsetzungseinrichtung, die der Lagerung und Wartung der Drohnen an Bord dient. Die Drohnen haben keine Besatzung und werden über ein schwimmfähiges Lichtwellenleiterkabel von der OPZ aus ferngesteuert.

Die Drohne selbst besteht aus einem zylindrischen Metallkörper und hat zwei in der Längsachse angebrachte Propellerantriebe für die Horizontalbewegung. Für Vertikalbewegungen hat sie ein Propellerhubtriebwerk eingebaut. Die Tauchtiefe der Drohne wird bei einer Fahrt über 2 kn durch die Tiefenruderanlage gesteuert. Bei Geschwindigkeiten unter 2 kn erfolgt dies durch das Hubtriebwerk.

Der Drohnenkörper besteht aus einer amagnetischen und korrosionsbeständigen Aluminiumlegierung und ist weitgehend druckfest, so daß die Umrüstung auf eine Tauchtiefe von 200 m problemlos zu bewerkstelligen ist. Sie ist so konstruiert, daß sie in drei Sektionen getrennt werden kann, um einen problemlosen Zugang zu allen Teilsystemen zu gewähren. Im Kopfteil befinden sich die Sensoren, im Mittelteil sind die Steuer- und Regelelektronik sowie die Bordbatterien untergebracht. Im Heckteil sind Leistungselektronik und die Antriebe eingebaut. Die Energieversorgung der Drohne erfolgt durch zwei verschiedene Batterien. Die eine ist die Fahrbatterie. Diese versorgt die Leistungselektronik mit Energie. Die Bordbatterie speist alle restlichen Energieverbraucher des Systems. Dessen Gewicht liegt bei 1075 kg. Die Geschwindigkeit, d.h. die Dauerhöchstleistung, liegt bei 6 kn. Ein Einsatz kann bis zu einer Wellenhöhe von 2 m erfolgen.

Trotz vieler Vorteile sind Minenjagdboote allein nicht in der Lage, alle Minenabwehrprobleme umfassend zu lösen. So ist beispielsweise auf felsigem Meeresboden eine Minenjagd sehr schwierig. Ebenso wie bei im Schlick eingesunkenen Minen ist hier eine Sonarortung kaum erfolgreich. Dieser Ausgangslage wird bei Übungen und Manövern dadurch Rechnung getragen, daß Minensucher und Minenjäger in gemischten Verbänden eingesetzt werden. Beispielhaft sei hier auf die jahrelange gute Zusammenarbeit der im 4. und 6. Minensuchgeschwader unterstellten Boote hingewiesen.

Die Einsatzaufgaben erfordern ein eingespieltes und vielseitiges Team. Dies macht einen flexiblen Einsatz der Besatzungsmitglieder auf wechselnden Positionen auch in fachfremden Bereichen notwendig. Die hierfür erforderliche Zusatzausbildung wird dabei im Geschwader vermittelt. Den Bootskommandanten steht dabei eine spezielle Ausbildungsunterstützungsgruppe unter der Leitung des S3-Offiziers zur Verfügung.

Darüber hinaus übten die OPZ-Teams anfangs am Minentrainer der Marinewaffenschule in Eckernförde. Danach fand die Ausbildung an einer Schulungsanlage Minenjagd Klasse 332/333 an der Marinewaffenschule statt. Ab 2003 soll diese Schulung dann in Bremerhaven durchgeführt werden.

Es folgt nun eine Aufzählung und Beschreibung der bisher bekannten und erprobten Abwehrsysteme.

Nach der Entwicklung der Grundmine und ihrer Zündsysteme wurde das Simulationsräumen entwickelt und eingeführt. Durch die Nachahmung der akustischen und magnetischen Signatur eines Schiffes wird die Mine zur Zündung gebracht. Dies gilt jedoch nicht für Druckzünder. Diese Räumtechnik birgt jedoch einen grundlegenden Nachteil in sich, die Mine muß zunächst einmal überlaufen werden.

Mechanisches Räumen durch den Scherdrachen

Als Vorläufer des Scherdrachens ist die OTTER zu sehen, die zunächst als Bugschutzgerät, ab 1929 auch vom Heck gefahren werden konnte und bis dahin das verbreitetste Räumgerät darstellte.

Bei mechanischem Gerät spreizen Scherdrachen eine oder zwei Räumleinen auseinander, die selbst von Schwimmern getragen werden. Ein Tiefendrachen bringt die Räumleine auf die zuvor bestimmte Räumtiefe. Mit diesen wird bei hoher Fahrtstufe am Ankertau einer Ankertaumine eine Sägewirkung erreicht und das Tau so durchschnitten. Wenn die Mine dann an die Wasseroberfläche auftreibt, kann diese mit Bordwaffen abgeschossen werden. Zur Steigerung des Sägeeffektes werden die Räumleinen zusätzlich mit Schneidgreifern oder Sprenggreifern versehen: beim Schneidgreifer wird das Stahlseil von zwei Messern aufgerieben, bei den Sprenggreifern explodiert eine kleine Ladung, wenn das Ankertau den Sprenggreifer berührt. Beide Greifer bewirken letztlich die Trennung des Ankers vom Minengefäß. In Deutschland wurde dieses als Einschiffgerät weiterentwickelt. Das mechanische Räumgerät kann von einem Einzelboot oder auch von mehreren Booten in Formation eingesetzt werden. Grundvoraussetzung für ein erfolgreiches Räumen sind einerseits eine präzise Navigation sowie eine sichere Handhabung des Räumgerätes auch bei schwierigeren Wetterlagen.

Simulation durch nachgeschleppte Geräte

Nachgeschleppte Simulationsräumgeräte sollen die Zündgeräte von Fernzündungsminen, zumeist von Grundminen, als auch von Ankertauminen ansprechen und zur Detonation der Sprengladung veranlassen. Dabei sind die Räumgeräte so weit achteraus, daß eine von diesen ausgelöste Explosion das schleppende Minensuchboot kaum gefährden kann. Bei diesem Verfahren unterscheidet man wiederum zwischen magnetischen und akustischen Fernräumgeräten.

Magnetische Fernräumgeräte erzeugen schiffsähnliche Magnetfelder und werden von Bord durch Räumgeneratoren mit Strom versorgt. Mit diesen Simulationsgeräten werden solche Zündgeräte aktiviert, die auf eine Veränderung des erdmagnetischen Feldes durch ein Schiff reagieren. Dies sind a) das Magnetschleifengerät, b) das Magnetelektrodengerät und c) das Hohlstabfernräumgerät.

a) Zur Wirkungsweise des Magnetschleifengerätes wäre zu sagen, daß dieses in einem schwimmenden Kabel, das in einer großen Schleife hinter dem Minensuchboot ausgebracht ist, starke Magnetfelder erzeugt. Dieses Gerät ist insbesondere bei größeren Wassertiefen im Einsatz.

b) Das Magnetelektrodengerät besteht aus einem achteraus geschleppten schwimmenden Kabel und langen blanken Elektroden. Der durch das Kabel fließende Strom erzeugt wiederum Magnetfelder, deren Stärke ebenfalls gesteuert werden kann. Dieses Verfahren eignet sich wegen der besseren Manövrierfähigkeit gut für enge Gewässer.

c) Das Hohlstabfernräumgerät (HfG) besteht aus einem rund 20 m langen zylindrischen Körper. Dieser besitzt große Spulen, die über ein langes Kabel von Bord aus mit Strom versorgt werden und magnetische Felder erzeugen können. Das HfG wird vom Minensuchboot in das jeweilige Einsatzgebiet geschleppt. Es eignet sich dabei besonders gut für navigatorisch schwierige Seegebiete und erlaubt auch höhere Fahrtstufen des schleppenden Fahrzeuges. Eine Weiterentwicklung dieses Räumverfahrens ist das bei der Bundesmarine eingeführte TROIKA-System.

Die zweite Gruppe von Räumgeräten ist die der akustischen Fernräumgeräte.

Diese gehen davon aus, daß Minenzündsysteme auch auf das Geräuschspektrum fahrender Schiffe ansprechen. Dabei ist es möglich, bestimmte typische Frequenzbereiche zum Ansprechen von akustischen Minenzündgeräten auszuwählen. Diese charakteristischen Abstrahlungen soll das akustische Fernräumgerät nachahmen. Die dabei genutzten Geräte sind a) das akustisch-elektrische Gerät, b) das akustische Turbinengerät und c) das akustische Knallkörpergerät.

a) Zum akustisch-elektrischen Gerät ist festzustellen, daß dieses weit hinter dem Minensuchboot hergeschleppt wird. Über ein elektrisches Steuergerät und ein Stromzuführungskabel kann die Schallerzeugung so gesteuert werden, daß in kurzer Zeit viele Schiffspassagen simuliert werden können.

b) Das akustische Turbinengerät erzeugt Geräuschabstrahlungen nur auf mechanischem Wege. Eine Turbine wird durch den Fahrtstrom angetrieben und verursacht dabei das Schlagen von Hämmern gegen das Gehäuse eines metallischen Kopfes.

c) Das akustische Knallkörpergerät (AKG) wurde vornehmlich zum Schutz der Minensuchboote eingesetzt. Dabei erzeugt es durch das Ausstoßen einer Reihe verschieden starker Sprengladungen einen Geräuschanstieg und Abfall, der zum Ansprechen einfach konstruierter Minenzündgeräte führen sollte.

Dabei ist festzuhalten, daß in der deutschen Marine grundsätzlich mit kombiniertem Gerät geräumt wurde. Dies bedeutete, daß ein Minensuchboot von den vorgestellten Geräten je ein akustisches und ein magnetisches gleichzeitig im Schlepp hatte. Diese hier dargestellten Methoden der Minenabwehr waren im Prinzip bereits im Zweiten Weltkrieg bekannt und in Anwendung. Kombiniertes geschlepptes Gerät und das AKG kommen jedoch nicht mehr zur Anwendung.

Minenabwehroperationen heute und in näherer Zukunft

Beim Minenräumen geht man derzeit nach drei verschiedenen Verfahren vor. Dabei wird unterschieden zwischen mechanischem, akustischem und magnetischem Räumgerät. Zum Schneiden von Ankertauminen wird das bereits beschriebene mechanische Räumgeschirr verwendet.

Für Grundminen können die magnetischen Hohlstäbe (HfG G1) und Geräuschbojen nachgeschleppt werden. Dieses Verfahren ist ebenfalls nicht neu und bereits dargestellt. Hier galt also nach wie vor der bei den Minensuchern sattsam bekannte Spruch: »Wer Minen sucht, ist Gott am nächsten.«

Das Troika-System, Hohlstablenkboot Klasse 351 bzw. heute Klasse 352, wird in seiner Weiterentwicklung in einem besonderen Abschnitt herausgestellt, es brachte hinsichtlich der Gefährdung der Minensucher und ihren Besatzungen wesentliche Vorteile.

Eine weitere Variante der Minenjagd mit Hubschraubern, in einigen Seemächten als alternative Methode in den vergangenen Jahren verschiedentlich zum Einsatz gekommen, soll hier jedoch aus naheliegenden Gründen nicht weiter behandelt werden. Die deutsche Marineführung hat diese Art der Minenjagd jedenfalls nicht als echte Alternative in ihren Einsatzplanungen bewertet und sich auf bootsgestützte Systeme konzentriert. Bei einer Analyse wurde ermittelt, daß bei einem Ersatz von zehn Booten der HAMELN-Klasse durch Hubschrauber die Aufstellung eines eigenständigen Marinefliegergeschwaders notwendig wäre. In der Minenjagdrolle sind diese MCM-Hubschrauber zudem auf den zeitgleichen Einsatz von Booten mit Minenbekämpfungsmöglichkeiten angewiesen.

Das taktische Konzept für die Minenabwehr 2000

Hierfür wurden aufgrund der vorliegenden Erfahrungen zwischenzeitlich einige Grundsätze herausgearbeitet, auf die nun eingegangen werden soll.

a) Einsatz von Minenjagdbooten wo immer möglich und Einsatz von Hohlstablenkbooten wenn nötig. Dies bedeutet: Die grundsätzlich effektiveren Minenjagdboote sollen ihre speziellen Vorzüge voll ausnutzen, während die unverzichtbaren Hohlstablenkboote als alternatives Waffensystem eingesetzt werden sollen.

Ein weiterer Grundsatz geht von einer Trennung von Minensuchfähigkeit und Minenjagdfähigkeit auf zwei verschiedenen Plattformen aus. Hiermit soll ermöglicht werden, jedes Waffensystem jederzeit voll auszuschöpfen und damit zeitgleich an verschiedenen Orten mit beiden Techniken Minen zu bekämpfen.

Der Einsatz verschiedener Minenabwehrtechniken soll dabei in einer kombinierten Einsatzgruppe unter einem gemeinsamen taktischen Führer in See (OTC) geleitet werden. Ein Minenabwehrverband sollte sich dabei wie folgt zusammensetzen: Minenjagdboote und TROIKA-Systeme, eine Minentaucher-Einsatzgruppe sowie als logistischer Rückhalt ein Tender mit speziell ausgerichteten Systemunterstützungsgruppen. Dabei wird sich die Gewichtung der beiden Systeme nach den jeweiligen Erfordernissen des Einsatzraumes, z.B. Wassertiefe und Bodenbeschaffenheit, zu richten haben.

Die Zusammenfassung aller Sensoren und Effektoren in einem rechnergesteuerten Operationszentrum ist bei allen neuen Minenjagdbooten seit geraumer Zeit üblich.

Anfang 1991 wurde das taktische Konzept (TAK) für die Minenabwehrausrüstung 2000 durch den Generalinspekteur gebilligt. Auf dieser Grundlage wurde im selben Jahr im Verteidigungsministerium dem BWB und dem Marineamt ein Basiskonzept für die Minenjagdausrüstung definiert. Im Rahmen dieses Konzeptes sollen jedoch konzeptionelle Freiräume erhalten bleiben. Hierbei soll die Detektion und Ortung nicht durch schiffsfeste Anlagen, sondern durch abgesenkte hochauflösende Sonarsensoren in verschieden einstellbarer Höhe über Grund geführt werden (Variable-Depth-Sonar VDS). Es handelt sich dabei um sogenannte »Seepferde«, dies sind ferngelenkte Schleppfahrzeuge, die diese Sensoren den eigentlichen Führungsfahrzeugen voraus schleppen. Die gewonnenen Sonarinformationen werden dann über eine Hochleistungsfunktionsstrecke an die Führungsplattform bzw. das Lenkboot übertragen und dort ausgewertet. Dabei ist diese Information bereits so detailliert, daß gefundene Objekte schon in der Ortungsphase mit hoher Zuverlässigkeit bestimmt werden können. Gleichzeitig wird die Position von gefundenen Objekten bereits mit hoher Genauigkeit dokumentiert. Damit soll es künftig möglich sein, durch diese Technik auch eingesunkene Minen zu orten. Bei der Verarbeitung der vom Sonar gewonnenen Bilddaten wurden inzwischen große Fortschritte gemacht, so daß man wohl in absehbarer Zeit in der Lage sein wird, mittels dieser sogenannten akustischen Minenfotos in Verbindung mit den TV-Kamerabildern eine möglichst frühzeitige zweifelsfreie Ortung zu gewährleisten. Dies ist angesichts der vielfach sehr schlechten Unterwassersichtverhältnisse insbesondere in der Nord- und Ostsee von besonderer Bedeutung.

Neue Drohnenkonzepte für die Seeminenaufklärung

Die Einweg-Drohne »Seefuchs«

In der deutschen Marine bilden heute sowohl die Einwegdrohne »Seefuchs« als auch der Pinguin B 3 die Minenabwehrkomponente in der deutschen Marine. Das klassische mechanische Räumgerät steht zudem weiterhin auf der Klasse 352 zur Verfügung. Vom ersten genannten System gibt es derzeit zwei verschiedene Varianten:

1. »Seefuchs« 1) als Mehrwegfahrzeug zu Identifizierungszwecken,
2. »Seefuchs« c) besitzt zusätzlich zu diesen Suchsensoren eine Sprengladung zur Bekämpfung von Minen.

Dieses ist in der Lage, selbständig Ankertauminen und andere Munitionsarten in großen Wassertiefen anzusteuern und automatisch zu vernichten. Dies wird durch die Sprengung des »Seefuchses« erreicht. Im günstigsten Fall sucht und ortet der »Seefuchs« zunächst ein Objekt. Ist dieses als Mine erkannt, wird er über das Leitkabel an das Minenjagdboot zurückgesteuert. Die identifizierte Mine würde dann mittels eines zweiten Anlaufes mit dem Typ C (Combat) mit seiner Sprengladung zerstört. Im anderen Fall ist dies auch kein Problem, denn die Drohne ist ja ein Einwegobjekt im wahrsten Sinne. Schließlich käme die Detonation bei Annäherung der ersten Version bereits einem Räumerfolg gleich. Der Preis eines »Seefuchses« liegt derzeit bei rund 50.000 DM, während die Mini-U-Boote B 3 mehr als 1,2 Millionen DM kosteten.

Die Lenkung erfolgt dabei über ein Lichtwellenleiterkabel. Dieses läuft dabei über zwei Spulen ab, wobei eine Spule mit 2000 m Länge sich am »Seefuchs« befindet und die andere mit weiteren 1000 m mit einem Sinkgewicht am Boot angebracht ist. Damit wird gewährleistet, daß es schwerelos im Wasser abspulen kann. Dies ist zwingend notwendig, da der Querschnitt dieses Kabels nur unwesentlich dicker als ein Menschenhaar ist! Auch der Größenvergleich der verwendeten Kameras ist imposant. Vor zehn Jahren waren diese noch 20 x 20 cm groß. Die im »Seefuchs« verwendeten sind dagegen gerade noch so groß wie ein Daumenglied. Er schaltet dabei bei der Annäherung an ein Objekt sein eigenes Sonar sowie seine TV-Kamera ein und bekämpft anschließend nach Identifizierung diese wie beschrieben.

Die Drohne wird dabei über eine Einsatzkonsole an Bord des Minenjägers gesteuert. Dem Operateur stehen dabei drei Bildschirme bzw. Monitore mit den Funktionen Seefuchssonar, Bootsonar und Seefuchs-TV zur Überwachung des Unterwasserspektrums zur Verfügung. Mittels dieser optischen Hilfen sowie einer Eingabetafel muß er den Seefuchs dann an sein Ziel steuern.

Es folgen nun noch die wichtigsten Leistungsdaten dieser Drohne:

Länge 130 cm, Durchmesser 20 cm, Gewicht 40 kg, Geschwindigkeit 6 kn, Hohlladung 1,5 kg, Einsatzdauer 15 Minuten, Einsatztiefe bis 300 m, Antrieb Batterie, 4 Propeller, Sonar Scanning-HV-Sonar, Kamera TV-Kamera und Spotlight, außerdem Echograph, Kommunikation über Lichtwellenleiter.

Anzumerken ist in diesem Zusammenhang noch, daß diese Version C nach dem Bestehen der entsprechenden Funktionsnachweise von den USA zukünftig als Minenvernichtungssystem per Hubschrauber eingesetzt werden soll.

Die nachstehenden Abb. zeigen den »Seefuchs« mit seinen Verwahrungsschränken auf dem Achterdeck eines Minenjägers. Außerdem ist einer der beiden leichten Kräne, mit denen die Drohne zu Wasser gelassen wird, sichtbar.

Minensuch- und Vernichtungsdrohne »Pinguin«

»Seefuchs« im Aufbewahrungsschrank

Ein Kran, mit dem der »Seefuchs« zu Wasser gelassen wird.

Lenkkonsole »Seefuchs«

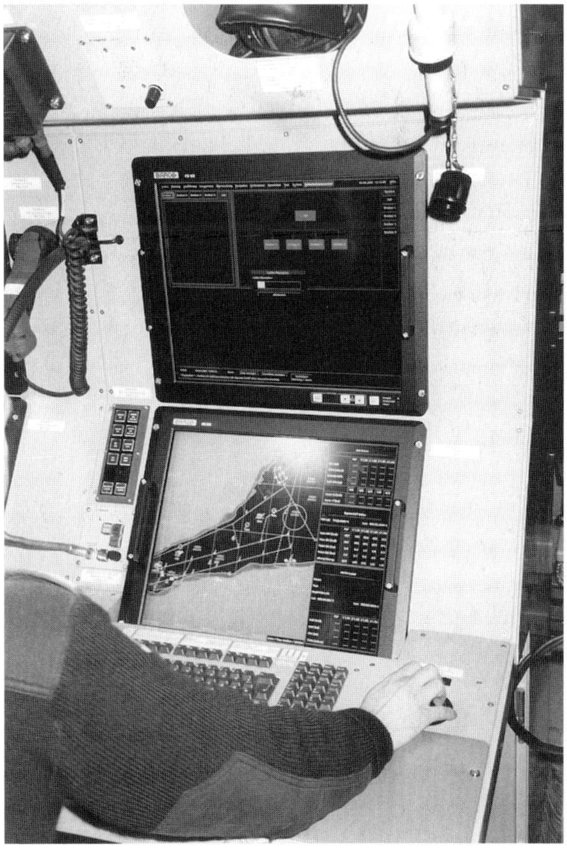

Lenkkonsole Troika-Plus

Das Minenabwehrsystem Troika

Der Begriff TROIKA stammt aus Rußland und bedeutet nichts anderes als Dreigespann. Ursprünglich war das System auf zwei Lenkeinheiten ausgelegt, wurde nachträglich auf drei erweitert, da dies wirtschaftlicher erschien und darüber hinaus eine größere Suchbreite zur Folge hatte.

Das Minenabwehrsystem Troika (Hohlstablenkboot Klasse 351, heute Klasse 352) ist eine deutsche Erfindung. Sie wurde in den fünfziger Jahren begonnen und ist inzwischen zu einem erfolgreichen System, das sich auch im Golfkrieg bewährt hat, herangereift. Für die umfangreichen und zeitintensiven Versuche wurde das Binnenminensuchboot NIOBE einem Umbau unterzogen und für diese neue Aufgabe umgerüstet.

In der Marschphase werden die HFG F1 im Hafen von je drei Mann besetzt. Die Besatzungen schalten die Anlagen auf manuellen Betrieb und fahren mit ihren Hohlstäben (Seehunden) in freies Gewässer. Dort schalten sie dann nach einem kurzen Stopp die Steuerung auf Fernbedienung um. Dabei wird derzeit noch je ein HFG von einem Lenkkontrollgerät aus gesteuert und überwacht. In Zukunft soll die Steuerung dieser HFG gerätetechnisch weitgehend automatisiert werden. Während der Räumphase wird das freizuräumende Seegebiet in sogenannte Räumstreifen unterteilt. Die Mittellinien dieser Streifen sind identisch mit den Sollkursen der HFG. Die Sollkurse und die mit dem Lenkradar festgestellten Positionen der Hohlstäbe werden in die Lenkkontrollgeräte eingeblendet. Die Aufgabe der Lenkoperateure besteht nun darin, die Positionen der HFG mit den Sollkursen in Deckung zu halten und die dazu erforderlichen Lenkbefehle zu ermitteln und abzugeben. Nach Eintritt in das vorgesehene Räumgebiet werden über die Fernsteuerung zusätzliche Anlagen der Hohlstäbe aktiviert, um magnetische und akustische Felder zu erzeugen.

Die HFG F1 zeichnen sich, da bei direktem Minenüberlauf besonders gefährdet, durch eine hohe Schockfestigkeit aus, während sich die Lenkboote normalerweise außerhalb der Gefährdungsradien aufhalten. Wird die Funkverbindung zwischen Lenkboot und HFG aus irgendwelchen Gründen unterbrochen, so ankern die Hohlstäbe automatisch. Daneben ist das Lenkboot außerdem in der Lage, Ankertauminen mit nachgeschlepptem herkömmlichem Suchgerät zu räumen. Die bis Dezember 2000 im Dienst befindlichen sechs Troika-Systeme erfüllten diese Anforderungen weitgehend.

Das System als solches ist im Grunde nicht neu, sondern ist vielmehr eine Weiterentwicklung einer im Zweiten Weltkrieg bereits genutzten Räumtechnik. Die HFG waren 12–24 m lange torpedoähnliche Eisenhohlkörper. Diese bewirkten den notwendigen Auftrieb für den Eisenkern, der mit stromdurchflossenen Wicklungen versehen war. Mit dieser Magnetspule wurden den magnetischen Grundminen ein Magnetfeld vorgetäuscht, wie es ein viel größeres Schiff ansonsten erzeugen würde. Im Gegensatz zu heute mußten diese Geräte jedoch von einem Minensuchboot nachgeschleppt werden, da diese im Gegensatz zu heute über keinerlei Manövriereigenschaften verfügte. Die Bezeichnung für diese Geräte war SEEKUH, von denen drei Exemplare erstellt wurden. Ein weiterer Prototyp wurde bei den Ottenser Eisenwerken in Hamburg unter dem Namen »Walroß« gebaut.

Das HFG F1 oder auch als »Seehund« bezeichnete Gerät ist ein autonomes Fahrzeug mit eigener dieselelektrischer Antriebsanlage. Es hat eine Wasserverdrängung von 99 t und ist 27 m lang. Rein äußerlich hat es eine bootsähnliche Verkleidung. Darunter verbirgt sich jedoch ein zylindrischer Stahldruckkörper mit VI Abteilungen, in denen die installierten Anlagen und Geräte schockgeschützt und betriebssicher untergebracht sind (siehe schematische Zeichnung auf Seite 25).

Zu Beginn der Einführung des Systems verfügte die Marine über 18 Seehunde, die sich wie folgt auf die einzelnen Lenkfahrzeuge aufteilten:

DÜREN Seehund 1, 2, 3; PADERBORN Seehund 4, 5, 6; SCHLESWIG Seehund 7, 8, 9; WOLFSBURG Seehund 10, 11, 12; KONSTANZ Seehund 13, 14, 15; ULM Seehund 16, 17, 18. Diese Aufteilung galt bis ca. Dezember 2000. Danach wurde ja das 6. MSG außer Dienst gestellt. Beginnend ab Mitte März 1999 verlegten dann die ersten drei Seehunde in die Ostsee, um künftig im neuen Heimathafen Olpenitz weiterverwendet zu werden.

Nachdem mit diesem System durchweg gute Erfahrungen gesammelt werden konnten, war es folgerichtig, auch in Zukunft in der deutschen Marine ein solches Waffensystem zu halten. Da nun einerseits das Wachstumspotential des vorhandenen TROIKA-Systems ausgeschöpft ist und andererseits der Aufwand zum Erhalt der Boote ständig ansteigt, wurde beschlossen, die fünf verbleibenden Boote der Klasse 343 in den nächsten Jahren zu Hohlstablenkbooten der Klasse »HL 352« umzubauen. Sie bilden dann mit den vorhandenen »Seehunden« das zukünftige Fernlenkwaffensystem. Im einzelnen handelt es sich dabei um die HAMELN, PEGNITZ, SIEGBURG, ENSDORF und die AUERBACH.

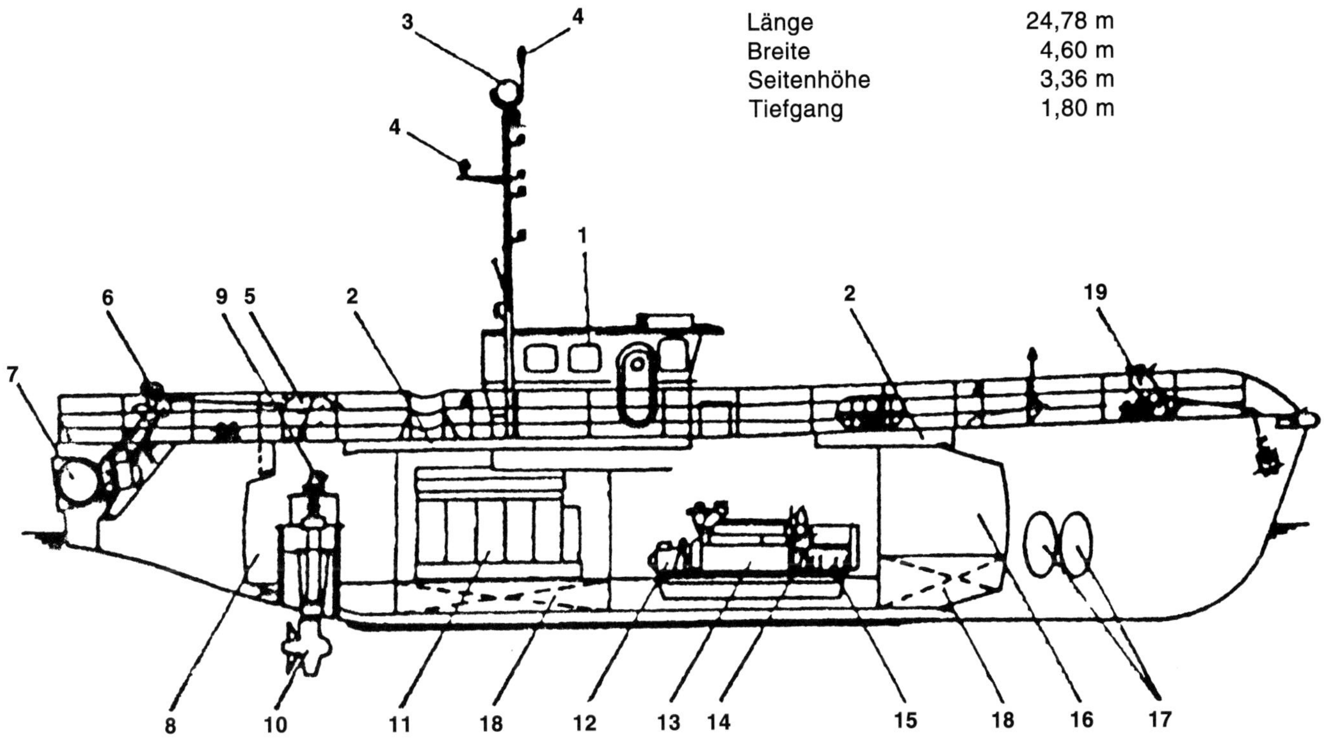

1) Deckhaus
2) Räumwicklung
3) Lunebergreflektor
4) Fernsteuerantenne
5) Kabelwinde
6) Aussetzvorrichtung
7) Tiefton-Geräuscherzeuger
8) Hinterschiff
9) Hydraulikmotor
10) Propeller
11) E-Zentrale
12) Verstell-Hydropumpe
13) Fahr- u. Bordnetz-Dieselmotor
14) Bordnetzgenerator
15) Magnet-Minenräumgenerator
16) Vorschiff
17) Mittelton-Geräuscherzeuger
18) Kraftstoffbunker
19) Ankereinrichtung

Die Weiterentwicklung »Troika-Plus«

Hinter Troika-Plus verbirgt sich die Weiterentwicklung des seit 1971 in Betrieb befindlichen und danach auch in der Praxis bewährten Systems. Im einzelnen versteht sich darunter die Möglichkeit der Lenkung eines weiteren »Seehundes«, somit vier gegenüber bisher drei HFG F1, außerdem ein neues Lenksystem mit einem hohen Automatisierungsgrad sowie ein neues Minenmeidesonar von Atlas Elektronik ADS; schließlich noch die neue Einwegdrohne »Seefuchs«, die ja nun künftig auch bei der Klasse 333 zur Standardausrüstung gehören wird. Nach der Außerdienststellung der bisherigen Systemträger der LINDAU-Klasse mußte, wie bereits an anderer Stelle beschrieben, eine Nachfolgeentwicklung eingeführt werden. Diese ist nun durch die inzwischen durchgeführte Umbaumaßnahme von fünf Booten der bisherigen Typ-Klasse 343 abgeschlossen. Siehe auch bei Typ-Klasse 352.

Das TROIKA-System; im Bild das Lenkboot mit den drei Seehunden

Seehund Nr. 8

Der deutsche Minenräumdienst, Vorläufer der Bundesmarine

Am 1.10.1957 wurde das Kommando der Minenstreitkräfte in Cuxhaven aufgestellt. Wenngleich dieses Datum als eigentliche Geburtsstunde der deutschen Minenstreitkräfte in der deutschen Bundeswehr anzusehen ist, ist es jedoch im Hinblick auf den zu diesem Zeitpunkt vorhandenen Boots- und Personalbestand unerläßlich, zuvor eine Rückschau auf die Jahre zuvor zu unternehmen.

Mehr als 600.000 Seeminen unterschiedlichsten Typs waren während des Krieges auf den Schiffahrtswegen und den Küstenvorfeldern in Nord- und Ostsee von den kriegführenden Nationen verlegt worden. Von diesen waren bei Kriegsende noch ein großer Teil nicht geräumt, sie bildeten damit eine ständige Bedrohung für die internationale Seeschiffahrt. Etwa zwei Drittel davon lagen verteilt auf den Ärmelkanal, südliche Nordsee und westliche Ostsee.

Die Siegermächte hatten daher ein lebhaftes Interesse, zunächst die wichtigsten Seestraßen und Schiffahrtswege von dieser Erblast des Krieges zu befreien. Was lag also näher, als die nach der Kapitulation noch vorhandenen und weitgehend intakt gebliebenen Minenräumverbände der Kriegsmarine in diese Aufgabe einzubinden. Bereits am 8. Mai 1945 wurden der Seekriegsleitung in Flensburg Weisungen des Oberbefehlshabers der Alliierten Streitkräfte übermittelt, in denen u.a. die Marine angewiesen wurde, sich auf die Abstellung von Minenräumfahrzeugen unter alliiertem Befehl vorzubereiten.

Eine daraufhin durchgeführte Bestandsaufnahme ergab das Vorhandensein von 1664 Fahrzeugen aller Art, die für diese Aufgabe geeignet waren. An Personal wurden etwa 1300 Offiziere und 43.300 Unteroffiziere und Mannschaften als notwendig erachtet.

In Erwartung der kommenden Aufgaben wurden durch die örtlichen alliierten Marinebefehlshaber bereits schon Ende Mai die noch einsatzbereiten Minenräumfahrzeuge in verschiedenen Stützpunkten zusammengezogen mit der Aufforderung, unverzüglich mit den Räumarbeiten zu beginnen.

Eine unter britischer Leitung berufene internationale Kommission hatte die europäischen Gewässer in vier Zonen unterteilt. Innerhalb dieser Zonen wurden dem deutschen Minenräumdienst im Bereich der Nordsee sowie dem Kattegat und den Ostseeausgängen große Abschnitte für die bevorstehenden Räumarbeiten zugeteilt. In der Nordsee umfaßte das Seegebiet die Deutsche Bucht bis zur großen Fischerbank und die Südküste von Norwegen, im Osten begrenzt durch Skagerrak und Kattegat. Die westliche Begrenzung bildete die Doggerbank. In der Ostsee wurden als Räumgebiete im wesentlichen die Kieler und mecklenburgische Bucht zugewiesen. Nicht zu vergessen, daß auch außerhalb des deutschen Minenräumdienstes (GMSA) unter französischem Kommando Minen geräumt wurden. In erster Linie ging es dabei darum, die Hafenzufahrten im Kanal und der Atlantikhäfen freizuräumen. Dies geschah weitgehend mit ehemaligen deutschen Minensuchern der Typen M 35 und M 40.

Es soll jedoch in der nachstehenden Betrachtung nicht der Eindruck erweckt werden, als hätten nur die deutschen Minensucher die Erblast dieses Krieges zu tragen gehabt. Dies hätte sie trotz eines zunächst relativ großen Aufgebotes an Räumfahrzeugen logistisch überfordert. Auch die übrigen Anrainer dieser Seegebiete waren hier schon im Eigeninteresse einer ungehinderten und sicheren Schiffahrt mit beteiligt.

Aufgabenschwerpunkt im zweiten Halbjahr 1945 war zunächst, die noch vorhandenen Zwangswege sowie die Flußmündungen in Nord- und Ostsee von Grund- und Ankertauminen freizuräumen. Zum 21. Juli 1945 wurde als Grundlage zuvor eine Dienstanweisung für die »Deutsche Minenräumdienstleitung« (DMRL) erlassen. Die englische Bezeichnung lautete German Minesweeping Administration (GMSA). Diese Organisation arbeitete zunächst in Flensburg, danach in Glückstadt und war unter britischer Kontrolle für die Versorgung und technische Bereitschaft der deutschen Einheiten verantwortlich. Der letzte Standort ab Herbst 1945 war in Hamburg. Dem Leiter des Deutschen Minenräumdienstes waren drei Minenräumdienstkommandos (DMRK) unterstellt. Diese hatten ihren Sitz in Kiel, Cuxhaven und Frederikshavn. Hinzu kamen noch die Deutschen Marinedienststellen in Oslo mit der 4. Minenräumdivision sowie die 5. Minenräumdivision, die in Ljmuiden/Niederlande stationiert war.

Später kam in der US-Enklave Bremerhaven noch die 6. DMRDiv. hinzu. Die Divisionen waren ihrerseits in Flottillen unterteilt. Die Gesamtpersonalstärke umfaßte 1945 ca. 27.000 Mann und schrumpfte nach Auflösung der 4. DMRDiv im Oktober 1946 auf 13.000. Der Höchstbestand an Fahrzeugen lag bei 840 Booten, im Vergleich zum heutigen Bootsbestand der Marine eine gewaltige Armada!

Als Nationalflagge wurde anfangs die Signalflagge NANNI in Verbindung mit dem Zahlenwimpel 8 und später die Kontrollratsflagge CÄSAR geführt. Diese war bis zur Zuerkennung der deutschen Flaggenhoheit nach der Gründung der BRD provisorische Nationalflagge der wenigen verbliebenen Handelsfahrzeuge.

Die Besatzungen hatten den Status von Kriegsgefangenen, erhielten jedoch Urlaub und konnten sich auch außerdienstlich weitgehend frei bewegen. Nachdem die Besatzungen bis dahin in Ermangelung von Alternativen ihre alten Uniformen ohne entsprechende Wehrmachtsembleme getragen hatten, erhielten sie dann ab Ostern 1946 für Landgangszwecke eine neue Uniform. Diese bestand aus blau eingefärbten Teilen der britischen Armeeuniform.

Disziplinprobleme gab es relativ wenig. Interessant in diesem Zusammenhang ist der Aspekt, daß als Rechtsgrundlagen bei Verstößen nach wie vor die Wehrdisziplinarordnung und das Wehrstrafgesetz für die Wehrmacht im Kriege zur Anwendung kamen. Dies verwundert nicht, so hatte doch die Mehrzahl der Besatzungsangehörigen eine straffe Ausbildung bei der Marine durchlaufen und war daher an Disziplin gewöhnt.

Demgegenüber waren Verurteilungen durch britische Militärgerichte wegen Delikte wie unerlaubte Entfernung von der Truppe, Diebstahl von alliiertem Eigentum sowie Ungehorsam gegenüber der Besatzungsmacht häufiger. Dieser Umstand ist aus heutiger Sicht vor dem Hintergrund der damals herrschenden Bedingungen durchaus nachvollziehbar.

Im zweiten Halbjahr 1945 verringerte sich die Zahl der vorhandenen Minenräumfahrzeuge bereits erheblich, indem nicht mehr reparaturfähige Fahrzeuge außer Dienst gestellt wurden. Außerdem wurden Fischereifahrzeuge, die man zunächst zweckentfremdet für den Minensuchdienst verwendet hatte, wieder der ursprünglichen Bestimmung zugeführt und an die alten Eigner zurückgegeben. In diesem Zusammenhang wurden auch der Sowjetunion etwa 100 Boote als Kriegsbeute zugesprochen. Auch Dänemark erhielt einige Einheiten aus diesem Bestand.

Im Oktober waren noch 440 Räumfahrzeuge, ergänzt durch 315 sonstige Einheiten, zur Unterstützung im Einsatz.

Die Erfolgsbilanz im Zeitraum von Mai bis Dezember 1945 ist auch im nachhinein sehr beeindruckend. So wurden in den zugewiesenen Seegebieten 2637 Ankertauminen, 1513 Küstenminen, 693 Sperrschutzmittel und 108 Grundminen geräumt. Auch im Jahre 1946 wurden noch 73 Grundminen und 92 Ankertauminen beseitigt. Es war dies eine sehr zeitaufwendige Arbeit, wenn man bedenkt, daß jeder Räumstreifen gegen Fernzündungsminen dreizehnmal überlaufen werden mußte. Bei Ankertauminen waren immerhin noch zwei Überläufe notwendig. Hinzu kommt noch der Umstand, daß geräumte Minen dieses Typs, die an die Wasseroberfläche kamen, lediglich mit leichten Handwaffen beschossen und versenkt werden konnten, da die ursprünglich vorhandenen Maschinenkanonen schwereren Kalibers nicht mehr an Bord waren.

Dabei gab es naturgemäß auch Verluste. In den Jahren 1945–1957 sind acht deutsche Räumfahrzeuge verlorengegangen. Bei der Zahl der Personenopfer gibt es unterschiedliche Zahlenangaben.

Nachdem das Minenräumen offiziell am 12. September 1947 endete, wurde dann im Dezember 1947 der Deutsche Minenräumdienst aufgelöst. 560 Freiwillige und 17 Boote gingen in den Deutschen Minenräumverband Cuxhaven beim britischen Frontier Control Service über. Diese Institution wurde Ende Juni 1951 auf 150 Mann als britisch kontrollierte »Marinedienstgruppe« reduziert. Zum gleichen Zeitpunkt zog im Sommer 1951 die US-Navy mit 27 Booten und 14 Hilfsschiffen sowie 990 Mann Besatzungsmitgliedern eine deutsche US-Labour Service B auf. Diese beiden Restteile bildeten neben dem ebenfalls übernommenen Seegrenzschutz die Keimzelle für die neue deutsche Bundesmarine.

An dieser Stelle bietet sich noch eine Betrachtung auf die dabei hauptsächlich verwendeten Bootstypen an, die auch im Anschluß beim Aufbau innerhalb der Bundesmarine in den Anfangsjahren eine wichtige Rolle übernehmen mußten.

Hier sind zunächst die Hochseeminensucher der Typen M 35, M 40, M 43 zu nennen. Dabei ist anzumerken, daß fünf Boote des Typs M 35 von der Bundesmarine als Geleitboote und nicht in ihrer ursprünglichen Funktion als Minensucher übernommen wurden.

Weitere fünf Boote vom Typ M 40 sowie eines vom Typ M 43 bildeten später das 2. Minensuchgeschwader.

Von den ursprünglich 26 übernommenen Minenräumbooten wurden sechs verschiedenen Ausbildungseinrichtungen übergeben, und die restlichen zwanzig bildeten dann den Anfangsbestand des 1. und 3. Minensuchgeschwaders.

Boote, die im Minenräumdienst mitwirkten, zusammen mit S-Booten der Typ-Klasse 149 (im Vordergrund), welche insgesamt den Grundstock beim Aufbau der Bundesmarine bildeten.

Der Aufbau der Minenstreitkräfte in der Bundesmarine

Nach dem Blick auf die Vorgeschichte soll nun die weitere Entwicklung der neu aufgestellten Streitkräfte beleuchtet werden.

Ein wichtiges Datum ist hierbei der 4. April 1949. Zu diesem Zeitpunkt verpflichten sich 12 Staaten im Atlantikpakt (NATO) zu einem gemeinsamen Handeln auf militärischem und politischem Sektor. Noch im selben Jahr führten die Hohen Kommissare der drei westlichen Besatzungszonen mit dem Bundeskanzler Dr. Adenauer Gespräche, in denen erste Überlegungen über die Möglichkeit eines deutschen Verteidigungsbeitrages ausgetauscht wurden.

Dieser Gedankenaustausch fand ein Jahr später in der Himmeroder Denkschrift eine weitere Fortsetzung. In diesem Papier hatten fünfzehn ehemalige Offiziere, darunter drei von der Marine, Vorschläge zur Aufstellung von deutschen Streitkräften erarbeitet. Dieses Treffen fand unter strengster Geheimhaltung in der Abgeschiedenheit eines Klosters in der Eifel statt. Die Denkschrift wurde dann auch als streng geheime Bundessache lediglich in vier Exemplaren vervielfältigt.

Die Berlin-Blockade 1948/49 sowie der Koreakrieg von 1950 bis 1953 führten vornehmlich in den USA zu einer Wende im sicherheitspolitischen Denken, die wohl letztendlich zu militärstrategischen Veränderungen im westlichen Bündnis geführt und damit einer frühzeitigen Wiederbewaffnung der Bundesrepublik den Weg geebnet haben.

Bei Verhandlungen, die ab Oktober 1951 in Paris stattfanden, wurden Überlegungen über eine europäische Marine erörtert. Dabei wurde beim deutschen Anteil zunächst lediglich von Hafenschutzeinrichtungen ausgegangen. Später wurden dann auch schwimmende Einheiten sowie Flugzeuge mit in Betracht gezogen.

Nach dem Abschluß der Pariser Verträge im Mai 1955 sowie dem Beitritt der BRD zum Brüsseler Vertrag am 17. März 1948 waren dann die rechtlichen Grundlagen für die Aufstellung der Bundeswehr sowie deren Teilstreitkraft Marine gegeben. Bei verschiedenen Staaten des Bündnisses gewiß noch vorhandenen Vorbehalten, wurde u.a. dadurch begegnet, daß die Bundesrepublik ihrerseits auf den Besitz und Herstellung bestimmter Waffen von vornherein verzichtete. Hinzu kam noch die zunächst selbst auferlegte Beschränkung bei der Höchsttonnage bei Überwasser-Kampfschiffen bis 3000 ts sowie bei Unterseebooten mit 350 ts. Schließlich war man auch freiwillig bereit, den Gesamtumfang der neuen Marine, gemessen an Maßstäben früherer Zeiten, in einem sehr bescheidenen Rahmen zu halten. Diese selbst gewählte Zurückhaltung war angesichts der vorgegebenen Aufgabenverteilungen innerhalb des Bündnisses durchaus vertretbar. Dabei stand bereits fest, daß die Verteidigung des nordatlantischen Raumes zunächst Aufgabe der großen Seemächte sein mußte, die an den Nordatlantik angrenzen. Bei der Festlegung der von der Bundesmarine zu übernehmenden Aufgaben wurde bestimmt, daß neben einer Anzahl von Einheiten für die Geleitsicherung, Schnellbooten, einigen U-Booten und Versorgungsschiffen ein gemessen am Gesamtumfang dieser Flotte relativ großer Anteil an Minensuchern zu stellen war. Nach den Kriegserfahrungen hatte sich gezeigt, daß dieser Typ doch in größerer Anzahl gebraucht wurde. Demnach hatte die Bundesrepublik für die NATO für eine Minenkriegführung einen Anteil von zunächst 24 KM-Booten und 30 schnellen Minensuchbooten zu stellen. Außerdem noch zwei Minenschiffe und zehn Hafenschutzboote.

Einen Teil dieses Kontingentes konnte die BRD, wie bereits erwähnt, aus dem Bestand der Labor Service B stellen. Der restliche Teil war noch im Rahmen eines Neubauprogrammes zu erfüllen. Dieser Anfangsbestand wurde dann schrittweise durch Neubauprogramme, die mit Ausnahme der Vegesack-Klasse ausschließlich auf deutschen Werften erstellt wurden, ersetzt.

Am 1. Oktober 1957 wurde in Cuxhaven das Kommando der Minensuchboote aufgestellt. Unter dieser Bezeichnung existierte dieser Verband bis zu seiner teilweisen Umbenennung im Juli 1962. Durch die vorgesehene Unterstellung der geplanten Minenleger und Transporter sowie des 2. Küstenwachgeschwaders wurde es in »Kommando der Minenstreitkräfte« umbenannt.

Unterstellt waren im Zeitraum von 1956 bis 1958 drei Geschwader von kriegsgedienten Booten. Das 1. und 3. schnelle Minensuchgeschwader war mit je 10 Minenräumbooten und das 2. Hochseeminensuchgeschwader mit sechs Minensuchbooten der Klasse M 40/43 ausgestattet.

In den Jahren 1958 bis 1960 traten die ersten Neubauten von 18 Küstenminensuchbooten zur Flotte. Dieser Typ, eine etwas abgewandelte Version des in der NATO zahlreich vertretenen Typs BLUEBIRD, wurde auf die neu aufgestellten 4., 6. und 8. Minensuchgeschwader verteilt. Mehrheitlich standen diese Boote in der Folgezeit über 40 Dienstjahre, ein für ein aktives Kriegsschiff dieser Bauart ungewöhnliches Alter, im Dienst der Marine.

Das am 1. Oktober 1958 aufgestellte 5. Minensuchgeschwader erhielt ebenfalls einen Neubautyp. Es waren dies die dreißig schnellen Minensuchboote der »SCHÜTZE-Klasse«. Dieser Typ stellt eine Weiterentwicklung der ehemaligen Räumboote der Kriegsmarine dar.

Der Generationswechsel wurde dann mit sechs Booten des französischen Typs MERCURE, die ebenfalls auf der Basis des US-Typs BLUEBIRD beruhen, fortgesetzt. Diese Einheiten dienten als Ersatz für die alten Kriegsboote vom Typ M 40/43.

Ab 1960 bis 1963 begann der Zulauf von acht Küstenwachbooten der »ARIADNE-Klasse« für das 2. Küstenwachgeschwader. Anfangs fuhren diese Boote noch mit der Kennung »W«, da zu diesem Zeitpunkt noch keine Minenräumgeräte eingebaut waren.1966 folgte dann eine Weiterentwicklung dieses Typs, die »FRAUENLOB-Klasse«. Diese wurden dem 7. Minensuchgeschwader unterstellt, welches im März 1967 in Neustadt/Holstein aufgestellt wurde. Zunächst führten sie eine Y-Kennung. Der Hintergrund hierfür lag in der noch fehlenden Unterstellung unter die Befehlsgewalt der NATO. Am 1. Januar 1968 wurden dann alle Boote dieses Typs als Binnenminensuchboote klassifiziert und wurden danach im Flottenjargon als »BIMIS« bezeichnet.

Mit Beginn der siebziger Jahre begann die Aussonderung der ersten Einheiten der SCHÜTZE-Klasse. Um das 1. und 5. MSG wieder auf den alten Bootsbestand zu bringen, mußte das dritte MSG seine Boote nun an diese beiden Geschwader abgeben. Als Ersatz gab es dafür die acht Binnenminensucher der ARIANE-Klasse, die sich vorübergehend im Reserve-Status befanden.

Mit dem Umbau der Küstenminensuchboote FULDA und FLENSBURG zu Minenjagdbooten begann für die deutsche Marine eine neue Ära im Minensuchen. Damit wurde eine Entwicklung nachvollzogen, die bereits bei anderen Marinen mit Erfolg angewandt wurde. In den Jahren danach wurden dann insgesamt 12 KM-Boote zu Minenjägern sowie sechs zu Troika-Lenkbooten umgebaut. Diese beiden Systeme stellten danach die tragenden Säulen in der Suchtechnik der deutschen Marine. (*Anmerkung:* Diese beiden Systeme werden im Kapitel Minensuchtechniken besonders behandelt.)

Nach den jüngsten Reduzierungen in den Teilstreitkräften, die natürlich auch bei der Flottille der Minenstreitkräfte nicht haltmachte, sind inzwischen nur noch drei Minensuchgeschwader, allesamt im Typ-Stützpunkt in Olpenitz stationiert, im aktiven Dienst der Flotte.

Die ersten Minenräumoperationen von Marineverbänden der DDR

Vorbereitung und Einsatz in der Zeit von 1950 bis 1953

Die Sicherung der Schiffahrtswege vor den deutschen Küsten war nicht nur das Problem der Bundesrepublik, sondern auch im Seegebiet der DDR lagen als Hinterlassenschaft des Zweiten Weltkrieges noch eine Menge von Seeminen, die im Laufe des Krieges dort verlegt wurden und auch nach dem Ende der Kriegshandlungen immer wieder für Verluste in der Handelsschiffahrt sorgten und somit für die Fischereiwirtschaft eine ständige Gefährdung darstellten. Wenngleich dieses Problem im sowjetischen Machtbereich nach Ende des Krieges nicht mit derselben Intensität in Angriff genommen wurde, so sind doch, analog zu den Bemühungen des Westens, in den von ihnen überwachten Seegebieten Maßnahmen ergriffen worden, um eine Konsolidierung der Schiffahrt zu gewährleisten. Diese sollen nun an dieser Stelle im einzelnen dargestellt werden.

Bereits am 29. Mai 1950 schlug die Geburtsstunde der Minensuch- und Räumkräfte. Zu diesem Zeitpunkt erhielt die DDR von der UdSSR die ersten sechs Kriegsschiffe. Es handelte sich hierbei um Beuteboote der ehemaligen Kriegsmarine vom Typ R 218. Mit der Bezeichnung R 1 bis R 6 wurden diese Fahrzeuge dann in Dienst genommen. Die wichtigsten technischen Daten: Wasserverdrängung rd. 131 ts, Länge 39,50, Breite 5,72, Tiefgang 1,80. Maschinenanlage: 2 Dieselmotoren zu je 1250 PS ermöglichten eine Geschwindigkeit von 22,7 kn, die jedoch ab 1950 nicht mehr erreicht wurde.

Diese überlassenen Boote waren nun bezeichnenderweise nahezu identisch mit dem, was im Westen zur Verfügung stand. Es handelte sich dabei um Schiffsmaterial, das den Krieg überstanden hatte und unter den Siegermächten aufgeteilt wurde. Aus diesem Bootsbestand, welcher der UdSSR zufiel, waren auch ehemalige Minenräumboote aus der Baureihe R 218, die am 29. Mai 1950 im Parower Hafen bei Stralsund übergeben wurden.

Die Beschreibung dieses Bootstyps entspricht im wesentlichen der beim ersten und dritten Minensuchgeschwader der Bundesmarine in der Anfangszeit eingesetzten Boote und kann dort nachgelesen werden. Allgemein muß jedoch angemerkt werden, daß sich die Boote bei der Übergabe in einem sehr schlechten Allgemeinzustand befunden haben, was vor der Inbetriebnahme zunächst einen längeren Werftaufenthalt erforderlich machte. Außerdem war das für die künftige Aufgabe, das Minenräumen, erforderliche Gerät weder einsatzklar noch vollzählig an Bord vorhanden.

Große Probleme bereitete in der Anfangszeit auch die Bemannung der Boote mit qualifiziertem Personal. So stand zunächst die seemännische Ausbildung der Bootsbesatzungen im Vordergrund, bevor man sich der eigentlichen Aufgabenstellung, die Seewege vor den Küsten der DDR von Seeminen zu räumen, intensiv widmen konnte. Später wurden die Boote dann nach und nach mit leichten Bordwaffen bestückt.

Am 12. Juni 1950 sind der DDR außerdem vier ehemalige dänische Marinefahrzeuge über die UdSSR zur Verfügung gestellt worden, die jedoch auch erst nach entsprechendem Werftaufenthalt für ihren Einsatz verwendbar waren.

Am 24. April 1951 erteilte der Stabschef der HVS, der Abteilung Stab/Operativ, die Weisung zur Ausarbeitung der Taktik für das Räumen von Ankertauminen mit mechanischem Räumgerät vor der Küste Mecklenburgs. Dieser Befehl steht am Beginn einer 17 Monate umfassenden Vorbereitungsphase für den Minenräumeinsatz ab 6. September 1952. Dabei existierten über die tatsächliche Minenlage vor den Küsten keine Angaben!

Für die theoretische Sperrausbildung wurden im Frühjahr 1951 nach Zinnowitz komplette Räumstells transportiert. Auf der Promenade des Badeortes übten in der Folgezeit Räumbootbesatzungen das Aus- und Einbringen von Räumgeräten. Dazu wurde zusätzlich im Sandboden des Strandes das Achterschiff eines R-Bootes nachgebildet. Damit wurde dem Sperrpersonal die Vorstellung eines komplett ausgebrachten Räumgerätes vermittelt.

Ab Mai 1952 begann das übungsmäßige Räumen von Ankertauminen, akustischen und Fernzündminen. Als Räumgeräte standen das Kabelfernräumgerät (KFRG) und das russische Tiefseewasserräumgerät (GBT) zur Verfügung. Daneben wurde auch das Minenlegen mit Fahrwasserbojen trainiert.

Am 27. August 1952 wurde der Befehl erteilt, das Seegebiet östlich der Insel Rügen von Minen zu räumen. Dieser Einsatz war dann am 15. Januar 1953 tatsächlich beendet. Ergebnisse über geräumte Minen sind allerdings nicht belegt.

Bis 1956 sind die Minenräumkräfte durch 30 Räumpinassen (RPI) vom Typ SCHWALBE verstärkt worden. Diese 28 m langen und 4,22 m breiten Boote hatten eine Wasserverdrängung von knapp 60 t. Sie erreichten eine Höchstgeschwindigkeit von 12 kn, die Räumgeschwindigkeit lag bei 6 bis 8 kn. In die Geschichte der DDR-

Seestreitkräfte gingen diese Boote als Arbeitsbienen der Ostsee ein. Nach der Indienststellung von weiteren 18 SCHWALBEN der dritten Baureihe wuchs der Bestand bis zum Ende 1957 auf insgesamt 48 Einheiten an.

Ab 1952 wurde auch mit dem Bau größerer Einheiten begonnen, die unter der Bezeichnung HABICHT I und HABICHT II in den fünfziger Jahren in die NVA-Marine eingereiht wurden. Die Boote hatten eine Wasserverdrängung zwischen 500 und 550 t und eine Länge zwischen 59 m und 65 m.

Die größten Minenlege- und Räumboote waren die vom Typ »Krake«. Die zehn Einheiten dieses Typs wurden in den Jahren 1956 bis 1958 auf der Peene-Werft in Wolgast gebaut und trugen ausschließlich Städtenamen der DDR. Die Wasserverdrängung lag bei 650 t bei einer Länge von 70 m und einer Breite von 8,1 m. Die Geschwindigkeit lag bei 18 kn. Sie hatten einige Ähnlichkeiten mit dem Typ M 40/43 der Kriegsmarine.

Die »KONDOR-I-Klasse«, Bezeichnung Minensuch- und Räumschiffe: Dieser Bootstyp, der dem Publikum erstmals anläßlich der Flottenparade am 4. Oktober 1969 vorgestellt wurde, entspricht in seinem äußeren Erscheinungsbild und den Leistungsdaten in etwa der SCHÜTZE-Klasse.

Die »KONDOR-II-Klasse« ist eine Weiterentwicklung der bereits in Dienst befindlichen KONDOR-I-Klasse. Von dieser Bauserie wurden, soweit bekannt, dreißig Boote gebaut. Von diesen hatte die Bundesmarine dann im Oktober 1990 sechs Einheiten übernommen und mit Hull-Nummern der NATO versehen. Die Serie ist eine Eigenentwicklung der DDR.

Zu einer dauerhaften Indiensthaltung unter der Flagge der Bundesrepublik ist es jedoch vorwiegend aus logistischen Gründen nicht gekommen. Nachdem die Boote wenn auch nur kurzzeitig im Bootsbestand der Flottille der Minenstreitkräfte geführt wurden, wird in der nachstehenden Übersicht der Lebenslauf (in Kurzform) nach der Übernahme in die Bundesmarine sowie der Verbleib der Boote wiedergegeben.

M 2669 TANGERHÜTTE

Wie bei den nachstehenden Schwesterbooten, war diesem nur eine kurze Zeit im Dienst der Bundesmarine beschieden, wurde es zum Verkauf angeboten. Ein zunächst geplanter Verkauf nach Surinam kam jedoch nicht zustande.

M 2670 SÖMMERDA

Nach kurzzeitiger Dienstleistung vom Oktober 1990 bis zur Außerdienststellung im Januar 1991 zunächst aufgelegt und über die VEBEG zum Verkauf angeboten. Im Juli 1992 an Indonesien verkauft und dort unter dem neuen Namen PULAU RAIBU in Dienst gestellt. Die Überführungsfahrt nach dort erfolgte an Bord des Schwergutfrachters TRANS SHELF.

M 2671 EISLEBEN

Nach ebenfalls kurzzeitiger Dienstzeit bei der Bundesmarine am 10. Oktober 1991 in Neustadt außer Dienst gestellt. Über die VEBEG danach am 11. Oktober 1991 an Uruguay verkauft und dort unter dem neuen Namen AUDAZ in Dienst gestellt.

M 2672 BITTERFELD

Das Boot wurde wie bei den anderen typgleichen Fahrzeugen nach der Außerdienststellung von der VEBEG zum Verkauf angeboten und ebenfalls an Indonesien verkauft. Dort erhielt es den neuen Namen PULAU RIMAU. Der Transport erfolgte auf dem gleichen Wege wie bei der SÖMMERDA.

M 2673 BERNAU

Für die BERNAU gilt der gleiche Vorlauf in bezug auf seine Dienstzeit bei der Bundesmarine wie bei den zuvor genannten Booten. Es wurde nach Uruguay verkauft und dort mit dem Namen FORTUNA am 8. November 1991 in Neustadt/Holstein für seinen neuen Besitzerstaat in Dienst gestellt.

M 2674 EILENBURG

Die EILENBURG war das dritte Boot, das nach seiner kurzzeitigen Dienstzeit bei der Bundesmarine nach Uruguay verkauft wurde. Der Flaggenwechsel fand am 11. Oktober 1991 statt. Die Indienststellung unter dem neuen Namen VALIENTE fand dann am 8. November 1991 statt.

Bis auf die TANGERHÜTTE waren somit fünf Boote bereits gegen Ende 1991 wieder aus dem Bootsbestand der deutschen Marine gestrichen.

Die KOBLENZ mit Booten der KONDOR-II-Klasse

Flottille der Minenstreitkräfte

Geschichtliche Entwicklung

Die Flottille der Minenstreitkräfte existiert unter diesem Namen erst seit dem 1. Januar 1967.

Zuvor gab es allerdings Vorläufer.

Es begann am 15. Oktober 1958. An diesem Datum übernahm der erste Kommandeur Kapitän zur See Adalbert von Blanc das Kommando der Minensuchboote in Cuxhaven. Im Juli 1962 wurde dieser Verband erstmals umbenannt in Kommando der Minenstreitkräfte. Hintergrund für diese Maßnahme war die geplante Aufnahme von Minenlegern und Transportern sowie des 2. Küstenwachgeschwaders. Von 1956 bis 1958 waren der Flottille zunächst drei Minensuchgeschwader aus kriegsgedienten Booten unterstellt. Es waren dies 20 ehemalige Räumboote beim 1. und 3. MSG sowie sechs Minensuchboote der Typen M 40/43 beim 2. MSG.

Nach dem Zulauf der 18 Küstenminensucher vom Typ LINDAU wurden daraus zunächst drei weitere Geschwader aufgestellt. Das 4. MSG kam nach Wilhelmshaven und das 6. und 8. MSG nach Cuxhaven.

Am 1. Juli 1964 folgt das 2. Küstenwachgeschwader, später umbenannt in 10. Minensuchgeschwader. Als weiteres Geschwader kommt schließlich noch das 7. Minensuchgeschwader aus Neustadt hinzu.

Ab 1. Januar 1967 erhält die Flottille dann die bis heute gültige Namensgebung. Zu 1968 verlegt diese ihren Standort nach Wilhelmshaven. Nach der deutschen Einheit wurden im Rahmen einer umfassenden Umgliederung von Verbänden und Standorten auch innerhalb der Marine neue Typstützpunkte festgelegt. Dies erforderte einen weiteren Umzug, der dann am 1. Oktober 1994 im neuen Typ-Stützpunkt Olpenitz vollzogen wurde. Daneben waren auch organisatorische Veränderungen innerhalb der Flottillenstruktur notwendig geworden. So wurden die bisher eigenständigen Geschwaderstäbe mit in den Flottillenstab integriert. Den in Wilhelmshaven stationierten Minenjägern und Hohlstablenkbooten mit Ausnahme der Seehunde, die ebenfalls verlegt werden, blieb dieser Umzug jedoch erspart. Sie wurden alle im Herbst 2000 außer Dienst gestellt und dabei zum Teil noch neuen Verwendungen im Ausland zugeführt; der Stab ebenfalls zum Jahresende aufgelöst. Damit ist der traditionsreiche Standort Wilhelmshaven für die Minensucher bis auf weiteres Geschichte geworden.

Noch anzumerken in diesem Zusammenhang ist, daß die Waffentauchergruppe mit den beiden schwimmenden Plattformen MÜHLHAUSEN und LANGEOOG nach wie vor in Eckernförde verbleiben.

Während früher bei der Aufstellung der Geschwader das Augenmerk darauf gerichtet wurde, die Boote jeweils typenrein auf die Geschwader zu verteilen, so ist man zwischenzeitlich hiervon abgekommen. Nach den neuen Einsatzgrundsätzen hat man ab Herbst 1999 den gesamten noch vorhandenen Bootsbestand teilweise neu aufgeteilt. Neuerdings will man innerhalb eines Geschwaders beide Suchtechniken, die Minenjagd sowie das Hohlstablenken, präsent haben, um diese je nach Bedarf einsetzen zu können. Dies war früher nur im Zusammenwirken verschiedener Geschwader möglich. Ein weiterer Aspekt war das derzeit noch in vollem Gange befindliche Umbauprogramm von 10 Booten der Klasse 343 zu Minenjagdbooten der Klasse 333 (KULMBACH-Klasse) und Hohlstablenkbooten (HAMELN-Klasse). Danach wird die Flottille künftig über 22 moderne Einheiten der beiden Klassen 333 und 352 sowie drei neue Tender der Klasse 404 zur logistischen Unterstützung verfügen. Die zuletzt noch im Dienst befindlichen Küstenminensucher und Landungsboote sollen ebenfalls noch außer Dienst gestellt werden. Die neuen Strukturen sind in der jeweiligen Einzelvorstellung der Geschwader und Boote nochmals detailliert erläutert.

Der Auftrag der Flottille im Wandel der Zeiten

Während noch zu Zeiten des Kalten Krieges dem Mineneinsatz eine hohe Priorität zukam, so hat sich dies inzwischen grundlegend gewandelt. Die Minenabwehr steht nun eindeutig im Vordergrund. Die besten Beweise für diesen Wandel liefern dies Räumaktionen im Rahmen des Golfkrieges, im Küstenvorfeld der baltischen Staaten sowie die Suchaktionen in der Adria. Die angewandten Suchtechniken wurden dabei immer mehr perfektioniert, und mittlerweile zählt die neueste Version in Gestalt des »Seefuchses« zum modernsten System innerhalb des westlichen Bündnisses.

Daneben wurde durch die Abstellung von Booten im Rahmen des deutschen Schulgeschwaders ab 1994 ein teilweise erheblicher Ausbildungsauftrag im Rahmen der praktischen Bordausbildung für den Offiziersnachwuchs der Flotte erfüllt.

In den nachstehenden Abschnitten werden nochmals die herausragenden Einsätze und Erfolge dieser Flottille nachgezeichnet. In den Lebensläufen der beteiligten Boote sind diese Einsätze ebenfalls nochmals erwähnt. Bezogen auf die chronologische Reihenfolge waren dies der Golfkrieg, der Einsatz in den Küstengewässern der baltischen Staaten sowie zuletzt bei Allied Harvest in der Adria.

Die Kommandeure der Flottille der Minenstreitkräfte

Kapitän zur See Adalbert von Blanc	15.10.1958	bis	31.07.1961
Kapitän zur See Wolfgang Haak	01. bis 08.1961	und	30.09.1964
Kapitän zur See Reinhart Ostertag	01.10.1964	bis	31.03.1967
Kapitän zur See Karl Clausen	01.04.1967	bis	30.09.1969
Kapitän zur See Horst Wenig	01.10.1969	bis	30.09.1972
Kapitän zur See Hans Harro Stüben	01.10.1972	bis	16.12.1975
Kapitän zur See Dieter Wellershoff	17.12.1975	bis	30.09.1977
Kapitän zur See Wolfgang Brost	01.10.1977	bis	30.09.1981
Kapitän zur See Klaus Peter Niemann	01.10.1981	bis	31.03.1985
Kapitän zur See Waldemar Feldes	01.04.1985	bis	30.09.1990
Kapitän zur See Henning Gieseke	01.10.1990	bis	30.09.1992
Kapitän zur See Jörg Auer	01.10.1992	bis	29.09.1993
Kapitän zur See Wolfgang Nolting	30.09.1993	bis	27.09.1995
Kapitän zur See Klaus Peter Hirtz	28.09.1995	bis	18.09.1997
Kapitän zur See Hans-Joachim Stricker	19.09.1997	bis	26.09.2001
Kapitän zur See Hans-Joachim Unbehau	27.09.2001		

Der Golfkrieg

Am 10. August 1990 fällte die Bundesregierung die Entscheidung, einen Minenabwehrverband ins Mittelmeer zu verlegen. Dieser Verband unter der Bezeichnung

MINENABWEHRVERBAND SÜDFLANKE/MAV SF

erhielt den Auftrag, im östlichen Mittelmeer Präsenz zu zeigen und für einen eventuellen Einsatz eine möglichst hohe Einsatzbereitschaft herzustellen sowie auf besonderen Befehl, seiner Zweckbestimmung entsprechend, Minen zu räumen. Grundlage für diese Entscheidung bildete die UN-Resolution 686. Am 16. August 1990 läuft der Verband unter dem Kommando des FKpt Nolting aus Wilhelmshaven aus.

Das erste Kontingent besteht aus folgenden Einheiten: Tender WERRA (Klasse 401), 6. MSG, Minentransporter WESTERWALD 1. Versorgungsgeschwader, SM-Boote ÜBERHERRN und LABOE 5. MSG, MJ-Boote WETZLAR, KOBLENZ und MARBURG vom 4. MSG.

Während der Überführungsreise nach Kreta wurden folgende Häfen zur Versorgung und für Ruhepausen für die Besatzung angelaufen: Brest, La Coruña, Gibraltar, Cagliari und Augusta. Am 3. September 1990 läuft der deutsche Verband im Hafen von Souda auf Kreta ein. Danach begann dann auch schon die Ausbildung im Hinblick auf den bevorstehenden Einsatz.

Am 29. Oktober 1990 Auslaufen der GÖTTINGEN als Ersatz für die WETZLAR, die wegen technischer Probleme als erstes Boot die Heimreise antreten mußte. Der Tender DONAU läuft am 14. November 1990 aus Olpenitz aus, um den seit geraumer Zeit zur Außerdienststellung vorgesehenen Tender WERRA zu ersetzen.

Am 29. November 1990 erfolgt bereits die erste Kommandoübergabe von FKpt Nolting an Fkpt Unbehau. Hierbei ist anzumerken, daß bereits vor der Entsendung des Kontingentes festgelegt wurde, daß die im Einsatzgebiet befindlichen Soldaten alle drei Monate ausgewechselt werden sollen. Diese Entscheidung wurde bereits zu einem Zeitpunkt getroffen, zu dem nicht absehbar war, wie lange diese Mission überhaupt dauern würde. Dieses Prinzip wurde denn auch nahezu vollständig bis zum Ende durchgehalten. Am 19. Dezember 1990 kehrt die WERRA aus dem Mittelmeer zurück und wird bald danach zur bereits geplanten Außerdienststellung vorbereitet.

Am 16. Januar 1991 beginnen dann die Alliierten mit ihrer Luftoffensive gegen den Irak. Zum 22. Januar 1991 laufen die SCHLESWIG und PADERBORN vom 6. Minensuchgeschwader aus, um die beiden Minensucher LABOE und ÜBERHERRN abzulösen. Die ferngelenkten Hohlstäbe HFG F 1 (Seehunde) werden dabei mit dem Dockschiff nachgeführt. Am 7. Februar 1991 beginnt die Offensive der Bodentruppen gegen den Irak.

Planmäßige Kommandoübergabe zwischen FKpt Unbehau an seinen Nachfolger Kpt z.S. Jakobi. Die Kampfhandlungen im Irak werden am 28. Februar 1991 beendet. Am 6. März 1991 entscheidet die Bundesregierung, daß der MAV SF im Persischen Golf zum Minenräumen eingesetzt werden soll.

Mit der Entsendung des ersten Verbandes von Einheiten beginnt der eigentliche Einsatz der deutschen Schiffe entsprechend ihrer bautechnischen Zweckbestimmung und Ausrüstung. Der Auftrag für den Tender DONAU, die Minensucher GÖTTINGEN, PADERBORN und SCHLESWIG lautet wie folgt:

Verlegung in den Persischen Golf. Danach Minenabwehr in Zusammenarbeit mit den übrigen beteiligten Nationen in den minengefährdeten Gebieten zur Sicherung der Schifffahrtswege. Die Anreise erfolgte über die Häfen Suez, Djiddah, Manamah (Bahrein). Am 29. März 1991 begibt sich die Ablösung für die im Einsatzgebiet weilenden Einheiten auf den Weg zur Ablösung. Es sind dies die Einheiten Versorger FREIBURG, Minensucher KOBLENZ und MARBURG. Am 29. März 1991 trifft der Verband in Manamah ein. Auf der Hinreise werden dabei genau dieselben Häfen angelaufen, wie dies der erste Verband bereits praktizierte.

Am 10. April 1991 läuft die GÖTTINGEN zum ersten Minenräumeinsatz für den deutschen Verband aus, und bereits am 14. April 1991 wird die erste Mine für den deutschen Verband geräumt.

Mit dem Einlaufen des zweiten Verbandes werden auch drei Hubschrauber des Marinefliegergeschwaders 5 aus Kiel-Holtenau mittels Seetransport verlegt. Diese erwerben sich in der Folgezeit als »White Angels« einen guten Ruf. Wegen der starken Sonneneinstrahlung sind die Hubschrauber bereits frühzeitig mit einem weißen Anstrich versehen worden.

Am 3. Mai 1991 gelingt die erste Räumung einer Mine mit einem Hohlstab. Am 12. Juni 1991 übergibt Kpt z.S. Jakobi sein Kommando an Kpt z.S. Leder. Das Dockschiff CONDOCK mit dem Minenjagdboot CUXHAVEN und zwei Hohlstäben an Bord läuft aus, um die vor Ort befindliche GÖTTINGEN und andere Hohlstäbe zu ersetzen. Auf dem Rückmarsch nimmt es wieder einen Minenjäger und fünf Hohlstäbe mit nach Hause. Am 25. Juli 1991 findet die letzte Kommandoübergabe von Kpt z.S. Leder an Fkpt

Hirtz sowie der Rückmarsch der Einheiten über Maskat, Mina Raysud, Djiddah Suez, Souda, Palma de Mallorca, Lissabon, Brest nach Wilhelmshaven statt.

Am 13. September 1991 lief der Verband, bestehend aus dem Tender DONAU, den Minensuchern KOBLENZ, PADERBORN, MARBURG, SCHLESWIG, CUXHAVEN und dem Versorger FREIBURG, ein. Der amtierende Verteidigungsminister Dr. Stoltenberg und rund 2000 Zuschauer bereiteten den Heimkehrern einen herzlichen und bewegenden Empfang.

Bilanz: In der Zeit des Einsatzes wurden von den entsandten Einheiten aller beteiligten Nationen insgesamt 1239 Minen und mehrere Fliegerbomben unschädlich gemacht. Die Minen lagen dabei in einer Wassertiefe zwischen 15 und 35 m. Um unter den beteiligten Nationen keinen unnötigen Konkurrenzkampf zu entfachen, wurde von Anfang an auf nationale Statistiken über Räumerfolge verzichtet. Dabei haben sich auch unsere Seehunde einen nachhaltigen Ruf erworben. In von den Minenjägern als minenfrei gemeldeten Seegebieten hatten sie bereits nach kurzer Zeit nach ihren Überläufen, mehrere Räumerfolge zu verbuchen.

Die Sicherheit im Räumeinsatz stand dabei stets im Vordergrund. So ist auch zu erklären, daß es in diesem Zeitraum zu keinerlei Unfällen und Personenverlusten gekommen ist. An dieser Erfolgsbilanz war auch das deutsche Kontingent entsprechend beteiligt. Selbst unter Berücksichtigung des Umstandes, daß es sich bei den geräumten Minen nicht um die allerneueste Technik handelte, sind die erzielten Erfolge trotzdem beachtenswert. Schließlich handelte es sich bei den im Einsatzgebiet befindlichen Booten um einen bunt zusammengestellten Einsatzverband verschiedener Nationen, der zudem durch den Wechsel der nationalen Kontingente in seiner Zusammensetzung einer ständigen Veränderung unterlag, was dem Zusammenwachsen nicht dienlich war. Die Unterstellung der Boote unter den jeweiligen nationalen Befehlsbereich hat sich dabei bewährt und als zweckmäßig erwiesen. Insgesamt waren über den Einsatzzeitraum 2670 Soldaten eingesetzt, davon waren 730 Grundwehrdienstleistende. In den jeweiligen Kontingenten waren ständig 450 bis 500 Soldaten eingesetzt. Zusammenfassend läßt sich sagen, daß die Marine diese Aufgabe, mit der sie innerhalb kurzer Zeit konfrontiert wurde, nach dem übereinstimmenden Urteil der politischen und militärischen Führung überzeugend erfüllt hat. Diese Einschätzung wurde auch von den übrigen beteiligten Marinen sowie bei den Golfanrainern geteilt.

Das erste Kontingent bestehend aus Tender WERRA, Minentransporter WESTERWALD, SM-Boot ÜBERHERRN, SM-Boot LABOE, MJ-Boot WETZLAR, MJ-Boot KOBLENZ und MJ-Boot MARBURG.

Eine Mine detoniert nach dem Überlauf durch einen »Seehund«.

Teilnahme an den Operationen »Baltic Sweep« und »Open Spirit«

Auf Wunsch der baltischen Staaten operieren seit 1993 in seither regelmäßig jährlichem Turnus Minensucheinheiten in den Küstengewässern dieser Staaten. Dabei geht es darum, zusammen mit Minensuchern anderer Nationen die Hinterlassenschaften aus dem Zweiten Weltkrieg an Minen, Torpedos und sonstigen Sprengkörpern zu beseitigen.

Die Bilanz des zunächst unter »Baltic Sweep« und danach unter »Open Spirit« laufenden Sucheinsatzes kann sich durchaus sehen lassen. Nach einer vorläufigen Bilanz des Flottenkommandos wurden in den vier Jahren bisher 55 Minen, 14 Torpedos sowie 14 Bomben verschiedener Art lokalisiert und mit Hilfe von Sprengladungen unschädlich gemacht.

Inzwischen wird von der deutschen Marine auch ein für die Schiffahrt wichtiges Dokument, ein sogenannter Altlastenatlas, geführt. In diesem sind sämtliche Gebiete mit bekannten oder vermuteten explosiven Rückständen vermerkt und werden laufend dem neuesten Kenntnisstand angepaßt. Er steht jedem der schiffahrttreibenden Ostseeanrainer zur Einsichtnahme zur Verfügung.

Außerdem läßt sich danach feststellen, daß die deutsche Marine auf dem Gebiet der Minenabwehr sowohl konzeptionell als auch hinsichtlich der technischen Ausrüstung des Bootsbestandes zu den führenden Seefahrernationen zu zählen ist. Inzwischen ist die Erneuerung und Modernisierung des Bootsbestandes durch den Zulauf der restlichen Boote der Klassen 333 und 352 vorerst abgeschlossen.

Minen werden gesprengt

Operation »Allied Harvest« in der Adria

Einen Beweis ihrer Leistungsfähigkeit konnten die Minensucher beim Einsatz bei der Operation Allied Harvest im Sommer 1999 in der Adria erbringen.

Anlaß dazu war ein Auftrag, der von der NATO an den Mine Countermeasures Force North erging. Dies ist einer der zwei ständigen Minenabwehrverbände der NATO, die über das ganze Jahr in hoher Bereitschaft für solche Einsätze in See stehen.

Der zweite Verband wurde in Form des Minenabwehrverbandes Mittelmeer erst kurz zuvor gegründet. Nachdem die LINDAU in diesem Zeitraum dem erstgenannten Verband zugeteilt war, fiel ihr die Aufgabe zu, als Minenjäger zusammen mit 11 Booten der Mitgliedstaaten in einem festgelegten Seegebiet von etwa 1041 Quadratseemeilen in der Adria nach Munition zu suchen.

Dabei handelte es sich in erster Linie um scharfe Munition, die bei NATO-Einsatzflügen gegen Jugoslawien nicht zum Einsatz kam und beim Rückflug überwiegend in sogenannten Notabwurfgebieten über der Adria ausgelöst werden mußten. Nachdem eine Landung mit scharfer Munition in der Heimatbase nicht erlaubt war, blieb den Piloten zunächst nur diese Möglichkeit der Entsorgung. Insbesondere für die Fischerei ergab sich dadurch in der Folgezeit eine nicht unerhebliche Gefährdung bei der Ausübung ihres Berufes. So ist es auch nicht verwunderlich, daß bald ein italienischer Fischer beim Einholen seines Netzes, in dem sich solche Munition befand, schwer verletzt wurde. Als Folge mußten diese Seegebiete vorerst für die Fischerei gesperrt werden, und es erging der Auftrag, nach dieser Hinterlassenschaft zu suchen. Hierbei kamen entsprechend ihrer Ausrüstung und Ausbildung in erster Linie die Minensuch- und Jagdeinheiten in Frage.

Für die Bundesmarine kamen in der Folgezeit die vier Minenjagdboote LINDAU, SULZBACH-ROSENBERG (Kurzname SUBARO), FULDA und ROTTWEIL zum Einsatz. Dabei waren »SUBARO« und LINDAU mit 19 bzw. 13 Objektfunden am erfolgreichsten. Mit Abstand ältestes Boot war die LINDAU mit etwa 43 Jahren Dienstzeit. Die LINDAU hat damit nebenbei den Beweis erbracht, daß auch ein Boot kurz vor Ende der Indiensthaltung noch zu besonderen Leistungen fähig ist, wenngleich dies für die Besatzung mangels Klimaanlage bei den während des Einsatzes herrschenden klimatischen Bedingungen schwieriger war als bei den Neubauten, die über solche Anlagen verfügen. Rund ein Drittel der 93 georteten Objekte geht dabei auf das Konto unserer Minensucher.

Beim Suchen der Munition wurde dabei ähnlich verfahren wie beim Einsatz gegen Minen. Der Unterschied lag lediglich darin, daß die Objekte sich alle auf dem Grund befanden und dabei mehr oder weniger von Sedimenten bedeckt waren, was die Suche jedoch nicht leichter machte. Über das Bordsonar wurde der Grund in festgelegten Suchstreifen abgetastet und bei Kontakten mit Hilfe des zu Wasser gelassenen PAP lokalisiert und identifiziert. Sofern zweifelsfrei festgestellt wurde, um welche Munitionsart es sich handelte, konnte unter Inanspruchnahme des PAP die Detonationsladung am Objekt hinterlassen und nach dessen vorheriger Bergung und Erreichen des notwendigen Sicherheitsabstandes die Sprengung ausgelöst werden.

Um eine Gefährdung von Mensch und Material auszuschließen, wurde in jedem Fall eine Sprengung durchgeführt. Der Erfolg ließ sich dabei in jedem Fall über das Sonar einwandfrei feststellen. Schließlich ist noch anzumerken, daß bei der Suche noch allerlei andere Dinge gefunden wurden, wie z.B. Hunderte von Ölfässern. Allerdings wurde auch interessantes Material wie antike Schiffswracks, teilweise beladen mit Handelsgütern, gefunden. Die übermittelten Positionsangaben werden den italienischen Archäologen bestimmt weiterhelfen. Nach Abschluß der Suchaktion kann davon ausgegangen werden, daß dieses Seegebiet nun wieder hinreichend sicher befahren werden kann.

Auch bei diesen Einsätzen konnten die beteiligten deutschen Einheiten gerade im Vergleich zu den anderen Nationen ihren anerkannt hohen Leistungsstandard unter Beweis stellen.

1. Minensuchgeschwader

Am 5. Juni 1956 setzten die vier ehemaligen R-Boote der Kriegsmarine, R 132, 134, 135 und 144, die neuen Hoheitszeichen der Bundesmarine und bildeten damit den Grundstock für die neuen Minenstreitkräfte der Bundesmarine.

ORION, RIEGEL, MERKUR und SIRIUS waren damit die ersten Einheiten der Bundesmarine, die durch Admiral Wegener am 5. Juni 1956 in Bremerhaven in Dienst gestellt und am folgenden Tag nach Wilhelmshaven verlegt wurden. Bereits elf Tage später vergrößerte sich der Bootsbestand um weitere vier Boote, und zwar um POLLUX, CASTOR, CAPELLA und MARS. Die letzte Viererserie folgte dann am 31. Juli 1956 mit den Booten SATURN, SPICA, JUPITER und REGULUS. Mit diesen insgesamt 12 Booten war das Geschwader vorerst komplett.

Bei der Kennzeichnung der Boote, die zu Kriegszeiten ja ohne Ausnahme nur mit »R« und der jeweiligen Bootsnummer gekennzeichnet waren, ging man neue Wege, indem für diese die Namen von Planeten und Sternzeichen gewählt wurden, die teilweise bereits zu früheren Zeiten schon einmal für Schiffe verwendet wurden.

Bevor nun die weitere Entwicklung dieses Geschwaders während des Aufbaues einer Minenabwehrkomponente innerhalb der Bundesmarine weiter abgehandelt werden soll, ist zunächst ein kurzer Blick in die Geschichte angebracht.

Die erste Räumflottille wurde im Herbst 1937 aufgestellt und bestand aus Räumbooten der Bauserien R 17 bis R 20 sowie R 21 bis R 23. Der größte Teil dieses als »mittleres Räumboot« bezeichneten Typs wurde bei der Werft Abeking & Rasmussen in Lemwerder, vier Boote bei der Schlichting-Werft erbaut. Die Verdrängung dieser Boote lag bei 120 bzw. 123,6 ts der letzten Serie. Die Geschwindigkeit lag bei 23,1 kn und Voith-Schneider-Antrieb.

Die Boote kamen im weiteren Verlauf des Zweiten Weltkrieges 1939 im Polenfeldzug, 1940 beim Unternehmen »Weserübung« und von 1941 bis 1945 in der Ostsee zum Einsatz.

Die Boote dieses Typs hatten sich während des Krieges gut bewährt und wurden infolgedessen auf allen Kriegsschauplätzen vom Eismeer, Nord- und Ostsee, dem Kanal, der Biscaya bis hin ins Mittelmeer und dem Schwarzen Meer eingesetzt. Die Verlegung an die beiden letztgenannten Einsatzhäfen erfolgte auf teils abenteuerlichen Wegen über Land und binnenländischen Kanalsystemen und Flüssen wie Rhein und Donau.

Außerdem bestand bereits zeitlich zuvor schon die erste Minensuchflottille, die 1924 mit alten Booten der ehemaligen Kaiserlichen Marine aufgestellt wurde. Zu Beginn des Zweiten Weltkrieges wurde diese, bestehend aus den Booten M 1, 3, 4, 5, 7 und 8, in der Danziger Bucht zu Minensuch- und Sicherungsaufgaben sowie zur U-Boot-Jagd eingesetzt. Ab November 1939 wurden die Boote wieder in die Nordsee verlegt, wo sie im wesentlichen die gleichen Aufgaben erledigten wie zuvor.

Bei der Besetzung Dänemarks und Norwegens wurden sie den einzelnen Kampfgruppen zugeteilt. Dabei traten dann auch die ersten Verluste ein. Nach der Besetzung Frankreichs kamen die Boote im Kanal und in der Nordsee zum Einsatz. Beim Kanaldurchbruch der beiden Schlachtschiffe SCHARNHORST und GNEISENAU sowie dem schweren Kreuzer PRINZ EUGEN bildeten die Boote das Minensuchgeleit. Dafür erhielt der Flottenchef das Ritterkreuz. Die Kriegseinflüsse brachten es mit sich, daß der Bootsbestand sich durch Abgaben an andere, neu aufzustellende Flottillen sowie durch eintretende Verluste ständig veränderte. Im Sommer 1942 wurde die Flottille kurzfristig in der Ostsee bei der Eroberung der Baltischen Inseln eingesetzt. Im Anschluß folgte dann die Rückverlegung in die Nordsee, wo sie bei der Ausbringung einer großen Minensperre mit dem Tarnnamen »Südostwall« mitwirkte. Zuletzt wurden die Boote bei der Rückführung deutscher Truppen und beim Flüchtlingstransport eingesetzt. In der Zeit nach Kriegsende wurden die noch vorhandenen Einheiten mit anderen Flottillen zur Minenräumgruppe zusammengefaßt, um die in der Nordsee noch in großer Anzahl liegenden Minen freizuräumen. Nach Beendigung dieser Aufgaben wurden einige Boote der Sowjetunion als Reparationsleistung ausgeliefert.

Nach diesem geschichtlichen Rückblick in die Vergangenheit soll nun die weitere Entwicklung innerhalb der neu aufgestellten Bundesmarine weiter betrachtet werden.

Bereits drei Monate später wurden am 15. Oktober 1956 zwei Boote, die MERKUR und JUPITER, an das neu aufgestellte 3. Minensuchgeschwader abgegeben. Am 12. Dezember 1956 verlegte das 1. Minensuchgeschwader von Wilhelmshaven in den neuen Heimathafen Flensburg. Im Januar 1957 stieß dann noch der Versorger OSTE zum Geschwader, welches schließlich im April 1957 der NATO unterstellt wurde. In den ersten Aufbaujahren waren die Boote vorwiegend im Bereich der Nord- und Ostsee im Einsatz. Dabei kam es schon zu den ersten Begegnungen mit Einheiten des Warschauer Paktes. Erst nach Öffnung des »Eisernen Vorhanges« wurde es möglich, auch mit den Ländern dieses Bündnissystems normale Beziehungen und

Besuchsprogramme zu vereinbaren. Jüngstes Beispiel ist das trilaterale Abkommen zwischen Dänemark, Polen und Deutschland.

Es wurde jedoch sehr bald erkennbar, daß der Dauereinsatz der letzten Jahre an der Substanz der Boote deutliche Spuren hinterlassen hatte und ein alsbaldiger Ersatz durch Neubauten dringend notwendig wurde.

Im Februar 1959 wurden in einem ersten Schritt die fünf R-Boote CAPELLA, MARS, POLLUX, SIRIUS und SPICA außer Dienst gestellt. Ab 22. November 1960 erfolgte mit der Indienststellung der MIRA als erstem Boot der neuen schnellen Minensuchboote der SCHÜTZE-Klasse (Typ 340/341) der erste Generationswechsel im Bootsbestand dieses Geschwaders. Es folgten nun in regelmäßigen Abständen die restlichen Boote KREBS, POLLUX, SIRIUS, SPICA, MARS, ORION, REGULUS, RIGEL und CASTOR. Durch die weitgehende Übernahme der Namensgebung von den alten auf die neuen Boote wurde der Fortführung der Namenstradition innerhalb der Minenabwehreinheiten Rechnung getragen.

Insgesamt sind dreißig Boote dieses Typs auf zwei Werften gebaut worden, die zu je zehn auf das erste, dritte und fünfte Minensuchgeschwader verteilt wurden. Die Boote sind eine Weiterentwicklung des Räumboottyps R 30. Ähnlich wie ihre konstruktiven Vorgänger wurden auch sie in traditioneller Bauweise, unter weitgehender Verwendung amagnetischer Materialien, erbaut. Der Baupreis lag dabei bei etwa 7,3 Millionen DM je Boot, ein nach heutigen Maßstäben noch bescheidener Baupreis. Sie unterschieden sich im wesentlichen durch den Einbau von zwei verschiedenen Antriebsmotoren. Zehn Boote erhielten Mercedes-Benz-Viertakt-16-Zylinder-Dieselmotoren, die anderen zwanzig eine Anlage von Maybach. Je nach Motorenvariante gehörten sie daher zur Typ-Klasse 340 oder 341.

Die E-Anlage umfaßte drei Dieselgeneratoren mit je 71 kW, außerdem kam für die Räumanlage ein Räumdieselgenerator mit 900 PS/662 kW hinzu. Für den Antrieb sorgten ferner zwei dreiflügelige Escher-Wyss-Verstellpropeller mit je 1,6 m Durchmesser. Die Steuerung erfolgte durch ein Haupt-Mittelruder und zwei Stau-Nebenruder.

Die Boote waren auch als schnelle Minenleger verwendbar, was bei verschiedenen Manövern immer wieder geübt wurde. Somit konnten im Notfall die wichtigsten Ostseezugänge in relativ kurzer Zeit durch Minen verseucht werden und stellten daher für einen potentiellen Angreifer eine wesentliche Gefahr dar.

Die Bewaffnung bestand etatmäßig aus einer 40-mm-Flak L/70, die auf dem Vorschiff aufgestellt war. Sechs Boote, nämlich GEMMA, PEGASUS, WAAGE, REGULUS, DENEB und ATAIR, fuhren zeitweise bis hin zur Mitte der sechziger Jahre eine zweite 40-mm-Kanone gleichen Kalibers auf dem Achterschiff.

Ein Ärgernis nach Inbetriebnahme der Boote ist an dieser Stelle allerdings noch nachzutragen. Es stellte sich nämlich heraus, daß das für die Herstellung der Querschotten verwendete Baumaterial nicht die erforderliche Festigkeit besaß und daher nach und nach im Rahmen von aufwendigen Nachbesserungen ersetzt werden mußte. Weitere Probleme dieser Art traten durch Fäulniserscheinungen auf, die ebenso aufwendig wieder ausgebessert werden mußten.

Nicht nur bei den eigentlichen Minensucheinheiten, sondern auch bei den Tendern, die für die logistische Unterstützung unerläßliche Dienste leisten, wurde am 11. Mai durch die Übernahme des neuen Tenders SAAR, der die OSTE in dieser Funktion ablöste, ein Generationswechsel vollzogen.

Im Jahre 1972 wurde das Geschwader dann um zwei weitere Neubauten, die Minentransporter SACHSENWALD und STEIGERWALD, erweitert. In der Folgezeit wurden die Boote KREBS, MIRA und ORION durch die vom 3. Minensuchgeschwader übernommenen Boote WAAGE, SKORPION und SCHÜTZE ersetzt. 1990 wird der zweite Generationswechsel durch die Außerdienststellung des SM-Bootes RIGEL eingeleitet. Bis zum Jahreswechsel folgen dann noch vier weitere Boote. Es sind dies SKORPION, CASTOR, REGULUS und SIRIUS. 1991 betrifft dies dann auch den Minentransporter SACHSENWALD sowie den Tender SAAR.

Mit der Indienststellung des Typ-Bootes FRANKENTHAL der neuen Klasse 332 am 16. Dezember 1992 wurde eine richtungweisende Erneuerung des vorhandenen Bootsbestandes eingeleitet. Die WEILHEIM war das letzte einer Baureihe von zwölf Booten dieses Typs, mit dem das Geschwader vorerst komplettiert wurde. Dieser Neubautyp bedeutet in jeder Hinsicht eine Abkehr von den in diesem Geschwader bisher bekannten Erscheinungsbildern.

Dies gilt in besonderem Maße für den Einsatz der verwendeten Baumaterialien. Erstmals in der Geschichte dieses Geschwaders kam hier ein amagnetischer Schiffbaustahl zum Einsatz. Bei zahlreichen Versuchen mit herkömmlichen Stahlsorten hat sich immer wieder gezeigt, daß trotz des Einbaus einer Mineneigenschutzanlage unter gleichzeitiger Nutzung von amagnetischem Stahl die für Minensucheinheiten unerläßliche magnetische Signatur in keinem Fall erreicht werden konnte. Erst durch die Entwicklung von dauerhaft korrosionsbeständigem Stahl wurden die Vorteile gegenüber Holz oder Kunststoff beim Bau verwertbar.

Auf der Grundlage einer Einheitsplattform, die für beide Klassen 332 und 343 einen einheitlichen Bootskörper vorsieht, unterscheidet sich die Klasse 332 bedingt durch die andere Aufgabenstellung vorwiegend im Bereich der Aufbauten. Die Klasse 332, die für die Minenjagd vorgesehen wurde, hat ein viel längeres Deckshaus als die Klasse 343. Dort sind im hinteren Teil in einem Hangar die beiden Minenjagddrohnen vom Typ »Pinguin B 3« untergebracht. In diesem Oberdecksaufbau ist außerdem eine Taucherdruckkammer für die an Bord untergebrachten Minentaucher eingebaut. Außerdem ist neben diesem Deckshaus auch das Bereitschaftsboot für die Schwimmtaucher angegliedert. Über die Einsatzmöglichkeiten dieses Typs sind im Kapitel Minensuch- und Jagd-Systeme weitere Einzelheiten nachzulesen.

Im Oktober 1999 wurden die einzelnen Geschwader der Flottille, so auch das 1. Minensuchgeschwader, neu gegliedert. Von den ursprünglich zwölf Booten dieses Typs waren ab diesem Zeitpunkt noch folgende Boote unterstellt: M 1058 FULDA, M 1059 WEILHEIM, M 1060 WEIDEN, M 1061 ROTTWEIL, M 1063 BAD BEVENSEN, M 1064 GRÖMITZ, M 1065 DILLINGEN, M 1068 DATTELN, M 1069 HOMBURG sowie Tender WERRA.

Die FRANKENTHAL, BAD RAPPENAU und SULZBACH-ROSENBERG, die diesem Geschwader anfänglich angehörten, wurden im Rahmen dieser Umgliederungsmaßnahme nun dem 3. Minensuchgeschwader unterstellt.

Geplante Optionen nach der Jahrtausendwende

Dabei ist vorgesehen, fünf Boote dieser Klasse im Rahmen des Vorhabens »Minenjagdausrüstung 2000« mit zwei ferngelenkten Überwasserdrohnen SEEPFERD auszurüsten, die ihrerseits je einen abgesetzten getauchten Sensorträger ziehen sollen. Außerdem sollen eingesunkene Minen über ein neuartiges Sedimentsonar besser als bisher erfaßt werden können. Die Bekämpfung von Grundminen wird mit Hilfe der Einweg-Drohne SEEWOLF erfolgen.

Der neue Typ-Stützpunkt Olpenitz

Die Vorgeschichte des Stützpunktes Olpenitz geht auf den 1. April 1964 zurück. Zu diesem Zeitpunkt übernahm der erste Kommandeur KKpt Eggers mit weiteren fünf Mann Vorkommando den Marinestützpunkt Olpenitz. Ab März 1959 hatte man damit begonnen, aus dem Schleimoor einen Hafen auszubaggern. In den folgenden Jahren war dann der neue Hafen eine Großbaustelle. Aus dieser Zeitepoche stammt auch noch der Spitzname »PORTO SANDO«. Über einen Zeitraum von mehr als zehn Jahren entstanden dann nach und nach die Gebäude und Anlagen, die für einen modernen Hafenbetrieb unerläßlich sind.

Das 5. Minensuchgeschwader (mit Booten der SCHÜTZE-Klasse) verlegte im November 1967 als erstes Geschwader in den neuen Heimathafen. Anschließend folgten noch zwei Schnellbootgeschwader, das 2. und 5. Schnellbootgeschwader sowie Teile des 1. Versorgungsgeschwaders.

Die anfänglichen Unzulänglichkeiten sind nunmehr Geschichte, und der neue Stützpunkt ist inzwischen Dank des großen Einsatzes und einer Menge Geduld der Typstützpunkt der Minensucher geworden. Aufgrund der mit der Aufstellung des Stationierungskonzeptes vom 30. März 1993 getroffenen politischen Entscheidung hat Olpenitz dem bisherigen Traditionshafen Kiel zwischenzeitlich den Rang abgelaufen. Olpenitz hat gegenüber den beiden anderen Häfen Flensburg und Kiel den geographischen Vorteil eines sehr kurzen Anmarschweges zum Übungsgebiet. Die sonst obligatorische Revierfahrt der anderen Häfen entfällt.

Insgesamt beherbergt der Stützpunkt derzeit etwa 2500 Soldaten inklusive der bei der Lehrgruppe B der Marinewaffenschule stationierten Soldaten.

Die Luftaufnahme zeigt eine noch nahezu volle Belegung mit Einheiten der Flotte.

Überschrift für Übersicht der Schiffe

CAPELLA ex R 133
NATO-Nr.: M 1050
Bauwerft:
Abeking & Rasmussen
Stapellauf:
1943 für die Kriegsmarine
Indienststellung:
19.06.1956 für die Bundesmarine
Außerdienststellung:
20.02.1959
Geschwaderzugehörigkeit:
13. Räumflottille der Kriegsmarine
1. Minensuchgeschwader der Bundesmarine

Geschichte und Verbleib:
Die erste Indienststellung fand noch zu Kriegszeiten für die 13. Räumflottille statt. Diese war von Ende 1943 bis 1945 überwiegend in der Deutschen Bucht im Einsatz. R 133 gehörte zu den Booten, die den USA als Kriegsbeute zugesprochen wurden. Diese registrierten es unter der Kennung USN 113. 1956 erhielt die Bundesrepublik USN 113 zum Aufbau einer neuen Marine. Zusammen mit neun weiteren Booten dieses Typs bildete es den Grundstock für das neu aufgestellte 1. Minensuchgeschwader. Zunächst führte es als Kennzeichen ein Kürzel aus zwei Buchstaben »CP« für CAPELLA. Später erhielt es wie alle anderen Einheiten der Marine zusätzlich zum Namen eine Identifikationsnummer. Bis zur Außerdienststellung im Dienst des 1. MSG fand es noch bis Mitte der sechziger Jahre Verwendung als stationäres Schulboot bei der technischen Marineschule in Bremerhaven. Danach wurde es der VEBEG zur Verwertung zur Verfügung gestellt. Am 24. April 1974 kam es schließlich zu einem Verkauf an einen privaten Eigner. Als Yacht führte es nun die chilenische Flagge und erhielt den Namen OSMAGSA. Im November 1979 wurde es von der Bremerhavener Feuerwehr vollends verbrannt, nachdem es fünf Monate zuvor bereits in Brand geraten war und dabei erhebliche Schäden erlitten hatte, so daß eine Wiederinstandsetzung nicht mehr sinnvoll erschien.

CASTOR ex R 138
NATO-Nr.: M 1051
Bauwerft:
Abeking & Rasmussen, Lemwerder
Indienststellung:
06.04.1944 für die Kriegsmarine
19.06.1956 für die Bundesmarine
Außerdienststellung:
20.02.1959
Geschwaderzugehörigkeit:
1. Minensuchgeschwader

Geschichte und Verbleib:
Als R 138 für die 4., später dann 13. R-Flottille der Kriegsmarine im Einsatz. Wie verschiedene andere Boote nach Kriegsende den USA zugesprochen und dort unter USN 138 registriert. Bei der Übergabe an die Bundesmarine erhielt es dann den Namen CASTOR mit dem Namenskürzel »CT«, das zunächst sichtbar geführt wurde, bis es später zuerst die NATO-Kennung M 1053 und ab 1. April 1957 M 1051 erhielt. Während des Routinedienstes innerhalb des Geschwaders sind keine Besonderheiten bekannt. Der Außerdienststellung folgte danach noch eine Weiterverwendung als Wohnboot WBR XI. 1969 wurde es dann ausgesondert und der Marinejugend Wilhelmshaven als schwimmendes Heim überlassen. In dieser Funktion führte es dann den Namen SCHLICKTAU. 1976 wurde es an die Marine zurückgegeben. Nach erfolgloser Ausschreibung über die VEBEG wurde das Boot letztendlich vom Arsenal in Einzelteile zerlegt und von der Feuerwehr als Objekt für die Brandabwehr aufgebraucht.

MARS ex R 136

NATO-Nr.: M 1052
Bauwerft:
Abeking & Rasmussen, Lemwerder
Stapellauf:
1944 für die Kriegsmarine
Indienststellung:
19.06.1956 für die Bundesmarine
Außerdienststellung:
20.02.1959
Geschwaderzugehörigkeit:
13. Minenräumflottille der Kriegsmarine
1. Minensuchgeschwader der Marine

Geschichte und Verbleib:
Das Boot wurde erstmals am 23.02.1944 für die Kriegsmarine in Dienst gestellt und in der Folgezeit bis Kriegsende bei der 13. Minenräumflottille eingesetzt. Danach erhielt es die USA als Kriegsbeute zugesprochen und registrierte es unter der Bezeichnung »USN 136«. Nach der Übergabe an die Bundesmarine im Jahre 1956 wurde es nun mit dem Namen MARS, Kürzel »MA«, für das 1. Minensuchgeschwader neu in Dienst gestellt. Bis zum Dezember. 1956 war MARS in Wilhelmshaven stationiert. Danach verlegte es ab 12. Dezember 1956 mit den übrigen Booten des Geschwaders nach Flensburg. Nach der Außerdienststellung als Minensucher fand es noch eine Zeit Verwendung als Wohnboot WBR II. Während eines Verlegungsmarsches von einem vorübergehenden Liegeplatz auf Helgoland nach Wilhelmshaven schlug es jedoch leck und ist dann beim Einbringen in Wilhelmshaven auseinandergebrochen. Danach wurde das Wrack vollends abgebrochen und anschließend verbrannt.
Namensvorgänger: 1. Zum Kanonenboot umgebautes ehemaliges Fischereifahrzeug von 1761. 2. Artillerieschulschiff von 1879.

ORION ex R 132

NATO-Nr.: M 1053
Bauwerft:
Abeking & Rasmussen, Lemwerder
Stapellauf:
1943 für die Kriegsmarine
Indienststellung:
05.06.1956
Außerdienststellung:
19.01.1962
Geschwaderzugehörigkeit:
13. Räumflottille der Kriegsmarine
1. Minensuchgeschwader

Geschichte und Verbleib:
Nach der erstmaligen Indienststellung für die 13. Räumflottille der Kriegsmarine wurde R 132 bis Kriegsende bei Einsätzen in der Deutschen Bucht verwendet. Danach erhielten die USA als Siegermacht eine Reihe von Booten, darunter auch R 132, zugesprochen. Dort wurde es registriert unter der Bezeichnung USN 132. Der erste Kommandant zunächst noch als OLT z.S. ist in der Bundesmarine bis zum Generalinspekteur der Bundeswehr aufgestiegen. Nach der Übergabe an die Bundesmarine erhielt es dann den Namen ORION und führte als Kürzel die Kennung »OR«. Ab 1. April 1957 bekam es dann auch noch zusätzlich die NATO-Nr. M 1053. Während der Indiensthaltung beim 1. MSG nahm es zusammen mit den übrigen Booten am Routinedienst dieses Geschwaders teil und wurde dann 1962 in Bremerhaven außer Dienst gestellt. Danach fand es allerdings noch mehrere Jahre Verwendung als Wohnboot »WBR IV«. Nach seiner Aussonderung am 19. Januar 1968 fand es noch eine sinnvolle Endverwendung als schwimmendes Kameradschaftsheim der MK Aschaffenburg. Die Überführungsreise an den neuen Liegeplatz erfolgte über mehrere Zwischenstationen zusammen mit der DENEB und war schließlich am 18. Dezember 1968 beendet.
Namensvorgänger: HSK I – Schiff 36, Hilfskreuzer ORION ex Frachtdampfer KURMARK
Als Hilfskreuzer hat das Schiff im Zweiten Weltkrieg zwölf Schiffe mit 62.000 BRT versenkt.

POLLUX ex R 140

NATO-Nr.: M 1054

Bauwerft:
Abeking & Rasmussen, Lemwerder

Stapellauf:
1944 für die Kriegsmarine

Indienststellung:
19.06.1956 für die Bundesmarine

Außerdienststellung:
26.05.1992 für die Bundesmarine

Geschwaderzugehörigkeit:
13. Räumflottille der Kriegsmarine
1. MSG der Bundesmarine

Geschichte und Verbleib:

Die erstmalige Indienststellung für die Kriegsmarine erfolgte am 25. Mai 1944 als R 140 aus der Bauserie R 130 bis R 150. Auf dem Basisentwurf von R 21 wurde dieser Typ in einer Serie von 20 Booten zwischen 1943 bis 1945 erstellt. R 140 wurde zur Dienstleistung der 13. Räumflottille zugeteilt und bis Kriegsende vorwiegend in der Deutschen Bucht eingesetzt. Nach Kriegsende gehörte es dann den USA, die die Kriegsbeute unter der Nr. USN 140 registrierten. Vor der Übergabe an die Bundesmarine war es noch einige Zeit bei der LSU B im Dienst. In der Bundesmarine erhielt es den Namen POLLUX, Kürzel »PX«, und wurde dem 1. MSG unterstellt, wo es bis Anfang 1962 in Fahrt war. Nach der Außerdienststellung im Februar 1962 diente das Boot dann noch bis zum Verkauf an einen privaten Eigner als Wohnboot WBR III. Bei einem Sturm im Jahre 1973 erhielt es im Yachthafen von Maasholm ein Leck und sank. Später wurde es gehoben und der Bootskörper verbrannt.
Namensvorgänger: In der Marinegeschichte ist lediglich ein Wachboot POLLUX aus dem Jahre 1890 überliefert.

REGULUS ex R 142

NATO-Nr.: M 1055

Bauwerft:
Abeking & Rasmussen, Lemwerder

Stapellauf:
1944 für die Kriegsmarine

Indienststellung:
31.07.1956 für die Bundesmarine

Außerdienststellung:
16.01.1964

Geschwaderzugehörigkeit:
13. Räumflottille der Kriegsmarine
1. Minensuchgeschwader

Geschichte und Verbleib:

Hervorgehend aus dem Basisentwurf von R 25 wurde R 142 aus der Baureihe R 130 bis 150 am 8. Februar 1944 für die Kriegsmarine in Dienst gestellt und danach der 13. Minenräumflottille unterstellt. Das vorwiegende Einsatzgebiet dieser Flottille war dabei die Deutsche Bucht. Nach Kriegsende erhielten die USA das Boot als Kriegsbeute zugeteilt und registrierten es unter der Kennung USN 142. Danach diente es auch noch in der LSU B bis zur Übergabe an die deutsche Bundesmarine im Minenräumdienst. Nach der Neuindienststellung für das 1. MSG erhielt es den Namen REGULUS, Kürzel »RE«. Flensburg wurde dann ab Dezember 1956 neuer Liegehafen, zuvor war dies vorübergehend Wilhelmshaven. Während einige Schwesterboote ihre Endverwendung noch als Wohnboot erleben durften, blieb REGULUS nach einem Umbau der Flotte noch bis Januar1964 als Schulboot AT 1 II für die Artillerieschule erhalten. Es ersetzte dort das Minenräumboot R 266, das als AT 1 I in derselben Funktion eingesetzt war. 1967 fand die Ausmusterung statt. Danach diente es noch einige Zeit als Zielschiff unter dem Namen MORITZ 1. Am 14. März 1968 ist der Bootskörper dann am Legeplatz im Arsenal in Wilhelmshaven verbrannt worden.

RIGEL ex R 135

NATO-Nr.: M 1056
Bauwerft:
Abeking & Rasmussen, Lemwerder
Stapellauf:
1943 für die Kriegsmarine
Indienststellung:
05.06.1956 für die Bundesmarine
Außerdienststellung:
08.12.1961 für die Bundesmarine
Geschwaderzugehörigkeit:
13. Räumflottille der Kriegsmarine
1. Minensuchgeschwader der Bundesmarine

Geschichte und Verbleib:
R 135 gehört ebenso zur Baureihe R 130 bis R 150, die u.a. für die 13. Räumflottille am 8. Februar 1944 in Dienst gestellt wurde. Nach Kriegsende wurde es zur Beute der Siegermächte erklärt und als solches den USA überlassen, die es unter der Bezeichnung USN 135 registrierten. Im Juli 1951 wurde es noch für die LSU B in Dienst genommen und im Räumdienst eingesetzt.
Beim Aufbau des 1. Minensuchgeschwaders der Bundesmarine wurde das Boot als RIGEL mit Kürzel »RI« übernommen und danach im normalen Geschwaderausbildungsdienst eingesetzt. Ebenso wie andere Boote des 1. MSG verbrachte es den Rest seines Daseins noch als Wohnboot für die Flotte und trug in dieser Funktion die Bezeichnung »WBR X«. Liegehäfen waren u.a. Kiel, Cuxhaven und Bremerhaven. Dabei handelte es sich, gemessen am Standard später erstellter Einheiten, die speziell hierfür entwickelt wurden, um bessere Notunterkünfte. Nach vorangegangener Aussonderung im September 1966 und Verkauf über die VEBEG wurde es von der Fa. Zerssen im Jahre 1967 verwertet.
Als Namensvorgänger ist ein ehemaliges Navigationsschulschiff verzeichnet, das zuvor als Handelsschiff POSEIDON genutzt wurde.

SATURN ex R 146

NATO-Nr.: M 1057
Bauwerft:
Abeking & Rasmussen, Lemwerder
Stapellauf:
1944 für die Kriegsmarine
Indienststellung:
31.07.1956 für die Bundesmarine
Außerdienststellung:
30.11.1961
Geschwaderzugehörigkeit:
8. Räumflottille der Kriegsmarine

Geschichte und Verbleib:
Die erste Indienststellung fand am 10. August 1944 für die 8. Räumflottille der Kriegsmarine statt. Diese ist im Frühjahr 1942 aufgestellt worden und war zunächst von 1942 bis 1944 in der Nordsee und im Englischen Kanal, danach ab 1945 bis Kriegsende in dänischen Gewässern im Einsatz. Dann gesellten sich weitere unter der Verantwortung der GMSA. Die Siegermacht USA, denen das Boot übereignet wurde, registrierten das Boot unter der Bezeichnung USN 146.
Nach der Übernahme durch die Bundesmarine lag es zunächst in Wilhelmshaven und verlegte dann mit dem 1. MSG nach Flensburg. In diesem führte es den Namen SATURN, Namenskürzel »SA«. Später erhielt es dann zusätzlich noch die NATO-Nr. M 1057, die dann die Kurzbezeichnung am Brückenaufbau ersetzte. Bis zu seiner Außerdienststellung war es im normalen Geschwaderdienst eingesetzt. Danach folgte dann noch – wie bei verschiedenen andere Booten – ein Einsatz als Wohnboot WBR XIII. Schließlich gab es dann noch eine weitere Verwendung des Bootskörpers im Rahmen der Schiffssicherungsausbildung in Neustadt/Holstein. Schlußendlich fand ein Verkauf an die Seefahrtschule in Lübeck-Travemünde am 2. November 1972 statt.

SIRIUS ex R 144

NATO-Nr.: M 1058
Bauwerft:
Abeking & Rasmussen, Lemwerder
Stapellauf:
1944 für die Kriegsmarine
Indienststellung:
05.06.1956 für die Bundesmarine
Außerdienststellung:
20.02.1959
Geschwaderzugehörigkeit:
13. Räumflottille der Kriegsmarine
1. Minensuchgeschwader
der Bundesmarine

Geschichte und Verbleib:
R 144 stellte am 30. April 1944 für die 13. Räumflottille der Kriegsmarine in Dienst. Diese wurde erst Ende 1943 aufgestellt. Bis Kriegsende wurde diese Flottille überwiegend innerhalb der Deutschen Bucht eingesetzt.
Nach Kriegsende ebenfalls den Alliierten als Kriegsbeute überlassen. Die USA übernahmen es in der Folgezeit unter der Bezeichnung USN 144. Nach der Übergabe an die Bundesmarine wurde es unter dem Namen SIRIUS, Kürzel »SI«, für das 1. MSG in Dienst gestellt. Nachdem es zunächst in Wilhelmshaven gelegen hatte, verlegte es zusammen mit den übrigen Booten am 12. Dezember 1956 in den neuen Heimathafen Flensburg. Nach Unterstellung unter die NATO erhielt SIRIUS die Kennung M 1058. Nach knapp zwei Jahren Verwendung in diesem Geschwader wurde das Boot aus dem aktiven Dienstverhältnis als Minensucher herausgenommen, um anschließend noch einige Jahre als Wohnboot WBR I zu dienen. Nachdem es im August 1967 leck schlug, wurde es nach vorangegangener Aussonderung an ein Abwrackunternehmen in Wilhelmshaven veräußert und dort Ende der siebziger Jahre abgebrochen.
Namensvorgänger: In der deutschen Marinegeschichte sind zwei Einheiten überliefert. Zum einen handelt es sich um ein Wachtboot, zum anderen um ein Navigationsschulschiff.

SPICA ex R 147

NATO Nr.: M 1059
Bauwerft:
Abeking & Rasmussen, Lemwerder
Stapellauf:
1944 für die Kriegsmarine
Indienststellung:
31.07.1956 für die Bundesmarine
Außerdienststellung:
20.02.1959
Geschwaderzugehörigkeit:
8. Räumflottille der Kriegsmarine
1. Minensuchgeschwader
der Bundesmarine

Geschichte und Verbleib:
Die erste Indienststellung erfolgte für die 8. Räumflottille der Kriegsmarine. Diese wurde ab 1944 aus den ursprünglichen Einsatzgebieten zwischen den Kanalhäfen Ostende und Le Havre nach Dänemark verlegt. Neuer Liegehafen wurde Sæby. In den letzten Kriegsmonaten waren die Einheiten neben Mineneinsätzen vorwiegend mit Vorpostendienst und Geleitschutz beschäftigt. Wie zahlreiche andere wurde auch dieses Boot den USA als Kriegsbeute zugesprochen. Dort wurde es in der Folgezeit bis zur Übergabe an die Bundesmarine unter der Kennung USN 147 registriert. Nun erhielt es den Namen SPICA mit dem Kürzel »SP«, welches bis zur Zuteilung einer NATO-Kennung sichtbar am Brückenaufbau geführt wurde. Ab April 1959 führte es die Kennung M 1059. Zunächst lag es in Wilhelmshaven, um dann später nach Flensburg zu verlegen. Bis zu seinem Ausscheiden aus dem aktiven Flottendienst war es im Geschwader in der Ausbildung und Minenräumdienst im Einsatz. Danach diente es noch bis 1969 als Wohnboot »WBR IV« in verschiedenen Liegehäfen an der Ostsee. Im August 1969 erfolgte die Aussonderung und Verkauf an die Werft Moderitzki, Maasholm. Als Folge der Flutkatastrophe 1978/79 hatte es sich von seinem Liegeplatz losgerissen und trieb an das gegenüberliegende Ufer. Eine Bergung des alten Bootes erschien jedoch unrentabel, so daß es schließlich am 1. Februar 1979 verbrannt wurde.

OSTE ex Seeschlepper PUDDEFJORD

NATO-Nr.: A 52
Bauwerft:
Akers Mekaniske Värkstad, Oslo
Stapellauf:
21.10.1942
Indienststellung:
1943
Außerdienststellung:
12.06.1987
Geschwaderzugehörigkeit:
1. Minensuchgeschwader/
3. Minensuchgeschwader

Geschichte und Verbleib:
Das Schiff ging 1946 in den Besitz der US-Navy über. Dort wurde es unter dem Namen PUDDEFJORD mit der Kennung USN 101 verwendet. 1967 wurde es der neu gegründeten Bundesmarine übergeben und dort am 21. Januar 1957 unter dem Namen OSTE übernommen. Es diente von nun an bis zu seiner Ablösung durch den Tender-Neubau SAAR im Frühjahr 1964 dem 1. Minensuchgeschwader als Tender.
Danach wurde die OSTE ab Mai 1964 als Ersatz für die EMS dem 3. Minensuchgeschwader unterstellt. Damit wechselte auch der Heimathafen von Flensburg-Mürwik nach Kiel.
Am 15. April 1965 wurde die OSTE wegen eines größeren Umbaus, der das äußere Erscheinungsbild sowie den Einsatzzweck wesentlich veränderte, vorübergehend außer Dienst gestellt. Nach der Wiederindienststellung trug das Schiff die Bezeichnung Meßboot der Typ-Klasse 753 und wurde als solches zunächst dem Minenlegergeschwader, ab 1. Juli 1972 dem Flottendienstgeschwader unterstellt. Ab 15. August 1980 führte es dann die Bezeichnung Flottendienstboot der Typ-Klasse 422 A ohne Änderung seines Verwendungszweckes. Ab dem Tage der Außerdienststellung am 12. Juni 1987 hatte es den Status eines Aufliegers beim Marinearsenal Wilhelmshaven. Im Juni 1988 verkaufte die VEBEG das Schiff an die Fa. Husumer Fischmarkt. Diese brachten es dann unter dem Namen GRETE in Fahrt. Im Jahre 1990 wurde sie dann abgewrackt.

Die schnellen Minensucher der Typ-Klasse 340/341 (SCHÜTZE-Klasse)

Die insgesamt dreißig Neubauten der SCHÜTZE-Klasse ersetzten die zuvor im ersten und dritten Minensuchgeschwader eingesetzten alten Minenräumboote der WEGA-Klasse.

Je zehn Boote waren auf das erste, dritte und fünfte Minensuchgeschwader verteilt. Die Namen der Vorgänger wurden dabei weitgehend übernommen, so daß die Namenstradition innerhalb der Typ-Familie gewahrt wurde. Bei den Namen handelt es sich um Sternbilder und andere Planeten. Bis auf wenige Ausnahmen sind dies zugleich Traditionsnamen früherer deutscher Kriegsschiffe.

Der neue Typ wurde aufbauend aus den Erfahrungen mit den R-Booten vom Typ R 30 nach Entwürfen aus den Jahren 1957/59 auf zwei Werften in Auftrag gegeben. Die Boote wurden in traditioneller Bauweise (siehe Abb.) unter weitgehender Verwendung amagnetischer Materialien erbaut. Die Baukosten je Boot lagen bei 7,3 Millionen Mark, ein nach heutigen Maßstäben noch bescheidener Baupreis.

Die Unterscheidung in die beiden Typ-Klassen 340/341 beruht auf dem unterschiedlichen Einbau der Antriebsmotoren. Zehn Boote erhielten Mercedes-Benz-Viertakt-16-Zylinder-Dieselmotoren, den übrigen zwanzig Booten wurden zwei Maybach-Viertakt-16-Zylinder-Dieselmotoren eingebaut.

Die E-Anlage umfaßte drei Dieselgeneratoren mit je 71 kW. Außerdem kam für die Räumanlage ein Räumdieselgenerator mit 900 PS/662 kW hinzu. Für den Antrieb sorgten ferner zwei dreiflügelige Escher-Wyss-Verstellpropeller mit je 1,60 m Durchmesser, für die Steuerung ein Haupt-Mittelruder und zwei (Staunebenruder).

Die Waffenanlage bestand etatmäßig aus einer 40-mm-Flak L/70. Die GEMMA, PEGASUS, WAAGE, REGULUS, DENEB und ATAIR fuhren bis zur Mitte der 60er Jahre mit je zwei 40-mm-Flak L/70 Einzellafetten ohne jegliche Minenräumausrüstung. In dieser Zeit waren die Boote als Wachboote klassifiziert. Im Rahmen von planmäßigen Werftaufenthalten wurden diese dann wieder an die Ausrüstung der übrigen Boote angeglichen. Im Jahre 1968 wurde CASTOR dazu ausersehen, Versuche mit dem FK-System SEACAT durchzuführen. Zu diesem Zweck wurden am 40-mm-Geschütz zwei Startbehälter angebaut. Die Brücke wurde mit einem erhöhten Stand versehen, und an der Vorkante des Mastes wurde ein zusätzliches Feuerleitgerät montiert. Insgesamt verliefen diese Versuche jedoch nicht so befriedigend, so daß es bei diesem Einzelversuch belassen wurde. Gleiches gilt für eine Kunststoffbeschichtung, die als Ortungsschutz zeitweise auf dem Typ-Boot SCHÜTZE und zwei Schnellbooten angebracht wurde. Bei höheren Fahrstufen der Maschinenanlage löste sich diese wieder ab.

Die nachhaltigste Veränderung des äußeren Erscheinungsbildes war bei der STIER nach dem Umbau zum Minentaucherboot festzustellen. Anstelle der dort ursprünglich installierten Minenräumausrüstung wurde nun eine Hütte für das Taucherpersonal sowie an Oberdeck transportable Taucherdruckkammern installiert. Zur Ausstattung gehörte außerdem ein zweites Schlauchboot.

Die zunächst vorgesehene Ausrüstung eines Teils der Boote mit Voith-Schneider-Antrieb wurde nach den ersten Erprobungen mit SCHÜTZE und KREBS nicht verwirklicht. Dort hatte sich gezeigt, daß mit diesem Antrieb die geforderte Geschwindigkeit nicht erreicht wurde. Außerdem lösten sich einzelne Propellermesser. Dies führte dann zur Entscheidung zum normalen Schraubenantrieb. Beide Boote mußten daher nochmals zur Umrüstung in die Werft, die nochmals rund ein Jahr Zeit in Anspruch nahm.

MIRA

NATO-Nr.: M 1050
Bauwerft:
Abeking & Rasmussen, Lemwerder
Stapellauf:
16.12.1959
Indienststellung:
22.11.1960
Außerdienststellung:
12.12.1973
Geschwaderzugehörigkeit:
1. Minensuchgeschwader

Geschichte und Verbleib:
Die MIRA gehörte zur Typ-Klasse 340 und war nach der Indienststellung am 22. November 1960 für das 1. Minesuchgeschwader in Kiel im Einsatz. Zunächst trug es die Kennung M 1098. Erst ab 1. Juli 1961 erhielt es die NATO-Nr. M 1050. Damit bekam das Geschwader auch seinen ersten Neubau. 1965/66 war die erste Grundüberholung. Über ihre weitere Dienstzeit im Geschwader sind keine besonderen Ereignisse bekanntgeworden. Die MIRA lag nach ihrer Außerdienststellung im Jahre 1973 vorerst als Auflieger beim Marinearsenal in Kiel und wurde dann am 14. Dezember 1973 ausgesondert. Ab Februar 1978 fand das Boot als Übungshulk bei der Technischen Marineschule II in Brake Verwendung. Nach der Verkaufsausschreibung über die VEBEG im Jahre 1983 wurde es an die Eberhard-Werft in Arnis veräußert. Dort lag es noch bis 1987. Über die Endverwendung liegen keine Erkenntnisse vor.

CASTOR

NATO-Nr.: M 1051
Bauwerft:
Abeking & Rasmussen, Lemwerder
Stapellauf:
12.07.1962
Indienststellung:
11.12.1962
Außerdienststellung:
15.08.1990
Geschwaderzugehörigkeit:
1. Minensuchgeschwader

Geschichte und Verbleib:
Die Endabnahme des Bootes durch die Bundesmarine fand am 19. Juni 1963 statt. Es war mit einer Mercedes-Antriebsanlage ausgestattet und gehörte damit zur Typ-Klasse 359.
Nach der Indienststellung wurde das Boot unter dem Namen CASTOR unter der Kennung M 1051 dem 1. Minensuchgeschwader unterstellt. Diese Kennung war dieselbe, wie sie bereits der Namensvorgänger von der Typ-Klasse 133 führte. Neben den Einsätzen im Rahmen des Übungsbetriebes im Geschwader diente es außerdem noch als Erprobungsboot für FK-Systeme in der Irischen See. 1968 wurden am 40-mm-Fla-Geschütz zwei Startbehälter für das britische FK-System »SEA.CAT« angebracht. Zusätzlich erhielt die Brücke einen erhöhten Stand. Außerdem mußte am Mast noch zusätzliches Feuerleitgerät für dieses System installiert werden. Insgesamt verliefen diese Versuche jedoch wohl nicht so befriedigend, so daß es bei diesem Einzelversuch belassen wurde. Nach der Außerdienststellung lag das Boot beim Marinearsenal in Wilhelmshaven als Auflieger. Über die VEBEG wurde es schließlich am 25. August 1991 an die Niederlande verkauft. Dort erhielt es den Namen AQUARIUS.

KREBS

NATO-Nr.: M 1052 (M 1093)
Bauwerft:
Abeking & Rasmussen, Lemwerder
Stapellauf:
26.01.1959
Indienststellung:
21.07.1959
Außerdienststellung:
19.10.1973
Geschwaderzugehörigkeit:
5./1. Minensuchgeschwader

Geschichte und Verbleib:

Nach der Indienststellung wurde das Boot unter dem Namen KREBS zunächst dem 5. Minensuchgeschader unter der Kennung M 1093 unterstellt. Ursprünglich war das Boot mit einem Voith-Schneider-Antrieb erbaut worden. Nachdem die an dieses System gestellten Erwartungen im Bereich der tatsächlich erzielten Höchstgeschwindigkeit nicht in Erfüllung gingen, mußte das Boot zum Umbau zurück an die Bauwerft und konnte daher erst genau ein Jahr später erneut in Dienst gestellt werden. Nunmehr wurde es dem 1. Minensuchgeschwader zugeteilt. Wegen aufgetretener Probleme wurde das Boot erst am 23. Januar 1961 endgültig von der Marine übernommen. Ab 1961 erhielt es seine endgültige NATO-Kennung M 1052, die es dann bis zu seiner Außerdienststellung trug. Für eine umfassende Grundüberholung 1965/66 wurde es nochmals aus dem aktiven Dienst herausgelöst. Danach war es bis zur endgültigen Außerdienststellung im normalen Ausbildungsdienst des Geschwaders eingesetzt. Bis zur Übergabe an die Marinekameradschaft Datteln am 22. Juni 1976 lag das Boot noch beim Marinearsenal Kiel als Werftauflieger.

ORION

NATO-Nr.: M 1053
Bauwerft:
Abeking & Rasmussen, Lemwerder
Stapellauf:
10.08.1961
Indienststellung:
14.02.1962
Außerdienststellung:
16.11.1973
Geschwaderzugehörigkeit:
1. Minensuchgeschwader

Geschichte und Verbleib:

Nach der Indienststellung wurde das Boot unter dem Namen ORION als Ersatz für das gleichnamige Boot der Typ-Klasse 359 für das 1. Minensuchgeschwader für die Marine übernommen. Seit dem 1. Mai 1964 trägt es auch die NATO-Kennung M 1053 wie sein Vorgänger. 1967 wurde es nochmals grundüberholt und danach am 16. November 1973 aufgelegt.

Weitere Besonderheiten aus der aktiven Dienstzeit sind nicht bekannt.

Nach der Aussonderung am 26. November 1973 wurde die ORION am 3. Juni 1979 der Marine-Jugend Kiel als schwimmendes Heim zur Verfügung gestellt.

Über die Jahre hinweg ist es dann dort an seinem Liegeplatz verrottet und mußte daher letztendlich über die VEBEG zur Endverwertung übergeben werden.

Erster Namensvorgänger war der Frachtdampfer KURMARK, der in der Kriegsmarine nach Umbau im Zweiten Weltkrieg als Hilfskreuzer im Handelskrieg eingesetzt wurde und dort zehn gegnerische Handelsschiffe versenken konnte. Der zweite Träger dieses Namens war schließlich der direkte Vorgänger im 1. MSG »R 132« der Kriegsmarine.

POLLUX

NATO-Nr.: M 1054
Bauwerft:
Abeking & Rasmussen, Lemwerder
Stapellauf:
15.09.1960
Indienststellung:
28.04.1961
Außerdienststellung:
26.05.1992
Geschwaderzugehörigkeit:
1. Minensuchgeschwader

Geschichte und Verbleib:
Nach der Fertigstellung wurde das Boot unter dem Namen POLLUX zunächst mit der Kennung M 1058 für das 1. Minensuchgeschwader in Dienst gestellt. Ab 1. Mai 1964 bis zum Ende seiner Dienstzeit erhielt es dann die NATO-Nr. M 1054. Das Boot war Ersatz und Nachfolger für das Minenräumboot der Typ-Klasse 359, welches man in den Aufbaujahren mit Genehmigung der Alliierten aus dem alten Bootsbestand der Kriegsmarine übernehmen durfte. Zusammen mit den anderen Booten nahm es während seiner Dienstzeit am Übungsbetrieb des 1. MSG teil. 1965/66 erhielt es noch eine umfassende Grundüberholung in der Werft und stellte dann am 26. Mai 1992 endgültig außer Dienst. Danach Werftauflieger beim Marinearsenal in Wilhelmshaven sowie an der Wiesbadenbrücke. Als Namensvorgänger ist ein Wachboot aus dem Jahre 1890 überliefert, das zuletzt als Minenleger verwendet und 1913 zur Verwertung verkauft wurde.

SIRIUS

NATO-Nr.: M 1055
Bauwerft:
Abeking & Rasmussen, Lemwerder
Stapellauf:
15.03.1961
Indienststellung:
05.10.1961
Außerdienststellung:
01.11.1990
Geschwaderzugehörigkeit:
1. Minensuchgeschwader

Geschichte und Verbleib:
Nach der Fertigstellung und Abnahme von der Werft wurde das Boot unter dem Namen SIRIUS für das 1. Minensuchgeschwader in Dienst gestellt. Es diente damit als Ersatz für das gleichnamige ehemalige Minenräumboot der Kriegsmarine, welches beim Neuaufbau der Bundesmarine von der US-Navy übernommen wurde. Als Kennung erhielt es die NATO-Nr. M 1055.
Wie auch die anderen Boote dieses Geschwaders wurde es im Jahre 1965 einer grundlegenden Überholung auf der Werft unterzogen. Weitere Besonderheiten aus der weiteren aktiven Dienstzeit sind nicht bekannt. Nach der Außerdienststellung bei der Marine lag es noch geraume Zeit beim Marinearsenal in Wilhelmshaven als Werftauflieger. Am 16. August 1991 wurde es über die VEBEG verkauft.
Als Namensvorgänger sind ein Wachboot aus dem Ersten Weltkrieg überliefert, das im Hafen der Insel Helgoland seinen Dienst versah, sowie das Minenräumboot R 144, das zuvor in diesem Geschwader unter dem Namen SIRIUS im 1. MSG bis zu seiner Ablösung durch den Neubau diente.
Patengemeinde: Kirchseeon

RIGEL

NATO-Nr.: M 1056
Bauwerft:
Abeking & Rasmussen, Lemwerder
Stapellauf:
02.04.1962
Indienststellung:
19.09.1962
Außerdienststellung:
29.03.1990
Geschwaderzugehörigkeit:
1. Minensuchgeschwader

Geschichte und Verbleib:
Mit der Indienststellung wurde das Boot unter dem Namen RIGEL für die Marine übernommen. RIGEL war damit gleichzeitig Nachfolger für das ehemalige Minenräumboot der Kriegsmarine R 134, welches den USA nach Kriegsende als Beute zugesprochen war und der Bundesmarine im Jahr 1956 zum Aufbau einer eigenen Minenabwehr überlassen wurde. Weitere besondere Ereignisse aus der aktiven Dienstzeit sind nicht bekannt. Bis zu seiner Außerdienststellung am 29. März 1990 nahm es unter der NATO-Kenn-Nr. M 1056 am Übungsbetrieb des 1. Minensuchgeschwaders teil. Anschließend lag es als Auflieger beim Marinearsenal. Über die VEBEG wurde es dann am 12. Juni 1991 an einen privaten Eigner verkauft.
Namensvorgänger gab es während des Zweiten Weltkrieges im ehemaligen Handelsdampfer POSEIDON, der von der Kriegsmarine unter dem Namen RIGEL als Navigationsschulschiff genutzt wurde.

REGULUS

NATO-Nr.: M 1057
Bauwerft:
Abeking & Rasmussen, Lemwerder
Stapellauf:
18.12.1961
Indienststellung:
20.06.1962
Außerdienststellung:
27.09.1990
Geschwaderzugehörigkeit:
1. Minensuchgeschwader

Geschichte und Verbleib:
Am 20. Juni 1962 wurde das Boot unter dem Namen REGULUS zunächst unter der Kennung M 1088 für das 1. Minensuchgeschwader in Dienst gestellt. Es gehörte mit seinen Mercedes-Antriebsmotoren ebenfalls zur Typ-Klasse 340. Als Besonderheit gegenüber den anderen Booten ist anzumerken, daß das Boot bis zur Mitte der sechziger Jahre mit zwei 40-mm-Flak L/70, je eines auf dem Vor- und Achterschiff, ausgestattet war. Dafür war jedoch die Minenräumanlage ausgebaut und die Klassifizierung auf Wachboot geändert. Dieser Zustand wurde jedoch im nachhinein wieder durch Abbau dieses Geschützes und gleichzeitigem Einbau der Räumanlage geändert. Dies geschah im Rahmen von planmäßigen Werftaufenthalten. Ab 1. Januar 1968 erhielt es dann bis zu seiner Außerdienststellung die Kenn-Nr. M 1057. Danach lag das Boot als Auflieger beim Marinearsenal in Wilhelmshaven, bis es dann am 2. August 1991 über die VEBEG an H. Wehrmann verkauft wurde.
Namensvorgänger war das ehemalige R 142 der Kriegsmarine, das zuvor beim gleichen Geschwader diente.

MARS

NATO-Nr.: M 1058
Bauwerft:
Abeking & Rasmussen, Lemwerder
Stapellauf:
01.12.1960
Indienststellung:
18.07.1961
Außerdienststellung:
27.02.1992
Geschwaderzugehörigkeit:
1. Minensuchgeschwader

Geschichte und Verbleib:
Nach der Indienststellung wurde das Boot unter dem Namen MARS mit der Kennung M 1058 für das 1. Minensuchgeschwader von der Bundesmarine übernommen.
Es ersetzte damit das gleichnamige ehemalige Räumboot der Kriegsmarine »R 136«, das nach Kriegsende US-Beute und im Jahre 1956 der Bundesmarine zum Aufbau einer Minenabwehrkomponente zur Verfügung gestellt wurde.
Bis zu seiner Außerdienststellung wurde es im Übungsbetrieb des 1. Minensuchgeschwaders eingesetzt. Darüber hinaus sind keine weiteren Besonderheiten während der Indiensthaltungszeit bekanntgeworden. Nach der Außerdienststellung lag es noch einige Zeit als Auflieger beim Marinearsenal in Wilhelmshaven. Die VEBEG verkaufte es schließlich am 13. November 1995 zum Abbruch nach Dänemark.
Unter diesem Namen ist ein Artillerieschulschiff von 1879 überliefert, das am 17. Februar 1914 aus der Liste der Kriegsschiffe gestrichen wurde.

SPICA

NATO-Nr.: M 1059
Bauwerft:
Abeking & Rasmussen, Lemwerder
Stapellauf:
25.05.1960
Indienststellung:
10.05.1961
Außerdienststellung:
30.09.1992
Geschwaderzugehörigkeit:
1. Minensuchgeschwader

Geschichte und Verbleib:
Nach der Indienststellung trat es unter dem Namen SPICA mit der Kennung M 1059 zum 1. Minensuchgeschwader. Es ersetzte das gleichnamige ehemalige Räumboot R 147 der Typ-Klasse 359 der Kriegsmarine. Dieses war neben anderen Booten als US-Kriegsbeute Grundstock für den Aufbau einer neuen Minenabwehr in der Bundesmarine geworden.
Bis zu seiner Außerdienststellung war das Boot in den Übungsbetrieb des 1. MSG integriert. Schiffbaulich gehörte es ebenso wie die anderen Boote dieses Geschwaders zur Typ-Klasse 340. Weitere Besonderheiten sind während der aktiven Dienstzeit nicht bekanntgeworden. Nachdem es aus dem aktiven Flottendienst herausgelöst wurde, lag es noch einige Zeit als Auflieger beim Marinearsenal in Wilhelmshaven. Am 16. März 1995 verkaufte die VEBEG das Boot an einen privaten Eigner.
Namensvorgänger war der ehemalige Handelsdampfer ORLA, der nach Übernahme durch die Kriegsmarine dann unter dem Namen SPICA als Navigationsschulschiff diente.

Tender SAAR

NATO-Nr.: A 65
Bauwerft:
Norder-Werft, Hamburg
Stapellauf:
11.03.1961
Indienststellung:
11.05.1963
Außerdienststellung:
06.05.1992
Geschwaderzugehörigkeit:
1. Minensuchgeschwader

Geschichte und Verbleib:

Der Tender SAAR war der Ersatzbau für den Tender OSTE. Nach der Übernahme durch die Marine wurde er dem 1. Minensuchgeschwader zur Dienstleistung unterstellt. In der Hauptsache wurde er in den folgenden Jahren für die Versorgung und Unterstützung der zehn schnellen Minensuchboote der SCHÜTZE-Klasse eingesetzt und nahm an deren Ausbildungsprogramm teil. Eine zum 29. Februar 1968 zunächst befohlene Außerdienststellung wurde jedoch gestoppt. Bei einer planmäßigen Werftliegezeit kam es bei den Flenderwerken in Lübeck zu Sabotagefällen innerhalb der E-Anlage. Nach der Außerdienststellung lag der Tender beim Marinearsenal in Wilhelmshaven. Vor der Überführung von Flensburg nach Wilhelmshaven diente er kurzzeitig noch als Zielschiff für Ansprengversuche. Am 27. Juni 1994 wurde er von der VEBEG zum Abbruch verkauft.
Als Namensvorgänger ist das ehemalige U-Boot-Begleitschiff desselbens Namens überliefert, das den Krieg überlebte und danach als französische Kriegsbeute bis 1970 für die französische Kriegsmarine unter dem Namen GUSTAVE ZÉDÉ seinen Dienst versah.

Blick auf das Vorschiff von Tender SAAR

Spantenaufbau eines schnellen Minensuchbootes der SCHÜTZE-Klasse

Stapellauf SM-Boot SCHÜTZE

Ein Schwimmer wird zu Wasser gelassen

SM-Boote in Kiellinie achteraus

Ein Scheerdrachen wird ausgesetzt

Die Minenjagdboote der Typ-Klasse 332 (FRANKENTHAL-Klasse)

Auf der Grundlage der Einheitsplattform, die für beide Typ-Klassen 332 und 343 einen einheitlichen Bootskörper vorsieht, unterscheidet sich die Klasse 332 bedingt durch die andere Aufgabenstellung vorwiegend im Bereich der Aufbauten. Die Klasse 332, die für die Minenjagd vorgesehen wurde, hat ein viel längeres Deckshaus als die Klasse 343. Dort sind im hinteren Teil in einem Hangar die beiden Minenjagddrohnen vom Typ Pinguin B 3 untergebracht. Diese werden beim Einsatz in Laufschienen auf das Achterdeck gefahren und dort mit dem auf dem montierten Kran mittels Teleskoparm ausgesetzt. In diesem Oberdecksaufbau ist außerdem eine Mermanntaucherdruckkammer für die an Bord untergebrachten Minentaucher eingebaut. Neben diesem Deckshaus ist auch das Bereitschaftsboot für die Schwimmtaucher angegliedert.

Ein wichtiger Baustein eines Minenjagdbootes bildet auch die Sonaranlage. Diese führt bei der Klasse 332 die Bezeichnung MWS-80-4 und wurde von der Fa. Krupp Atlas Elektronik Bremen geliefert. Diese Anlage besteht zunächst aus dem schiffsfesten Sonar DSQS-11 H M. Dieses wiederum ist eine Weiterentwicklung des bereits auf der FULDA erprobten DSQS-11 H und kann damit einen steuerbaren Suchsektor von 90 Grad abdecken. Innerhalb dieses Sektors können geortete Objekte klassifiziert und dargestellt werden. Damit ist man auch in der Lage, eine genaue Kartographierung des Meeresbodens bereits zu Friedenszeiten durchzuführen. In Spannungszeiten müssen einzelne Seegebiete dann lediglich nur noch nach neuen Objekten abgesucht werden, da die alten, z.B. Wrackteile oder große Steine, bereits bekannt und erfaßt sind. Dies hat positive Wirkungen auf die Suchgeschwindigkeit. Ein weiterer Bestandteil dieses Gerätes ist die Minenjagdführungsanlage SATAM (System zur Auswertung und Darstellung taktischer Daten im Minenkampf) und die Navigationsanlage NBD.

Speziell für den Sonar-Einsatz wurden die Boote mit einer Langsamfahranlage ausgestattet. Diese besteht vor allem aus akustischen Gründen aus je einem E-Motor pro Antriebswelle. So ist bei einer Suchgeschwindigkeit von drei Knoten noch eine effektive Steuerungsmöglichkeit gegeben. Hierfür wurden außerdem noch zwei Barke-Hochleistungsruder eingebaut.

Ursprünglich waren zwanzig Einheiten dieser Klasse vorgesehen, wovon zunächst zehn gebaut wurden. Mit zeitlichem Abstand wurden dann noch zwei weitere Boote, die FULDA und zuletzt die WEILHEIM II, an das 1. Minensuchgeschwader abgeliefert.

Es folgen nun die wichtigsten technischen Daten:

Wasserverdrängung 690 ts, Länge 54,40 m, Breite 9,20 m, Tiefgang 2,85 m, Antrieb zwei MTU-Viertakt-16-Zylinder-Dieselmotoren mit je 2040 kW mit denen eine Geschwindigkeit von 18 kn möglich ist. Diese wird durch zwei fünfblättrige Verstellpropeller erzielt. Für die Stromerzeugung stehen außerdem drei Elektrodieselmotoren einer Leistung von je 90 kW zur Verfügung. Zur Minenjagd verfügt es zusätzlich über eine Langsamfahranlage.

Die Bewaffnung besteht aus einer 40-mm-Flak L/70 Mod 58 sowie zwei Fliegerfaustständen für das Waffensystem Stinger. Auf eine Ausrüstung des auf anderen Einheiten eingebauten Nahbereichsflugkörpersystems RAM wurde wohl nicht zuletzt aus Kostengründen verzichtet.

Ausrüstung: Navigationsradar Raypath, Satellitennavigationsanlage GPS-Navstar, Minenjagdsonar sowie zwei Unterwasserdrohnen vom »Typ Pinguin B 3«, außerdem eine Taucherdruckkammer.

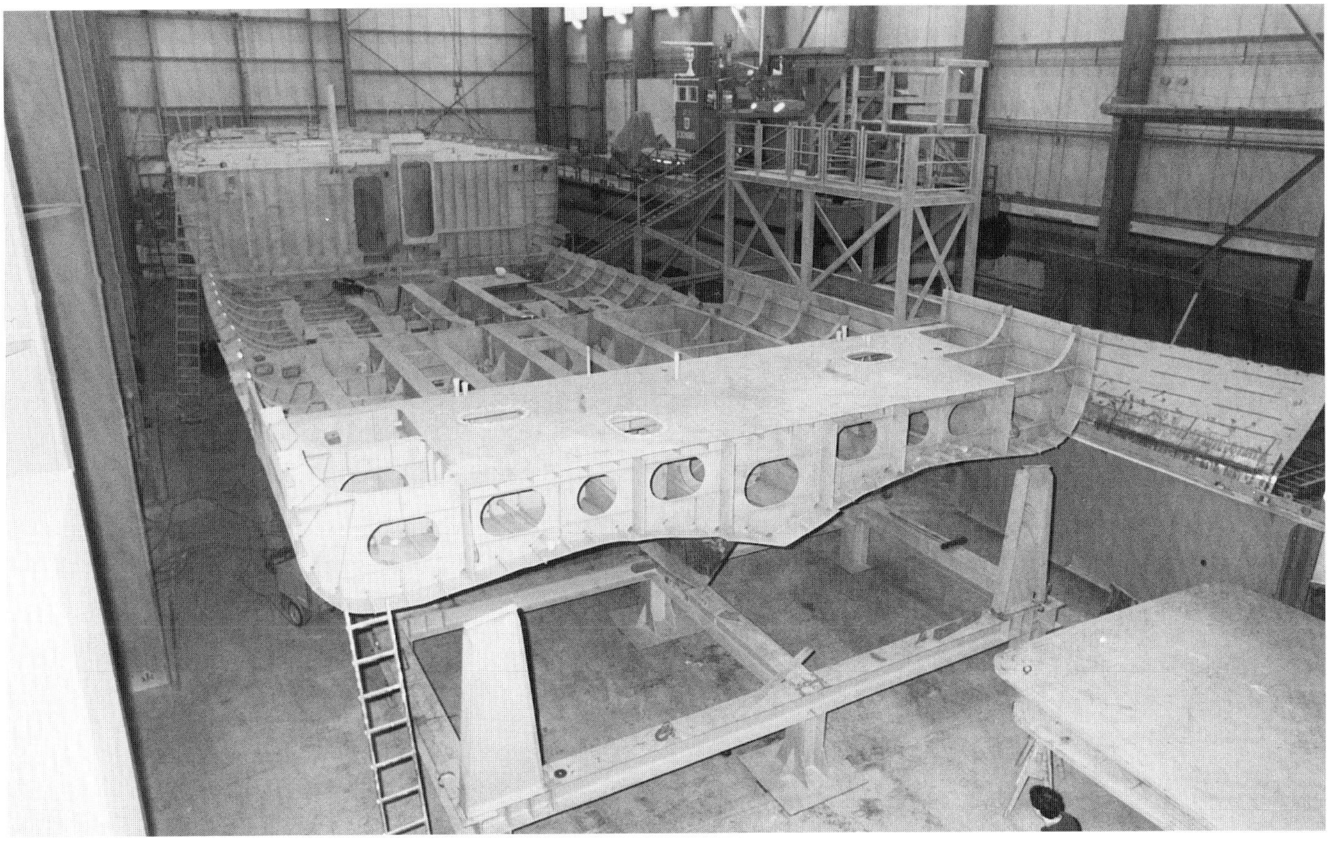

Das Entstehen eines Bootes der Typ-Klasse 332 in der Schiffbauhalle der Werft Abeking & Rasmussen in Lemwerder

Typ-Klasse 332 im Bau

Boote der neuen Generation vom Typ 332 in Formationsfahrt

Gemischter Verband von Minensuchfahrzeugen mit Tender

FULDA II

NATO-Nr.: M 1058
Bauwerft:
Abeking & Rasmussen, Lemwerder
Stapellauf:
29.09.1997
Indienststellung:
16.06.1998
Patenstadt:
Fulda
Geschwaderzugehörigkeit:
1. Minensuchgeschwader

Geschichte und Verbleib:
Taufpatin des Bootes war MdB Cläre Schmitt, die bereits die erste FULDA getauft hatte. Die Taufrede wurde vom Oberbürgermeister der Stadt Fulda, Herrn Dr. Wolfgang Hamberger, gehalten. Dabei wurde auch die fruchtbare Patenschaft zur ersten FULDA besonders lobend hervorgehoben.
Die FULDA II ist das elfte und vorläufig vorletzte Boot dieser Klasse, das die Marine für das 1. Minensuchgeschwader in Dienst stellen konnte. Nach der Indienststellung stand ein umfangreiches Ausbildungsvorhaben in See auf dem Programm. Bereits bei der ersten Fahrt fing das Boot über die Seenotfrequenz einen Hilferuf von der manövrierunfähigen Segelyacht VENUS im Bereich der westlichen Ostsee auf und eilte ungeachtet der Ausbildungsplanung unverzüglich zur angegebenen Position zur Hilfeleistung. Die Seglerbesatzung zeigte wegen der Strapazen bereits starke Erschöpfung und konnte mit dem bordeigenen Schlauchboot an Bord gebracht und sanitätsdienstlich versorgt werden. Das Segelboot wurde anschließend vom Marineschlepper NORDSTRAND nach Olpenitz geschleppt und dort festgemacht. In der Zeit vom September bis Dezember 1999 war das Boot für eine Unterstellung zum NATO-Geschwader »STANAVFORCHAN« vorgesehen und sollte dabei je einen Hafen in Großbritannien, Frankreich und Polen anlaufen. Dieses Vorhaben wurde jedoch nachträglich geändert und das Boot statt dessen in der Adria zur Beseitigung der Altlasten im Kosovo-Krieg eingesetzt.

WEILHEIM II

NATO-Nr.: M 1059
Bauwerft:
Lürssen-Werft
Stapellauf:
26.02.1998
Indienststellung:
03.12.1998
Patenstadt:
Weilheim
Geschwaderzugehörigkeit:
1. Minensuchgeschwader

Geschichte und Verbleib:
Mit dem in der Flotte traditionell üblichen Befehl »Heiß Flagge und Wimpel« wurde das vorläufig letzte Minenjagd-Boot der Klasse 332 am 3. Dezember 1998 für das erste Minensuchgeschwader in Dienst gestellt. In Anwesenheit von Walter Kolbow, Parlamentarischer Staatssekretär im Bundesministerium der Verteidigung, wurde das Boot in Olpenitz von der Flotte übernommen. Auf Befehl von Vizeadmiral Dirk Horten, des Befehlshabers der Flotte, stellte Kapitänleutnant Achim von Laak als erster Kommandant das Boot in Dienst und übernahm damit gleichzeitig das Kommando über die 40 Mann Besatzung. Die WEILHEIM ist das zwölfte und damit vorläufig letzte Boot dieser Baureihe, das diesem Geschwader zur Dienstleistung unterstellt wurde. Die volle Einsatzbereitschaft ist inzwischen erreicht.
Die WEILHEIM II führt damit die Namenstradition des ersten Namensträgers fort, die seit geraumer Zeit Bestandteil des neuen Marinemuseums in Wilhelmshaven ist und dort besichtigt werden kann.

WEIDEN

NATO-Nr.: M 1060
Bauwerft:
Abeking & Rasmussen, Lemwerder
Stapellauf:
14.04.1992
Indienststellung:
30.03.1993
Geschwaderzugehörigkeit:
1. Minensuchgeschwader

Geschichte und Verbleib:
Die WEIDEN ist der Ersatzbau für das zwischenzeitlich außer Dienst gestellte schnelle Minensuchboot SKORPION, dessen Lebensgeschichte bereits an anderer Stelle beschrieben wurde. Im Frühjahr 1997 hatte die WEIDEN zusammen mit der ENSDORF und dem Versorger NIENBURG eine Reise in den Orient angetreten. Am Zielpunkt der Reise, dem Persischen Golf, waren bereits während des Golf-Krieges einige Boote der Marine erstmals in Aktion getreten. Bei der Fahrt durch den Suez-Kanal gab es für die Besatzung die übliche Kanaltaufe. Im Februar 1998 lief das Boot zusammen mit mehreren weiteren Booten des 1. MSG zu einem Ausbildungstörn in die westliche Ostsee und Deutsche Bucht aus. Ein Abstecher nach Hamburg gehörte dabei ebenso mit zum Übungsprogramm wie die Rückfahrt durch den Nord-Ostsee-Kanal. Bei der Übung SQUADEX, bei der alle nur erdenklichen Ausbildungsrollen durchgespielt wurden, konnte die Besatzung ihren Ausbildungsstand unter Beweis stellen.

ROTTWEIL

NATO-Nr.: M 1061
Bauwerft:
Kröger-Werft, Rendsburg
Stapellauf:
12.03.1992
Indienststellung:
07.07.1993
Geschwaderzugehörigkeit:
1. Minensuchgeschwader

Geschichte und Verbleib:
Die ROTTWEIL ist der Ersatzbau für das zwischenzeitlich außer Dienst gestellte schnelle Minensuchboot CASTOR der SCHÜTZE-Klasse. Der Funktionsnachweis der Technik fand in der Zeit vom 4. Januar bis zum 31. März 1993 statt. Von Februar bis März 1995 war das Boot beim ständigen Einsatzverband der Flotte. Daran schloß sich ein Einsatz im Mittelmeer an, der rund drei Monate Ausbildung umfaßte. Im August und September 1996 wurden vor Riga Minen und Sperrmittel aus dem Zweiten Weltkrieg gesucht und beseitigt. Vom 25. August bis 12. Dezember 1997 war die ROTTWEIL Mitglied des Verbandes STANDING NAVAL FORCE CHANNEL (SNFC). Dort erwartete das Boot ein anspruchsvolles Trainingsprogramm über den Zeitraum von 16 Wochen.
Vom 9. Mai bis 26. Juni 1998 führte das Boot die 114. Auslandsausbildungsreise ins Mittelmeer und dem Atlantik durch. Vom 10. August 1999 bis 31. Dezember 1999 wurde das Boot ins Mittelmeer beordert. Es hatte den Auftrag, zusammen mit weiteren Booten des Bündnisses Bomben, die von NATO-Flugzeugen im Rahmen des Kosovo-Konfliktes aus verschiedenen Gründen abgeworfen wurden, zu orten und danach unschädlich zu machen. Beim Anmarsch ins Einsatzgebiet konnte die ROTTWEIL südlich von Neapel einem in Brand geratenen Tanker dank seiner bordeigenen Feuerlöscheinrichtungen zu Hilfe eilen und ein weiteres Ausweiten des Brandes verhindern. Außerdem hat es die sich anschließenden Rettungsmaßnahmen koordiniert.

SULZBACH-ROSENBERG

NATO-Nr.: M 1062
Bauwerft:
Lürssen-Werft, Vegesack
Stapellauf:
27.04.1995
Indienststellung:
23.01.1996
Geschwaderzugehörigkeit:
1. Minensuchgeschwader, ab Oktober 1999 3. MSG

Geschichte und Verbleib:

Für das ehemalige Typ-Boot der Minensucher der SCHÜTZE-Klasse wurde die SULZBACH-ROSENBERG für das 1. Minensuchgeschwader in Dienst genommen. Abnahmedatum war der 28. November 1995.

OPEN SPIRIT hieß der Minenabwehreinsatz im Rigaischen Meerbusen, an dem das Boot zusammen mit der BAD BEVENSEN, AUERBACH sowie dem Tender MOSEL ab dem 8. September 1997 beteiligt war. Erster Anlaufhafen war der schwedische Hafen Karlskrona. Das eigentliche Einsatzgebiet wurde dann am 12. September erreicht. Nun galt es, das zuvor festgelegte Seegebiet von rund 70 Quadratseemeilen abzusuchen. Hierfür kamen nach Maßgabe der örtlichen Einsatzbedingungen nur Minenjagdboote in Frage. Erschwert wurde die Suche durch starke westliche Winde mit den entsprechenden Seegangsverhältnissen. Letztlich wurden von den vier Minenjägern auf 17 Quadratseemeilen in insgesamt 310 Stunden 19 Objekte, darunter 13 Ankertauminen, zwei Grundminen, drei Torpedos und eine Sprengboje, unschädlich gemacht. Diese Ausbeute ist ein schöner Ausbildungserfolg. Unter der Übungsbezeichnung SQUADEX verbirgt sich eine intensive Übung für die in einem Geschwaderverband zusammengefaßten Boote, bei dem diese ihre Reaktionsfähigkeit in bestimmten zur Übung eingespielten Gefahrensituationen unter Beweis zu stellen haben.

Vom Januar bis März 1998 war das Boot zur STANAVFORCHAN abgeteilt.

Seit dem 12. Juni 1999 suchte und räumte das Boot in einem viermonatigen Einsatz zusammen mit der LINDAU sowie weiteren Booten der NATO in der Adria Bomben und Raketen, die von NATO-Kampfmaschinen beim Kosovo-Konflikt aus technischen Gründen in etwa 200 Fällen in Drop-Zones abgeworfen werden mußten. Dabei konnte die SUBARO, dahinter verbirgt sich das marineinterne Kürzel für den doch recht langen Bootsnamen, zwanzig Funde durch Sprengungen unschädlich machen. Dies stellt im Vergleich zu den Booten der anderen beteiligten Nationen ein sehr gutes Ergebnis dar. Am 10. September desselben Jahres kehrte es wohlbehalten an seinen Heimatstandort Olpenitz zurück.

Zusammen mit zwei weiteren Booten der Klasse 332 wurde das Boot dann ab Oktober 1999 dem 3. Minensuchgeschwader zugeteilt.

BAD BEVENSEN
NATO-Nr.: M 1063
Bauwerft:
Lürssen-Werft Vegesack
Stapellauf:
21.01.1993
Indienststellung:
09.12.1993
Geschwaderzugehörigkeit:
1. Minensuchgeschwader

Geschichte und Verbleib:
Die BAD BEVENSEN ist der Ersatzbau für das schnelle Minensuchboot WAAGE der SCHÜTZE-Klasse. Der Funktionsnachweis fand in der Zeit vom 17. Mai bis zum 27. August 1993 statt. Die Abnahme durch die Marine folgte am 1. Dezember 1993.
Anläßlich der Beteiligung am Manöver SQUADEX hatte die Mannschaft des Bootes ein besonderes Erfolgserlebnis: Dabei ging es um die Sprengung eines Torpedos aus dem Zweiten Weltkrieg. Zusammen mit vier weiteren Booten gehörte auch die BAD BEVENSEN zum multinationalen Übungsverband, der die Übung Open Spirit durchführte. Der Auftrag lautete: Im Seegebiet vor Estlands Hauptstadt Tallinn Minen, die noch aus der Zeit des Zweiten Weltkrieges stammen, suchen und räumen. Darüber hinaus sollten dabei auch noch wichtige Informationen gesammelt werden, die in einem Minenatlas Ostsee verarbeitet werden sollen. Dieser Atlas ist ein Projekt der Ostseeanrainerstaaten, um die Schiffahrtswege in diesem Seegebiet sicherer zu machen. Wie notwendig diese Suche auch heute noch ist, zeigt das Ergebnis der Vorjahresübungen. Dabei wurden mehr als 40 Minen, Wasserbomben und Torpedos unschädlich gemacht.

GRÖMITZ
NATO-Nr.: M 1064
Bauwerft:
Kröger-Werft, Rendsburg
Stapellauf:
29.04.1993
Indienststellung:
23.08.1994
Geschwaderzugehörigkeit:
1. Minensuchgeschwader

Geschichte und Verbleib:
GRÖMITZ ersetzt das zwischenzeitlich außer Dienst gestellte schnelle Minensuchboot POLLUX der SCHÜTZE-Klasse. Der Funktionsnachweis fand in der Zeit vom 14. Februar bis zum 13. Mai 1994 statt. Die Abnahme dann am 16. August 1994.
Im Anschluß daran wurden das Boot und die Besatzung intensiv auf die bevorstehenden Einsätze im Verband ausgebildet. Für den Kenner der Materie heißt dies, nach einem fest vorgegebenen Rollenplan alle nur erdenklichen Gefahren und Notsituationen zunächst bei Tag und später auch in der Nacht durchzuspielen, um jedes Besatzungsmitglied entsprechend auf seine künftige Rolle vorzube-

reiten. Wichtige und immer wiederkehrende Übungen sind dabei »Mann über Bord, Feuer im Schiff sowie Ruderversager«, um nur die wichtigsten Situationen zu nennen, mit der man bei einer Seefahrt allenthalben irgendwann rechnen muß. Nach dieser Vorausbildung, die jedes Boot ständig wiederkehrend insbesondere nach Stellenwechseln durchlaufen muß, ist es auch für Aufgaben im Geschwaderverband sowie diversen Abstellungen innerhalb der NATO-Struktur gut präpariert. Dies wird durch die gemeinsamen NATO- und bilateralen Übungen immer wieder bestätigt. Zusammen mit weiteren Booten vom 5. und 6. Minensuchgeschwader nahm das Boot zuletzt in der Zeit vom 10. Mai bis 24. Juni 1999 an der 117. AAR teil. Dabei wurden Häfen in England und Belgien besucht.

DILLINGEN

NATO-Nr.: M 1065
Bauwerft:
Abeking & Rasmussen, Lemwerder
Stapellauf:
26.05.1994
Indienststellung:
25.04.1995
Geschwaderzugehörigkeit:
1. Minensuchgeschwader

Geschichte und Verbleib:

Die DILLINGEN ist der Ersatz für das schnelle Minensuchboot SIRIUS der SCHÜTZE-Klasse. In der Zeit vom 4. Oktober 1994 bis zum 13. Januar 1995 fand der Funktionsnachweis statt. Die Abnahme seitens der Marine war dann am 11. April 1995.
Nach den üblichen Erprobungsfahrten und der Eingliederung in den Geschwaderverband wurde die DILLINGEN wie die anderen Boote in den Geschwaderverbandsübungen eingesetzt. Am 26. Juli 1995 nahm es an der Windjammerparade sowie bei »100 Jahre Nord-Ostsee-Kanal« teil. Mit an Bord als Ehrengäste waren u.a. der Bundespräsident Roman Herzog, der Generalinspekteur der Bundeswehr General Naumann und der Inspekteur der Marine Vizeadmiral Boehmer.
Vom 3. September bis 22. September 1995 befand sich das Boot beim Manöver SQUADEX mit einem Besuch des Hafens Newcastle. In der Zeit vom 10. April bis 14. Juni 1996 Einsatz beim Schulgeschwader auf der AAR 104/96 mit zahlreichen Hafenbesuchen. Danach gab es vom 24. September bis 15. Oktober einen Einsatz im Rahmen von »Partnership for Peace« mit Besuchen von Frederikshavn und Oslo. Vor Jahresabschluß galt es dann noch, das Boot mit Besatzung in Neustadt in Schadensabwehr und Schiffssicherung auszubilden. Von April bis Juni 1997 war das Boot im Auftrag des Verkehrsministeriums mit Grundsucharbeiten in der Pommerschen Bucht beschäftigt.
Am 14. Juni 1998 Besuch von Stralsund anläßlich der Feierlichkeiten »150 Jahre deutsche Marine«. Fast schon Routine sind inzwischen Abstellungen im Rahmen des NATO-Bündnisses geworden. Dazu gehören inzwischen auch Fahrten ins Mittelmeer und andere Seegebiete. So z.B. wurde die DILLINGEN im Herbst 1998 beim Manöver MCM DEPLOYMENT im Mittelmeer eingesetzt. Anfang bis Mitte Februar 1999 wurde das Boot zur Wracksuche eines Tornadoflugzeuges der Marine eingesetzt und ging anschließend zum MOST-Training nach Ostende. Im August 1999 wurde die Sail 99 in Rostock besucht. Ab dem 13. Januar 2000 war das Boot zum NATO-Geschwader für Minensuchboote im Mittelmeer abgestellt.

FRANKENTHAL
NATO-Nr.: M 1066
Bauwerft:
Lürssen-Werft, Vegesack
Stapellauf:
06.02.1992
Indienststellung:
16.12.1992
Geschwaderzugehörigkeit:
1. Minensuchgeschwader,
ab Oktober 1999 3. MSG

Geschichte und Verbleib:
Die FRANKENTHAL ersetzte das schnelle Minensuchboot RIGEL der SCHÜTZE-Klasse. Nach der Indienststellung wurde das Boot dem 1. Minensuchgeschwader unterstellt. Den Funktionsnachweis absolvierte es am 4. Mai bis 31. August 1992. Die Abnahme durch die Marine fand am 8. Dezember 1992 statt. Im Februar 1995 Auslaufen zur USA-Reise zusammen mit GRÖMITZ und NIENBURG. Dabei liefen erstmals in der deutschen Marinegeschichte Einheiten der Minenstreitkräfte den Hafen von Mayport in Florida an. Dieser Hafen war dann Ausgangspunkt eines sich anschließenden Großmanövers. 1997 nahm das Boot an der Ausbildung vom Mine Countermeasures Vessel Operational Sea Test (MOST) in Ostende teil. Das Trainingsprogramm erstreckt sich über den Zeitraum von zwei Wochen. Zusammen mit vier weiteren Booten vom 1. und 5. Minensuchgeschwader beteiligte sich die FRANKENTHAL am multinationalen Manöver OPEN SPIRIT 1998, das nun nach dem Auftakt im Jahre 1997 bereits zum zweiten Mal durchgeführt wurde. Nach dem Zusammentreffen dieses Verbandes, dem schließlich Boote aus Frankreich, Belgien, Holland, Dänemark und Polen angehörten, hatten diese den gemeinsamen Auftrag, die im Seegebiet vor Estlands Hauptstadt Talinn noch vermuteten Minen aus dem Zweiten Weltkrieg zu suchen und zu räumen. Damit sollen die Schiffahrtswege in der Ostsee noch sicherer werden.
Die FRANKENTHAL wurde danach vom Januar bis März 1999 der STANAVFORCHAN zugeteilt. Im Rahmen einer umfassenden Neuverteilung der Boote im Oktober 1999 ist die FRANKENTHAL nun dem 3. Minensuchgeschwader unterstellt worden.

BAD RAPPENAU

NATO-Nr.: M 1067
Bauwerft:
Abeking & Rasmussen, Lemwerder
Stapellauf:
03.06.1993
Indienststellung:
19.04.1994
Geschwaderzugehörigkeit:
1. Minensuchgeschwader,
ab Oktober 1999 3. MSG

Geschichte und Verbleib:
Die BAD RAPPENAU ersetzt das schnelle Minensuchboot REGULUS der SCHÜTZE-Klasse. Der Funktionsnachweis wurde in der Zeit vom 4. Oktober 1993 bis 14. Januar 1994 erbracht, und die Abnahme durch die Marine fand am 12. April 1994 statt.
Nach der Indienststellung wurde das Boot als insgesamt fünftes Boot dieser Baureihe dem 1. Minensuchgeschwader zur Dienstleistung unterstellt. Danach folgten die üblichen festgelegten Ausbildungsfahrten, bei deren Boot und Besatzung in möglichst kurzer Zeit zu einer einsatzbereiten Einheit zusammenwachsen sollen, um den zu erwartenden Herausforderungen gerecht zu werden. Dabei geht es auch darum, als Vertreter des Geschwaders bei multinationalen Übungen einen guten Eindruck zu hinterlassen. In einer zehn Tage dauernden Einzelschiffsausbildung (SQUADEX) konnte die Besatzung ihren aktuellen Ausbildungsstand unter Beweis stellen.
Im Frühjahr 1999 unternahm das Boot zusammen mit der PEGNITZ und dem Tender RHEIN eine interessante Auslandsreise, bei der zahlreiche ausländische Häfen sowie eine Durchfahrung des Suez-Kanals inbegriffen waren. Am 19. März 1999 wurde auch bei der internationalen Industrieausstellung in Abu Dhabi die deutsche Flagge gezeigt. Am 22. April 1999 kehrte das Boot in den Heimathafen zurück. Seit Oktober 1999 gehört das Boot dem 3. Minensuchgeschwader an.

DATTELN

NATO-Nr.: M 1068
Bauwerft:
Lürssen-Werft, Vegesack
Stapellauf:
27.01.1994
Indienststellung:
08.12.1994
Geschwaderzugehörigkeit:
1. Minensuchgeschwader

Geschichte und Verbleib:
Die DATTELN ersetzt das schnelle Minensuchboot MARS der SCHÜTZE-Klasse. Vom 1. Juni bis zum 9. September 1994 fand der Funktionsnachweis statt. Die Abnahmemodalitäten waren am 6. Dezember 1994 beendet.
SQUADEX hieß das Übungsprogramm, bei dem die Besatzung in diversen Rollenspielen, im Marinejargon unter »Rollenschwof« bekannt, ihren aktuellen Ausbildungsstand unter Beweis stellen konnte. Am 13. Februar 1998 lief das Boot zur minentaktischen Weiterbildung an die Minenschule nach Ostende. Diese Ausbildung diente u.a. als Vorbereitung für die sich anschließende Teilnahme an der »Standing Naval Force Channel« (SNFC) vom 1. Mai bis zum 15. August 1998.
Im Mai desselben Jahres war die DATTELN zur STANAVFORCHAN abgestellt. Für ihre hervorragenden Leistungen im Schadensabwehrgefechtsdienst erhielt die DATTELN den für 1998 ausgesetzten Nikolaus-Preis.

HOMBURG

NATO-Nr.: M 1069
Bauwerft:
Kröger-Werft, Rendsburg
Stapellauf:
21.04.1994
Indienststellung:
26.09.1995
Geschwaderzugehörigkeit:
1. Minensuchgeschwader

Geschichte und Verbleib:
Die HOMBURG ist das Ersatzboot für das schnelle Minensuchboot SPICA der SCHÜTZE-Klasse. Der Funktionsnachweis der Technik wurde in der Zeit vom 20. Februar bis zum 18. Mai 1995 erbracht. Die Abnahme durch die Marine war zum 15. August 1995 festgelegt. Die erste große Bewährungsprobe erwartete das Boot anläßlich seiner Teilnahme an der STANAVFORCHAN vom August bis Dezember 1996. Dabei wurden so interessante Häfen wie Hamburg, Amsterdam, Harlingen, Den Helder, Southampton, Grinsby, Ålborg, Esbjerg, Göteborg, Stockholm, Oslo und Cherbourg angelaufen.
Von April bis Juni 1997 fand unter Beteiligung der HOMBURG die AAR 110/97 statt. Hierbei wurden Las Palmas, Funchal (Madeira), Agadir und Porto angelaufen. Im Frühjahr 1998 ging es in die Werft nach Rostock. Vom 19. April bis 1. Mai 1999 nahm die HOMBURG am Manöver BLUE GAME teil. Daran schloß sich vom Mai bis Juni 1999 die AAG 313/99 an.
Patenstadt: Homburg /Saar

WERRA II

NATO-Nr.: A 514
Bauwerft:
Flensburger Schiffbaugesellschaft
Stapellauf:
17.06.1993
Indienststellung:
09.12.1993
Typ/Klasse:
Tender der Klasse 404
Geschwaderzugehörigkeit:
1. Minensuchgeschwader

Geschichte und Verbleib:
Tender WERRA II ist der fünfte Neubau des Nachfolgetyps der ersten Tenderserie KL 404. Wie die Vorgänger sind alle Schiffe mit den Namen bedeutender deutscher Flüsse benannt. Die Schwesterschiffe sind ELBE, gleichzeitig Typ-Schiff dieser Klasse, MOSEL, RHEIN, MAIN und DONAU.
Der Tender ist die logistische Unterstützungseinheit der neuen Minensuchboote der FRANKENTHAL-Klasse und hat in dieser Funktion an den wichtigen Einsatzübungen des Geschwaders teilgenommen. Höhepunkte waren dabei die Einsätze beim deutschen Schulgeschwader, bei der eine ganze Reihe interessanter Auslandshäfen besucht werden konnten.
Die wichtigsten technischen Daten: Tonnage 3 170 t (mit Containerzuladung). Hiervon können maximal 24 Stück, davon bis zu 13 auf dem Oberdeck, aufgenommen werden. Länge 100,70 m, Breite 88,80 m, Tiefgang 3,72 m, Besatzung 40 Mann. Versorgungsleistung: 450 t Dieselkraftstoff, 10 t Schmierstoffe, 150 t Trinkwasser, 27 t Proviant, 152 t Munition und Stromversorgung von 1200 kW.

2. Minensuchgeschwader

Am 1. Juni 1956 wurde das 2. Hochseeminensuchgeschwader, so nannte es sich in der Gründerzeit, in Wilhelmshaven aufgestellt. Erster Kommandeur war KKpt Bredekamp.

Diese sechs ehemaligen Minensuchboote der Kriegsmarine bildeten zusammen mit den Minenräumbooten vom 1. und 3. Minensuchgeschwader den Grundstock der Minenabwehr der Bundesmarine.

Vom Zeitpunkt der ersten Indienststellung ausgehend, beginnt die Geschichte dieses Geschwaders jedoch bereits viel früher. Die Boote vom Typ 40 und Typ 43 (SEESCHLANGE) gehörten zu dieser Zeit noch zur 25. Minensuchflottille. Sie hatten glücklicherweise den Krieg überlebt und waren den Siegermächten als Beute zugesprochen worden.

Nachdem die Bundesmarine die Boote vom »LSU B« (LABOR SERVICE UNIT) in Bremerhaven 1956 übernommen hatte, erfolgte auch die Verlegung in den neuen Liegehafen Wilhelmshaven. Am 29. November 1956 wurde das Geschwader dann in »2. Minensuchgeschwader« umbenannt und behielt diese Bezeichnung schließlich bis zu seiner Außerdienststellung.

Es gab zwei weitere Vorgänger des Geschwaders. Zum einen war dies die 2. Räumflottille, bestehend aus Räumbooten der Bauserie R 25 bis R 32, die im Herbst 1938 aufgestellt wurde. Diese Boote sind 1939/40 in der Nordsee sowie beim Unternehmen Weserübung im Rahmen der Kriegschiffgruppe 10 in Norwegen zum Einsatz gekommen. 1940 bis 1944 war das Einsatzgebiet im Englischen Kanal bis zur vorläufigen Auflösung im August. Im Januar 1945 kam es zur Neuaufstellung mit Einsätzen in der Ostsee bis zum Kriegsende. Zum anderen gab es auch noch eine 2. Minensuchflottille, bestehend aus Booten vom Typ M 35.

Mit dem Setzen der Bundesflagge wurde auch in der Bezeichnung der Boote von früheren Traditionen Abstand genommen, nach denen Kleinboote nur fortlaufende Nummern als Unterscheidungsmerkmal erhielten. Gemäß der Praxis beim 1. MSG wurden nunmehr alle neu in Dienst gestellten Einheiten unabhängig von den zuvor geführten Bezeichnungen mit Namen versehen. Im konkreten Fall waren dies die Namen von Meerestieren, die, mit Ausnahme des SEEIGEL, gleichzeitig Traditionsnamen der deutschen Marinegeschichte waren. Zu dieser Zeit führten die Boote als Unterscheidungsmerkmal noch zwei Kennbuchstaben entsprechend ihrer Namengebung, die dann später nach der Unterstellung unter die NATO durch die dort gebräuchliche Hull-Nummern ersetzt wurde.

Auf Grund des starken Verschleißes, denen die Boote in der Endzeit des Zweiten Weltkrieges sowie in der Zeit danach beim Einsatz in der GMSA und deren Nachfolgeorganisation LSU B ausgesetzt waren, wurde ein alsbaldiger Ersatz durch Neubauten notwendig. Zeitweilig bestehende Umbauplanungen von Kohle auf Ölfeuerung wurden nicht mehr realisiert.

Nach ihrer Außerdienststellung dienten verschiedene Boote nach vorangegangenem Umbau der Marine noch als Wohnboote und führten in dieser Funktion WBM-Kennungen. Weitere Einzelheiten hierzu sind in den Einzelbeschreibungen der Boote nachzulesen.

Die Ablösung dieser Kriegsboote wurde durch die Bestellung von sechs Neubauten des französischen Typs »Mercure«, der sich wiederum aus dem NATO-Einheitstyp »Blue Bird« ableitet, in Gang gesetzt. Dieser Typ wurde nach dem ersten Boot als VEGESACK-Klasse bezeichnet und erhielt die Typ-Klassen-Nr. 321. 1960 war mit dem Zulauf der letzten Neubauten das 2. Minensuchgeschwader (neu) wieder komplett.

Nach nur sieben Jahren der Indiensthaltung wird dieses Geschwader dann wieder aufgelöst. Der Grund liegt in der Hauptsache in fehlendem Personal bei der Aufstellung neuer Geschwader sowie wahrscheinlich fehlender Haushaltsmittel.

Am 27. Juni wurde es dann in die Reserve überführt und beim Marinearsenal in Wilhelmshaven eingemottet. Lediglich einzelne Boote des Geschwaders wurden in den Jahren 1964/65 im Rahmen von Mobilisierungsmaßnahmen kurzzeitig reaktiviert, um dabei auch den materiellen Zustand zu überprüfen, zumal es mit dem seit geraumer Zeit angewandten Verfahren bislang keinerlei Erfahrungen gab, auf die man hätte zurückgreifen können.

Am 31. Dezember 1973 wurden die sechs Boote aus dem Bestand der Bundesmarine herausgelöst und im Jahre 1975 komplett im Rahmen der NATO-Waffenhilfe an die Türkei abgegeben.

Damit hat die Geschichte des 2. Minensuchgeschwaders ein nahezu plötzliches Ende gefunden. Eine vergleichbare Fortsetzung wie beim 1. und 3. MSG ist diesem Geschwader somit ohne eigenes Zutun verwehrt geblieben. Mit entscheidend war die politische und taktische Entscheidung, vorerst keine Minensucheinheiten mehr in den Marinestützpunkten der Nordsee zu stationieren. Anfängliche Überlegungen, die Neubauten der Typ-Klasse 332 mit Standort in Emden/Borkum zu stationieren, wurden aus diesen Gründen wieder aufgegeben.

Im Vordergrund S-Boote der Typ-Klasse 149, im Hintergrund die Hochseeminensuchboote der Aufbaujahre.

Die Typ-Klasse 319
ex Minensuchboot Typ 40 in der Kriegsmarine

Dieser Typ geht ebenso wie der Typ M 35 auf den Basisentwurf des Weltkrieg-Minensuchbootes von 1916 zurück. Der Typ M 35 hatte sich zwar insgesamt bewährt, war jedoch im Bau sowie im Hinblick auf die Kompliziertheit der Antriebsanlage ein sehr aufwendiger Bootstyp, der eine verhältnismäßig lange Bauzeit erforderlich machte. Auch war man daran interessiert, durch Vereinfachung der Konstruktion künftig auch Betriebe mit in den Serienbau zu integrieren, die bisher im Kriegsschiffbau weniger Erfahrungen sammeln konnten. So entstand unter entsprechendem Zeitdruck in großer Eile ein Entwurf, der sich in seinen wichtigsten technischen Daten wie folgt darstellte: Typverdrängung 543 t und 775 t Einsatzverdrängung; Länge 62,30 m, Breite 8,90 m, Tiefgang 2,10 m, Seitenhöhe 3,75 m.

Der in Schweißkonstruktion hergestellte Bootskörper war in elf wasserdichte Abteilungen unterteilt und hatte einen von Abteilung II bis IX reichenden Doppelboden. Die Antriebsanlage bestand aus zwei kohlegefeuerten Kesseln in zwei Heizräumen und zwei stehenden 900-Psi-3-Zylinder-3fach-Expansionsmaschinen auf zwei Schrauben mit 2,15 Durchmesser. Die errechnete Konstruktionsgeschwindigkeit lag bei 17 kn, die tatsächlich bei Probefahrten erreichten Ergebnisse lagen zwischen 16,8 bis 17,2 Knoten. Die Bunker faßten 162 t Kohle, was für einen Fahrbereich von 4000 sm bei 10 kn ausreichte.

Als Bewaffnung waren zunächst eine 10,5-cm-Kanone mit 120 Schuß, 1 x 3,7-cm-Flak mit 2000 Schuß sowie 2 x 2-cm-FlaMG mit 4000 Schuß vorgesehen. Die Kriegsereignisse machten jedoch schon sehr bald deutlich, daß die Flak-Bewaffnung verstärkt werden mußte. So wurden bereits im Jahre 1941 sieben 2-cm-Geschütze als notwendig erachtet. Als Besatzungsstärke waren ursprünglich 54 Mann vorgesehen. Nicht zuletzt durch die Vermehrung der Fla-Geschütze ist auch für deren Bedienung deutlich mehr Personal notwendig geworden, so daß zum Schluß zwischen 68 bis 80 Mann erforderlich waren.

Im Sommer 1940 wurden die ersten 40 Boote dieses neuen Typs an neun Werften vergeben. Bis 1943 sollten 240 Boote gebaut werden. Bedingt durch die Kriegseinflüsse sowie Materialengpässe sind jedoch tatsächlich nur 138 Boote in Auftrag gegeben worden. Von diesen wurden dann tatsächlich bis März 1945 insgesamt 132 Boote fertiggestellt. Am 30. Juli 1941 konnte M 381 als erstes Vorlaufboot bei der Elsflether Werft zur Probefahrt auslaufen.

Die im weiteren Verlauf des Krieges immer stärker ausgebaute U-Boot-Ausbildung machte es aus Mangel an geeigneten Fahrzeugen erforderlich, auch eine Reihe von Minensuchern (14 Boote) zu Torpedoschießbooten umzurüsten. Für diesen Zweck wurden auf den Booten Torpedorohre mit Zieleinrichtungen eingebaut.

Von den bis Kriegsende fertiggestellten Booten gingen 63 durch Kriegseinflüsse verloren. Die übrigen wurden dann unter den Siegermächten aufgeteilt. Aus diesem Bestand erhielten die USA insgesamt 25 Boote. Es waren dies: M 275, 277, 278, 294, 327, 328, 371, 373, 374, 375, 388, 389, 404, 408, 432, 434, 441, 442, 452, 453, 454, 460, 475, 476 und 495.

Davon gaben die USA noch zehn Boote an Frankreich sowie eines nach Italien ab. Darüber hinaus wurden M 294, 278, 388, 460, 441 bis 1956 als M 201 bis M 205 bei der Labor Service Unit »B« in Bremerhaven eingegliedert, von wo sie dann als SEEPFERD, SEESTERN, SEEHUND, SEEIGEL und SEELÖWE von der Bundesmarine übernommen und beim 2. Minensuchgeschwader in Fahrt gebracht wurden.

SEEHUND ex M 388

NATO-Nr.: M 187
Bauwerft:
Elsflether Werft, Elsfleth
Stapellauf:
22.04.1944 für die Kriegsmarine
Indienststellung:
22.07.1944 für die Kriegsmarine
17.07.1956 für die Bundesmarine
Außerdienststellung:
04.01.1960
Geschwaderzugehörigkeit:
2. Minensuchgeschwader

Geschichte und Verbleib:
»M 388« ist aus der Bauserie M 381 bis M 400 hervorgegangen. Konstruktiv als Minensucher erbaut, wurde M 388 jedoch aus Mangel an Spezialfahrzeugen gegen Ende des Krieges wie mehrere andere Boote zu Torpedoschießbooten umgerüstet. Zu diesem Zweck erhielt es auf der Back zu beiden Seiten ein Torpedorohr eingebaut. Nach Kriegsende wurde es US-Beute und diente in der Folgezeit der GMSA sowie deren Nachfolgeorganisationen. Nach vorübergehender Charterung für ein Privatunternehmen im Februar 1951 wieder an die US-Navy zurückgegeben. Danach in Dienst mit Kennung M 203 für die LSU (B).
Nach Übergabe an die Bundesmarine wurde das zunächst unbewaffnete Boot unter dem Namen SEEHUND für das 2. Minensuchgeschwader neu in Dienst gestellt. Anfangs trug es die Kennung SH, danach ab 1957 »M 187« und erhielt die Typ-Klassenbezeichnung 319. Von den Schwesterbooten unterschied es sich optisch u.a. dadurch, daß es in der Brückenfront nur drei Fenster aufwies. Nach der Außerdienststellung fand es noch als Wohnboot WBM V Verwendung. Nach der Aussonderung im April 1968 war es einige Zeit Auflieger beim Marinearsenal in Wilhelmshaven. Ein zunächst geplanter Einsatz als Zielschiff wurde nicht realisiert. Schließlich kam es zum Verkauf durch die VEBEG am 7. September 1973 an die Fa. Heeren in Leer zur Verschrottung.
Namensvorgänger: Überliefert ist ein Kanonenboot aus dem Jahr 1861, welches im Krieg gegen Dänemark zum Einsatz kam.

SEEIGEL ex M 460

NATO-Nr.: M 188
Bauwerft:
Nederlandsche Dok. Mij.
Amsterdam
Stapellauf:
27.07.1942 für die Kriegsmarine
Indienststellung:
06.02.1943 für die Kriegsmarine
30.08.1956 für die Bundesmarine
Außerdienststellung:
29.01.1960
Geschwaderzugehörigkeit:
23. Minensuchflottille
der Kriegsmarine

Geschichte und Verbleib:
Am 27. Juli 1942 vom Stapel gelaufen und danach am 6. Februar 1943 zunächst für die 23., später 25. Minensuchflottille der Kriegsmarine in Dienst gestellt. Aus dem Typ M 40 und der Baureihe M 459 bis M 466 hervorgegangen, wovon vier Boote nach Holland vergeben wurden. Die Flottille wurde gegen Ende des Krieges vorwiegend im Geleitdienst in der Ostsee eingesetzt. Nach Kriegsende Verwendung bei der DMRL. In dieser Zeit wurde das Boot im Auftrag der Siegermächte zum Räumen der Hinterlassenschaften des Zweiten Weltkrieges eingesetzt. Im Oktober 1947 in Charter an Fa. Paulsen & Ivers, Kiel, bis Februar 1951. Einsatz bei US-Navy als M 204 für LSU (B) und anschließend 1956 an die Bundesmarine übergeben. Dort als SEEIGEL (Kürzel »SE«) für das 2. Minensuchgeschwader in Dienst. Bei der Übergabe trug es keine Bewaffnung, diese wurde erst später nachgerüstet. Während der aktiven Dienstzeit im 2. MSG nahm es am normalen Dienst- und Ausbildungsbetrieb teil. 1960 auf der Jade-Werft in Wilhelmshaven umgebaut und in der Folgezeit als Wohnschiff »WBM II« in Cuxhaven, Bremerhaven und Wilhelmshaven eingesetzt. 1965 fand ein weiterer Umbau zur »Torpedoklarmachstelle II« statt. In dieser Funktion hatte das Boot eine zivile Besatzung. Die gesamte Antriebsanlage wurde ausgebaut, der Schornstein und die Brücke ebenfalls. Im Einsatz mußte das Boot dann geschleppt werden. Als Folge dieser Umbauten hatte sich das äußere Erscheinungsbild stark verändert. Bis zur Aussonderung im Jahre 1973 im Einsatz. Über die VEBEG am 4. Mai 1973 an MWB, Bremerhaven, verkauft. Dort 1981/82 gesunken. Nach der Hebung im Frühjahr 1984 abgewrackt.

SEELÖWE ex M 441

NATO-Nr.: M 189
Bauwerft:
F. Smit, Rotterdam
Stapellauf:
19.06.1942 für die Kriegsmarine
Indienststellung:
26.11.1942 für die Kriegsmarine
17.07.1956 für die Bundesmarine
Außerdienststellung:
04.01.1960
Geschwaderzugehörigkeit:
23. und. 25. Minensuchflottille der Kriegsmarine
2. Minensuchgeschwader der Bundesmarine

Geschichte und Verbleib:
Das Boot gehörte zur Bauserie M 441 bis 446 und wurde in Holland für die Kriegsmarine erbaut. Am 26. November 1942 wurde es zunächst für die 23. Minensuchflottille in Dienst gestellt. Dort überwiegend bis Kriegsende im Ostseeraum eingesetzt. 1945 Beute der Siegermächte. Danach folgten Einsätze für die GMSA und deren Nachfolgeorganisationen, das heißt Minenräumoperationen gegen die noch in großer Anzahl vorhandenen Minenfelder für die 25. Minensuchflottille sowie die 5. Minenräumdivision. Nach Rückgabe an die Bundesmarine erhielt es den Namen SEELÖWE (Kürzel »SL«) und wurde dem 2. Minensuchgeschwader zur Dienstleistung unterstellt. In der Folgezeit nahm es am Ausbildungsdienst dieses Geschwaders teil. Nach Herauslösung aus dem aktiven Dienstverhältnis fand es nach vorangegangenem Umbau bei den Motorenwerken in Bremerhaven noch als Wohnboot unter der Bezeichnung »WBM III« Verwendung und wurde in dieser Funktion schließlich aufgebraucht. Nach der Aussonderung im Januar 1969 über die VEBEG an die Fa. Eisen und Metall, Hamburg, zum Abwracken verkauft, wo es dann 1970 abgebrochen wurde.
Als Namensvorgänger ist ein 1917 zunächst als Fischdampfer erbautes und danach als Vorpostenboot eingesetztes Fahrzeug überliefert.

SEEPFERD ex M 294

NATO-Nr.: M 190
Bauwerft:
Lindenau-Werft, Memel
Stapellauf:
04.03.1944 für die Kriegsmarine
Indienststellung:
28.08.1944 für die Kriegsmarine
30.08.1956 für die Bundesmarine
Außerdienststellung:
10.02.1960
Geschwaderzugehörigkeit:
25. Minensuchflottille der Kriegsmarine
2. Minensuchgeschwader der Bundesmarine

Geschichte und Verbleib:
»M 294« gehörte zur Bauserie M 291 bis M 297 und nach der Indienststellung für die Kriegsmarine Einsatz im Ostseebereich bei der 25. Minensuchflottille. Bei Kriegsende lag das Boot in Kiel. Kommandant und Besatzung weigerten sich jedoch zu kapitulieren und wurden daher von Bord geholt und ins Gefängnis gesperrt.
Nach Kriegsende wurde es Beute der Siegermächte. Danach, wie auch die anderen Boote im Verband, bei der GMSA und deren Nachfolgeorganisationen eingesetzt. Am 8. Oktober 1947 an OMGUS sowie am 4. Juni 1948 an die Fa. Paulsen & Ivers, Kiel. Im Februar 1951 an die US-Navy zurück und dort mit Kennung M 201 registriert. Am 30. August 1956 dann bei der Bundesmarine als SEEPFERD (Kürzel »SP«) in Dienst für das 2. MSG. Bei der Übergabe war SEEPFERD unbewaffnet und erhielt diese erst später eingebaut. Es wurde nun der Typ-Klasse 319 zugeordnet, die sich nach der späteren Verwendung als Wohnboot in Klasse 730 änderte. Während der Zugehörigkeit zum 2. MSG nahm das Boot am normalen Ausbildungsdienst des Geschwaders teil.
Nach Außerdienststellung wurde es noch ohne Umbau als Wohnboot »WBM VI« für das Unterseeboot WILHELM BAUER weiterverwendet. Bei der Aussonderung im Jahre 1966 zum Abbruch an die Fa.Harmsdorf in Lübeck verkauft.

Minensuchboot Typ 1943 der Kriegsmarine

Die kriegsbedingt gestiegenen Anforderungen an diesen Bootstyp und die Vermehrung der Fla-Bewaffnung konnte mit diesem Typ 40 konstruktionsbedingt ohne Vergrößerung des Bootskörpers nicht mehr aufgefangen werden. Entsprechende Modellversuche ergaben, daß eine Verlängerung des Bootskörpers bis 5,5 m bei einer gleichzeitigen Verbreiterung um 2 cm keine wesentliche Geschwindigkeitseinbuße erwarten ließen. Es wurde daher entschieden, auf dieser Basis einen vergrößerten Entwurf eines Minensuchers, den Typ 43, zu erarbeiten.

Diesem lagen folgende technische Daten zugrunde: Länge 67,75 m, Breite 9,00 m, Tiefgang 1,92 m, Seitenhöhe 3,65 m. Die Typ-Verdrängung betrug 582 t, die Einsatzverdrängung lag bei 821 t. Die Antriebsanlage sollte unverändert vom Typ 40 übernommen werden. Die Bewaffnung bestand nun jedoch aus zwei 10,5-cm- mit 300 Schuß, 2 x 3,7-cm-Flak mit 4000 Schuß sowie 8 x 2-cm-Flak mit insgesamt 16.000 Schuß. Besatzungsstärke nunmehr 107 Mann.

Zunächst sollten von diesem Entwurf jährlich 50 Boote auf zehn deutschen Werften in Sektionsbauweise gebaut werden. Hierzu wurde die Konstruktion in sieben Einzelsektionen aufgeteilt. Die tatsächlichen Vorteile des Sektionsbaus konnten sich wegen der sich verschlechternden Versorgungslage, hervorgerufen durch die sich ständig steigernden Luftangriffe auf das Reichsgebiet, nicht mehr positiv auswirken. So ist es denn nicht verwunderlich, daß vom geplanten Bauprogramm zuletzt nur noch 18 Boote Typ 43 fertiggestellt werden konnten. Neun jener, die den Krieg überstanden hatten, wurden den USA zugesprochen, wovon M 611 bis 1956 als M 206 bei der US Labor Service Unit »B« eingesetzt war und anschließend als SEESCHLANGE mit den übrigen fünf Booten vom Typ 40 im 2. Minensuchgeschwader in Wilhelmshaven eingesetzt wurde.

SEESCHLANGE ex M 611

NATO-Nr.: M 191
Bauwerft:
Neptun-Werft, Rostock
Stapellauf:
12.03.1945 für die Kriegsmarine
Indienststellung:
15.08.1956 für die Bundesmarine
Außerdienststellung:
13.02.1960
Geschwaderzugehörigkeit:
2. Minensuchgeschwader der Bundesmarine

Geschichte und Verbleib:
Inbaugabe als »M 611« vom Typ M 43, die anderen Boote gehörten alle zum Typ M 40, für die Kriegsmarine. Bei Kriegsende noch unfertig in den Westen abgeschleppt und dort für einen Einsatz bei der GMSA und deren Nachfolgeorganisationen in Dienst. Am 14. November 1947 an den NDL in Charter, wo das Boot bis zum Jahr 1951 als Seebäderschiff WANGEROOGE fuhr. Danach wurde es vier Jahre bei der US-Navy als M 206 eingesetzt. Nach der Übergabe an die Bundesmarine im Jahre 1956 dort als SEESCHLANGE (Kürzel »SG«) für das 2. Minensuchgeschwader in Dienst gestellt. Ab 1957 trug es dann das Kennzeichen »M 191« und die Typ-Zuordnung der Klasse 319. Nach der Außerdienststellung erhielt es noch eine neue Aufgabe als Wohnboot »WBM IV«, ohne jedoch noch einen Umbau erleben zu müssen. Im äußeren Erscheinungsbild unterschied es sich zu seinen Schwesterbooten vom Typ M 40 einerseits durch die rund sechs Meter größere Bootslänge sowie fünf gegenüber drei Brückenfenstern. Nach der Aussonderung diente es noch den Marinefliegern als stationäres Ziel für ihre Waffen. Die VEBEG verkaufte schließlich die schrottreifen Reste des Bootes zum Abbruch.

SEESTERN ex M 278

NATO-Nr.: M 192
Bauwerft:
Rickmers-Werft, Wesermünde
Stapellauf:
25.01.1944 für die Kriegsmarine
Indienststellung:
20.04.1944 für die Kriegsmarine
15.08.1956 für die Bundesmarine
Außerdienststellung:
14.01.1960
Geschwaderzugehörigkeit:
25. Minensuchflottille der Kriegsmarine
2. Minensuchgeschwader der Bundesmarine

Geschichte und Verbleib:
Für die Kriegsmarine als »M 278« in Auftrag gegeben und als TS 4 (Torpedoschießboot) am 20. April 1944 in Dienst gestellt. Auch hier gilt, was bereits beim Schwesterboot SEEHUND zu dieser Bauausführung angesprochen ist. Kurz vor Kriegsende noch als Minensucher bei der 25. Minensuchflottille im Einsatz. Bei Kriegsende Beute der Siegermächte und dort in der Folgezeit beim Verband der GMSA und deren Nachfolgern 25. MS-Flottille, 5. Minenräumdivision im Einsatz in der Minenbeseitigung der Altlasten des Zweiten Weltkrieges. Ab 1. April 1948 über die OMGUS an die Fa. Paulsen & Ivers, Kiel. Rückgabe an die US-Navy Februar. 1951 und dort unter der Kennung M 202 in Fahrt. Nach Übergabe an die Bundesmarine am 15. August 1956 unter dem Namen SEESTERN (Kürzel »ST«) für das 2. Minensuchgeschwader in Dienst. Ab 1. April 1957 war die Kennung dann M 192. Nach der Außerdienststellung am 14. Januar 1960 wurde das Boot dann bei den Motorenwerken Bremerhaven zum Wohnboot umgebaut und in der Folgezeit in dieser Funktion in Wilhelmshaven und Kiel unter der Bezeichnung »WBM I« eingesetzt. Beim Umbau erhielt das Boot auf dem hinteren Schiffsdrittel hinter dem Schornstein eine große Hütte aufgesetzt, die auf eine Kapazität von 88 Mann ausgelegt war. Dadurch wurde natürlich auch das äußere Erscheinungsbild nachhaltig verändert. Nach der Aussonderung Ende der sechziger Jahre wurde es über die VEBEG zum Verschrotten verkauft.

Typ-Klasse 321 (VEGESACK-Klasse)

Bei der VEGESACK-Klasse handelt es sich um die französische Version (Mercure), die in der NATO als BLUEBIRD-Klasse bezeichnet wurde. Sechs Boote dieses Typs wurden bei der Werft CMN Amiot in Frankreich bestellt und geliefert. Bis heute waren dies die einzigen Minensucher, die nach dem Krieg im Ausland gebaut wurden. Die Baukosten je Boot lagen bei 9,2 Millionen DM.

Es handelt sich hierbei um Holzbauten in konventioneller Fertigung. Die Querspanten sind aus Sperrholz und die Längsspanten aus Stahl. Darauf wurde eine doppelte Beplankung mit einer Zwischenlage aus Segeltuch angebracht. Ansonsten wurden weitgehend amagnetische Materialien verarbeitet. Die Aufbauten bestehen aus Leichtmetallegierungen.

Technische Daten: Verdrängung 365,69 ts, Länge 42,50 m, Breite 8,41 m, Tiefg. 2,25 m, Maschinenleistung 880 kW, Antrieb: zwei Mercedes-Benz-Viertakt-12-Zylinder-Dieselmotoren. E-Anlage: zwei Dieselgeneratoren zu je 92 PS/68 kW. Räumanlage: zwei Dieselgeneratoren mit je 440 PS/320 kW. Ein Hilfskessel. Zwei dreiflügelige KAMEWA-Verstellpropeller mit je 1,70 m Durchmesser sowie zwei Ruder.

Die Waffenanlage war spärlich und umfaßte lediglich zwei 20-mm-Flak L/85 in Doppellafette.

Führungsmittel: Navigationsradar und Funkpeiler ECM; DR 855-Sonargerät: Atlas M 3. Für die Waffenanlage bediente man sich optischer Richtmittel.

Die Boote führten anfänglich ein Dingi, endgültig vier Rettungsinseln, zwei Flöße und ein Schlauchboot sowie zwei Buganker in Seitenklüsen. Das Minenräumgerät bestand aus vier Drehkränen, Kabeltrommeln und Leinenwinde sowie MES.

Die Kreuzrah auf halber Masthöhe erhielten die Boote unmittelbar nach dem Eintreffen in Deutschland im Rahmen der ersten Werftliegezeit. Bei der Namensgebung wurde bereits auf deutsche Mittelstädte im Binnenland zurückgegriffen, eine Methode, die später zum Standard bei allen weiteren Neubauten wurde.

Alle Boote dieses Geschwaders sind zuletzt gemäß vertraglicher Vereinbarungen an die Türkei abgegeben und dort wieder unter neuen Namen in Fahrt gebracht worden.

VEGESACK

NATO-Nr.: M 1250
Bauwerft:
Construction Mecaniques Naval Amiot, Cherbourg
Stapellauf:
21.05.1959
Indienststellung:
10.09.1959
Außerdienststellung:
31.12.1973
Geschwaderzugehörigkeit:
2. Minensuchgeschwader

Geschichte und Verbleib:
Das Boot wurde als Küstenminensuchboot zur Typ-Klasse 321 klassifiziert und war gleichzeitig Typ-Schiff dieser innerhalb der Marine als VEGESACK-Klasse bezeichneten Einheiten und entsprach damit der französischen Version der MERCURE-Klasse, einer zum NATO-Einheits-Typ weiterentwickelten amerikanischen BLUEBIRD-Klasse. Dies gilt ebenso für die übrigen Boote dieses Typs, die die Nachfolge der noch aus dem Zweiten Weltkrieg stammenden Boote in diesem Geschwader antraten. Nach relativ kurzer Fahrtzeit beim 2. Minensuchgeschwader wurde das Boot bereits im Juli 1963 wieder außer Dienst gestellt und der Reserve zugeteilt. Als Besonderheit ist zu erwähnen, daß die Boote jeweils kurzzeitig für die Durchführung von MOB-Übungen von Marinereservisten wieder in Dienst gestellt wurden. So wurde die VEGESACK vom 25. Oktober 1965 bis 6. April 1966 dem 1. Minensuchgeschwader unterstellt. Eine weitere Übung fand vom 27. September 1971 bis 23. Oktober 1971 statt. Ab 1968 waren die Boote einkokoniert Teil der Reserveflottille. Am 31. Dezember 1973 wurden alle sechs Boote dieses Geschwaders, so auch die VEGESACK, aus der Liste der Kriegsschiffe gestrichen und anschließend im Rahmen der NATO-Waffenhilfe am 29. Oktober 1975 an die Türkei abgegeben. Dort wurde das Boot unter dem neuen Namen KUDASASI unter der Kennung M 524 wieder in Dienst gestellt.

HAMELN

NATO-Nr.: M 1251
Bauwerft:
Construction Mecaniques Naval Amiot, Cherbourg
Stapellauf:
20.08.1959
Indienststellung:
04.12.1959
Außerdienststellung:
31.12.1973
Geschwaderzugehörigkeit:
2. Minensuchgeschwader

Geschichte und Verbleib:
Die Probefahrten wurden noch unter französischer Flagge absolviert. Am 4. Dezember 1959 fand in Cherbourg unter deutscher Flagge die Indienststellung für das 2. Minensuchgeschwader statt. Nach der Überführungsfahrt nach Deutschland wurde das Boot in der Nacht zum 16. Dezember an der Pier von Bardenfleth/Unterweser vom britischen Frachter VIMIERA gerammt und dabei so schwer beschädigt, daß es für die Dauer der Reparaturzeit wieder außer Dienst gestellt wurde. Zu diesem Zweck mußte es wieder zur Bauwerft in Cherbourg zurückverlegt werden. Am 15. Oktober 1960 erfolgte dann die erneute Indienststellung für dieses Geschwader. Dort verblieb es bis zur Überführung ins Reserveverhältnis im Jahre 1963. In der Zeit der Reserve fanden lediglich zwei Mobilmachungsübungen statt, bei denen das Boot dann jeweils kurzzeitig Flagge und Wimpel setzte. Ab 1968 lag es zusammen mit den anderen Booten in Wilhelmshaven. Nach der Streichung aus der aktiven Flottenliste wurde es an die Türkei übergeben, die es dann unter dem Namen KUZLU wieder in Dienst stellte.
Erfreulicherweise taufte die Minensuchflottille einen Neubau der Klasse 343 auf den Namen HAMELN, so daß die Namenstradition zunächst einmal weiterlebt.

DETMOLD

NATO-Nr.: M 1252
Bauwerft:
Construction Mecaniques Naval Amiot, Cherbourg
Stapellauf:
17.11.1959
Indienststellung:
23.02.1960
Außerdienststellung:
31.12.1973
Geschwaderzugehörigkeit:
2. Minensuchgeschwader

Geschichte und Verbleib:
Nach der Indienststellung für das 2. Minensuchgeschwader unter der Kennung M 1252 in Dienst bis zur Überführung in die Reserve im Jahre 1963.
Im Rahmen kurzer Übungen fanden 1964/65 einige Fahrten statt. In der Zeit vom 6. Juli 1966 bis 18. Februar 1967 sowie vom 10. September 1969 bis 7. November 1969 wurden weitere Mob-Übungen für das 5. Minensuchgeschwader durchgeführt. Im Rahmen dieser Übungen wurde u.a. auch der aktuelle materielle Zustand des Bootes überprüft. Am 31. Dezember 1973 wurde es zusammen mit den Schwesterbooten aus der Liste der Kriegsschiffe gestrichen und am 23. Juli 1975 im Rahmen der NATO-Waffenhilfe der Türkei übereignet. Dort wurde es wieder unter dem neuen Namen KEREMPE unter der Kennung M 521 in Dienst gestellt.

WORMS

NATO-Nr.: M 1253
Bauwerft:
Construction Mecaniques Naval Amiot, Cherbourg
Stapellauf:
30.01.1960
Indienststellung:
30.04.1960
Außerdienststellung:
31.12.1973
Geschwaderzugehörigkeit:
2. Minensuchgeschwader

Geschichte und Verbleib:
Am 30. April 1960 wurde die WORMS für das 2. Minensuchgeschwader in Dienst gestellt. In Folge der vergleichsweise kurzen Indiensthaltungszeit dieser Boots-Klasse sind außer dem normalen Ausbildungsbetrieb innerhalb dieses Zeitraumes keine weiteren Besonderheiten bekanntgeworden. Bereits im Juli 1963 wurde das Boot in das Reserveverhältnis überführt. Danach wurde es 1966/67 für kurzzeitige Mob-Übungen beim 1. Minensuchgeschwader herangezogen.
Am 11. September 1968 wurde es beim Marinearsenal in Wilhelmshaven einkokoniert. Im Jahre 1971 nochmals für einige Wochen aktiviert. Zusammen mit den anderen Booten desselben Typs fand am 23. Juli 1973 die Übergabe an die Türkei statt. Im Rahmen der NATO-Waffenhilfe erhielten sowohl die Türkei als auch Griechenland Einheiten der Bundesmarine zum weiteren Einsatz im Mittelmeerraum. Nach getroffener Vereinbarung wurden alle Boote des Geschwaders an die Türkei übergeben, die das Boot dann unter dem neuen Namen KARAMÜRSEL wieder in Dienst stellte. Die neue Kennung lautete nun M 520.

SIEGEN

NATO-Nr.: M 1254
Bauwerft:
Construction Mecaniques Naval
Amiot, Cherbourg
Stapellauf:
31.03.1960
Indienststellung:
09.07.1960
Außerdienststellung:
31.12.1973
Geschwaderzugehörigkeit:
2. Minensuchgeschwader

Geschichte und Verbleib:
Am 9. Juli 1960 wurde das Boot unter dem Namen SIEGEN für das 2. Minensuchgeschwader in Dienst gestellt. Schon im Juli 1963 wurde es in das Reserveverhältnis übernommen. Im Jahre 1965 wurde das Boot zu kurzen Übungen herangezogen. In der Zeit vom 12. August 1965 bis 21. März 1966 konnte es erneut für eine Mob-Übung beim 5. Minensuchgeschwader aktiviert werden.
Im Anschluß wurde es der Reserveflotte zugeteilt und beim Marinearsenal in Wilhelmshaven in einkokoniertem Zustand aufgelegt. Am 31. Dezember 1973 erfolgte die Streichung aus der aktuellen Flottenliste und die anschließende Übergabe an die Türkei. Dort wurde es unter dem neuen Namen KILIMLI mit der ebenfalls neuen Kennung M 522 wieder für die türkische Marine in Dienst gestellt.

PASSAU

NATO-Nr.: M 1255
Bauwerft:
Construction Mecaniques Naval
Amiot, Cherbourg
Stapellauf:
25.06.1969
Indienststellung:
15.10.1960
Außerdienststellung:
31.12.1973
Geschwaderzugehörigkeit:
2. Minensuchgeschwader

Geschichte und Verbleib:
Mit der Indienststellung am 15. Oktober 1960 wurde das Boot unter dem Namen PASSAU für das 2. Minensuchgeschwader in Fahrt gesetzt. Als NATO-Kennung erhielt das Boot die Nr. M 1255. Bereits am 15. Juli 1963 wurde es jedoch schon in die Reserve überführt. Im Zeitraum vom 12. August 1965 bis zum 15. März 1967 wurde es für das 3. Minensuchgeschwader reaktiviert. In der sich anschließenden Reservezeit ist das Boot im Rahmen der Reservistenausbildung zu zwei kurzen Mob-Übungen vom 7. September 1970 bis 30. Oktober 1970 und vom 27. September 1971 bis zum 23. Oktober 1971 wieder in Fahrt gebracht worden.
Nach der Streichung aus der aktuellen Flottenliste am 31. Dezember 1973 wurde die PASSAU im Rahmen der NATO-Waffenhilfe an den NATO-Partner Türkei abgegeben. Diese setzten das Boot unter dem neuen Namen KEMER unter der Kennung M 525 wieder in Fahrt.
Innerhalb der Deutschen Marine wird die Namenstradition durch den Neubau der Klasse 343 fortgesetzt.

3. Minensuchgeschwader

Das 3. Schnelle Minensuchgeschwader wurde am 15. Oktober 1956 in Bremerhaven aufgestellt. Es bestand zu dieser Zeit aus zehn Booten der ehemaligen Kriegsmarine und bildete zusammen mit den Booten vom 1. MSG sowie den sechs Hochseeminensuchern vom 2. MSG den Grundstock für den Neuaufbau einer Minenabwehr in der neuen Bundesmarine.

Im Dezember 1956 wurde dann noch der Tender EMS als Unterstützungseinheit dem Geschwader unterstellt. Am 15. November desselben Jahres fand die Verlegung des Geschwaders in den neuen Heimathafen Wilhelmshaven statt. Alle Minensuchgeschwader, so auch das dritte, unterstanden zu diesem Zeitpunkt direkt dem Kommando der Seestreitkräfte in Wilhelmshaven-Sengwarden bis zum 30. September 1958. Dort verbleibt es bis 1958, danach ist der Heimathafen wieder Kiel. Zwischenzeitlich war es im April 1957 als erster Verband der Bundeswehr der NATO unterstellt worden. Es führte nun die neue Bezeichnung 3. Minensuchgeschwader.

Wie auch beim 1. MSG, war auch hier eine alsbaldige Erneuerung des Bootsbestandes angezeigt, hatten die Boote in der Endphase des Krieges sowie in der Nachkriegszeit stark gelitten. Nach der schrittweisen Außerdienststellung der alten Räumboote in der Zeit von 1960 bis 1963 werden diese dann durch die Neubauten der Klasse 341 ersetzt. Diese verbleiben jedoch nur zehn Jahre und werden dann anschließend dem 1. und 5. Minensuchgeschwader unterstellt. An das 1. MSG wurden SKORPION, SCHÜTZE und WAAGE, die DENEB, JUPITER, ATAIR und WEGA an das 5. MSG abgegeben. Weitere Einzelheiten siehe auch bei den Einzelbeschreibungen.

1964 wechselt der Tender EMS nach Neustadt und wird durch den Tender ISAR ersetzt. Dieser wird dann am 15. Februar 1968 bereits wieder außer Dienst gestellt.

Als Ersatz für die abgegebenen Boote der Typ-Klasse 341 erhält das Geschwader nun Binnenminensucher vom Typ 393 (ARIADNE-Klasse). Diese gehörten ursprünglich zum 10. Minensuchgeschwader. Die AMAZONE und GAZELLE vom gleichen Typ waren bereits in der Reserveflottille und wurden ebenfalls mit übernommen. Im einzelnen handelt es sich dabei um folgende Boote: ARIADNE, FREYA, HERTHA, NIXE, NYMPHE und VINETA. Die Lebensgeschichte dieser Einheiten ist unter dem 10. Minensuchgeschwader abgehandelt, da sie zu Beginn ihres Bestehens zu diesem Geschwader gehört haben.

Binnenminensucher (Marinejargon »Bimis«) werden in der Deutschen Marine zur Ausbildungsunterstützung und Öffentlichkeitsarbeit eingesetzt. Nach personeller Aufstockung durch Reservisten sind sie auch in der Lage, Minensuch- und Räumaufgaben durchzuführen. Außerdem sind sie auch noch für Minenlegeoperationen sowie für die Seeraumüberwachung einsetzbar.

Im Mai/Juni 1989 führte das Geschwader dann über den Rhein eine Reise ins Binnenland durch, bei der zahlreiche Städte am Niederrhein besucht wurden. Reisen dieser Art im Rahmen der Öffentlichkeitsarbeit stellen immer eine Besonderheit dar und bilden für die Besatzungen eine willkommene Abwechslung zum sonstigen Übungsbetrieb. Siehe hierzu auch die Anmerkungen zur zehn Jahre später durchgeführten Reise in dieselbe Region.

1992 kann das Geschwader dann auf sein 35jähriges Jubiläum zurückblicken.

Die letzte Ausbildungsreise vor der Außerdienststellung ist der GAZELLE und NYMPHE vorbehalten.

Am 23. September 1992 wird dann das komplette Geschwader mit allen Einheiten außer Dienst gestellt. Damit endet vorläufig auch die Namenstradition, die jedoch mit der Neuaufstellung am 1. April 1996 mit den Booten des ehemaligen 7. Minensuchgeschwaders wieder auflebt.

Zu dem neu aufgestellten 3. Minensuchgeschwader gehören nun die Binnenminensucher der Typ-Klasse 394 (FRAUENLOB-Klasse) M 2658 FRAUENLOB, M 2660 GEFION, M 2661 MEDUSA, M 2662 UNDINE und M 2665 LORELEY, außerdem noch die Mehrzwecklandungsboote der Klasse 520 L 760 FLUNDER, L 762 LACHS, L 763 PLÖTZE, L 765 SCHLEI und L 769 ZANDER.

Die Marine aktuell mit richtigen Kriegsschiffen im tiefen Binnenland stellt auch in unserer heutigen Zeit immer noch etwas Besonderes dar. Dies ist eben nicht vergleichbar mit der Öffentlichkeitsarbeit, die sonst durch Wandermessen, Videofilme und Schiffsmodelle betrieben wird. Dies läßt sich nicht nur durch die erzielten Besucherzahlen, durch Open-Ship-Veranstaltungen, sondern auch durch das lebhafte Presseecho in den Regionen entlang der Reiseroute nachvollziehen. Bedingt durch die Bootsgröße und das Fahrwasser kamen allerdings bisher nur die Boote vom dritten Minensuchgeschwader für solche Besuche in Betracht.

Während der von Mai bis Juni 1999 über fünf Wochen dauernden Rheinreise wurden von den drei Minensuchern und drei Landungsbooten insgesamt 13 deutsche und zwei holländische Städte links und rechts des Rheins besucht. Es waren dies u.a. Wesel, Düsseldorf, Bonn, Koblenz, Mainz, Rüdesheim, St. Goarshausen (Patenstadt der LORELEY, die mit im Verband mitfuhr), Andernach, Königswinter und Neuss.

Fazit der Reise: Rundum gelungen und erlebnisreich, aber anstrengend. Der aktuelle Pegelstand des Rheins erzwang für die Binnenminensucher eine Unterbrechung der Weiterfahrt nach Süden. Dies war nur noch den Landungsbooten möglich. Dabei erlitt der LACHS einen Schraubenschaden. Ein im Fahrwasser treibender Baumstamm hatte eine der Schrauben so stark beschädigt, daß ein Werftbesuch notwendig wurde.

1999 war das Geschwader mit verschiedenen Booten bei der Übung OPEN SPIRIT beteiligt. Bei diesem Einsatz geht es um die Beseitigung von Altlasten aus dem Zweiten Weltkrieg in Form von Minen und sonstigen noch vorhandenen Sperrmitteln, die insbesondere für die Berufsfischer immer noch eine latente Gefahrenquelle bedeuten. Daß heute hiermit immer noch zu rechnen ist, beweisen die Funde, die bei den vorangegangenen Sucheinsätzen zutage gefördert wurden.

Nachdem jedoch nichts beständiger ist wie der Wechsel, wurde die zuletzt geltende Zuordnung des Bootsbestandes innerhalb der Flottille auf Grund neuerer strategischer Überlegungen zur Jahrtausendwende erneut geändert. Entgegen der bisherigen Strategie, die typenreine Geschwader bevorzugt, wird inzwischen einer Mischung von Booten unterschiedlicher Ausrüstungsvarianten innerhalb eines Geschwaderverbandes der Vorzug gegeben. Nur so ist nachvollziehbar, weshalb fünf inzwischen zu Minenjagdbooten der Typ-Klasse 333 umzubauende Boote, die zuvor beim 5. Minensuchgeschwader beheimatet waren, ab Herbst 1999 zum 3. Minensuchgeschwader gehören werden. Dafür müssen jedoch die fünf Binnenminensucher vom Typ 394 (FRAUENLOB-Klasse) im Tausch an dieses Geschwader abgegeben werden. Damit wird unter anderem auch erreicht, daß die zuvor vorhandenen Unterschiede im Alters- und Ausrüstungsniveau nunmehr annähernd gleich sind.

Ab Oktober 1999 gliedert sich der Bootsbestand nun wie folgt: Drei Minenjagdboote der Typ-Klasse 332 M 1062 SULZBACH-ROSENBERG, M 1066 FRANKENTHAL, M 1067 BAD RAPPENAU. Fünf Boote der Typ-Klasse 333, nämlich die M 1091 KULMBACH (Umbau ist inzwischen vollzogen), die M 1095 ÜBERHERRN, M 1096 PASSAU, M1097 LABOE sowie M 1099 HERTEN. Dazu kommt noch der Tender RHEIN und die fünf Landungsboote vom Typ 520.

Diese MZL, FLUNDER, LACHS, PLÖTZE, SCHLEI und ZANDER, waren ursächlich dem 1966 in Wilhelmshaven aufgestellten 1. Landungsgeschwader unterstellt. Am 1. Juli 1968 verlegte es nach Borkum und anschließend ab März 1977 nach Kiel und erhielt dort die Bezeichnung Landungsbootgruppe. Diese wurde sodann 1993 aufgelöst, wobei fünf Einheiten im Dienst verblieben. Diese wurden am 16. März 1993 vorübergehend dem 5. Minensuchgeschwader unterstellt. Dies änderte sich dann ab 2. April 1996, als in Olpenitz das 3. MSG neu aufgestellt wurde.

Nach der neuen Konzeption Marine 2005 wurde das zuvor bestehende Zeitkaderungskonzept wieder aufgegeben. Die Praxis hatte gezeigt, daß diese mit dem vorhandenen Personal nicht durchführbar war. Inzwischen sind alle fünf MZL wieder mit je 14 Mann Besatzung voll fahrbereit.

Die Verbindung zwischen Minensuchern und MZL ist auf den ersten Blick nicht unbedingt logisch. Erst bei Betrachtung der technischen Standards der Boote wird diese nachvollziehbar. Die Boote entsprechen zwar einem amerikanischen Basisentwurf, wurden danach jedoch auf die Bedürfnisse unserer Marine und deren Verhältnisse abgeändert. Diese sahen neben zahlreichen weiteren Veränderungen im Laufe ihrer Indiensthaltung von Beginn an vor, die Boote mit zwei durchgehenden Minenschienen und zwei Ablaufbühnen zu versehen. Die Umrüstung konnte von der Besatzung in kurzer Zeit (ca. 2 Std.) installiert werden. Bei entsprechenden Übungen hat sich dann gezeigt, daß die Minenlegefähigkeit insbesondere bei flachen Gewässern ohne Probleme zu bewerkstelligen ist. Als weitere Einsatzmöglichkeit ist letztlich auch die Anlandung von Truppen zu nennen.

Im Rahmen der von der Bundesregierung verfügten Truppenreduzierungen ist dieses Geschwader nun ebenfalls dahingehend betroffen, daß die bisher noch vorhandenen Bimis und Landungsboote im Zeitraum 2001/02 ebenfalls außer Dienst gestellt werden sollen. Im Hinblick darauf, daß es sich bei diesen Booten nach der Außerdienststellung der LINDAU-Klasse um die ältesten Einheiten in der Flottille handelt, ist diese Maßnahme allerdings vertretbar, wenn auch nun Reisen ins Binnenland, wie zuvor beschrieben, dann endgültig der Vergangenheit angehören werden.

Die nachstehende Bildfolge zeigt eine Auswahl von Abb., die anläßlich einer Rheinreise im Jahre 1999 entstanden sind und künftig wegen der Außerdienststellung der beteiligten Boote der Vergangenheit angehören werden.

MEDUSA mit dem Kölner Dom

L 760
FLUNDER
auf dem
Rhein 1999

MZL
FLUNDER
auf dem
Rhein 1999

ALDEBARAN ex R 91

NATO-Nr.: M 1060

Bauwerft:
Abeking & Rasmussen, Lemwerder

Stapellauf:
1941 für die Kriegsmarine

Indienststellung:
16.11.1956 für die Bundesmarine

Außerdienststellung:
31.03.1970

Geschwaderzugehörigkeit:
8. Räumflottille der Kriegsmarine
3. Minensuchgeschwader der Bundesmarine

Geschichte und Verbleib:

R 91 wurde auf der Grundlage des Basisentwurfes des Räumboot-Typs R 25 für die 8. Räumflottille in Dienst gestellt. Die Einheiten dieser 1941 aufgestellten Flottille waren zum Zeitpunkt der Unterstellung zunächst im holländischen Den Helder, später dann in Rotterdam stationiert. Ihre Aufgaben waren hauptsächlich die Räumung von Minensperren, Suche und Beseitigung von Wracks sowie die Sicherung von Minenschiffen beim Legen eigener Minensperren. Später wurden die Boote nach Dänemark verlegt, wo sie von den Einsatzhäfen Esbjerg und Thyborøn eingesetzt wurden. 1943 folgte die Rückverlegung in den Kanalraum zwischen Ostende und Le Havre. In dieser Zeit wurden die Boote am meisten beansprucht und hatten sich ständiger Luftangriffe und Anläufe englischer Schnellboote zu erwehren. 1944 wurden die restlichen Boote dann endgültig aus diesem Einsatzgebiet zurückgezogen und in die Ostsee verlegt. Die letzten Kriegsmonate waren sie vorwiegend im Geleitdienst eingesetzt. Wie viele andere wurde auch R 91 zur Kriegsbeute der Siegermächte und danach den USA zugeteilt, die es 1953 unter der Kennung USN 131 übernahmen. Zum Aufbau der Bundesmarine wurde es schließlich an Deutschland zurückgegeben und nun unter dem Namen ALDEBARAN für das 3. Minensuchgeschwader in Dienst gestellt. Die Kurzform aus zwei Buchstaben, in diesem Fall »AB«, wurde in der Anfangszeit als äußeres Unterscheidungsmerkmal am Brückenaufbau angebracht. Ab 1. April 1957 wurde dann diese Kennung durch das NATO-Kennzeichen M 1060 ersetzt. Ab 1962 wurde das Boot in Bremerhaven umgebaut und für eine neue Verwendung als Minentaucherboot der Marineortungsschule unterstellt. Ab 1. August 1964 Unterstellung beim Minenschiffgeschwader sowie ab 1. Oktober 1964 der Minentaucherkompanie mit Kennung M 1088 zugeordnet. 1969 wurde es umklassifiziert und gehörte nun zur Typ-Klasse 732. Damit erhielt es außerdem die neue Kennung Y 850. Am 31. März 1970 erfolgte die Außerdienststellung und anschließende Aussonderung. Am 1. Juli 1972 kam es schließlich zu einem Verkauf an einen Privateigner.

ALGOL ex R 99

NATO-Nr.: M 1061
Bauwerft:
Abeking & Rasmussen, Lemwerder
Stapellauf:
1942 für die Kriegsmarine
Indienststellung:
09.04.1942 für die Kriegsmarine
30.10.1956 für die Bundesmarine
Außerdienststellung:
28.04.1961
Geschwaderzugehörigkeit:
1. Räumflottille der Kriegsmarine
3. Minensuchgeschwader der Bundesmarine

Geschichte und Verbleib:
Die erste Indienststellung fand für die 8. Räumflottille der Kriegsmarine statt. Diese wurde am 3. Januar 1942 in Cuxhaven aufgestellt und noch im selben Monat zunächst nach Den Helder verlegt. Weiter siehe ALDEBARAN. Nach der Rückgabe an die US-Navy als Rheinschlepper in Fahrt gesetzt mit neuer Kennzeichnung/Namen US 23/PANTHER für die US-Rheinflottille. Danach in Charter bei der Ostdeutschen Dampfschiffahrtsgesellschaft. Im September 1953 wieder zurück für die LSU B unter neuer Kennung USN 148. Mit der Übergabe an die Bundesmarine wurde gleichzeitig ein neues Kapitel in der Lebensgeschichte des Bootes aufgeschlagen. Das Boot erhielt nun den Namen ALGOL, Kürzel »AL«, und war zunächst in Wilhelmshaven, dann ab August 1958 in Kiel stationiert. Im April 1961 endete dann die aktive Dienstzeit in der Marine. Es folgte danach noch ein über mehrere Jahre dauernder Einsatz als Wohnboot unter der Bezeichnung »WBR VIII«. Letztendlich kam die Aussonderung am 4. März 1970. Damit wurde auch von der VEBEG die zivile Nutzung für die MK Duisburg frei, die es als Kameradschaftsheim unter dem stolzen Namen GRAF SPEE nutzte, bis es durch Brandstiftung beschädigt wurde. Nach Wiederherstellung lag es längere Zeit noch als Wohnboot in Mühlheim-Ruhrort. Namensnachfolger ist das schnelle Minensuchboot der SCHÜTZE-Klasse mit der Kennung M 1067. Namensvorgänger: Sperrbrecher ALGOL.

ARKTURUS ex R 128

NATO-Nr.: M 1062
Bauwerft:
Abeking & Rasmussen, Lemwerder
Stapellauf:
1943 für die Kriegsmarine
Indienststellung:
10.07.1943 für die Kriegsmarine
15.11.1956 für die Bundesmarine
Außerdienststellung:
31.05.1963
Geschwaderzugehörigkeit:
1. Räumflottille der Kriegsmarine
3. Minensuchgeschwader der Bundesmarine

Geschichte und Verbleib:
»R 128« wurde erstmals für die 1. Minenräumflottille in Dienst gestellt. Die Kriegseinsätze dieser Flottille bis zum Kriegsende sind bereits beim Räumboot PEGASUS beschrieben. 1945 Beute der Alliierten und der GMSA zum Einsatz zur Verfügung gestellt. 1947 zurück an die USA. Danach folgten verschiedene Charteraufträge, u.a. als Schlepper ANNEGRET. Wieder zurück an die US-Navy und für die LSU (B) abgestellt. Nach der Übernahme und Überführung nach Wilhelmshaven von der Bundesmarine als ARKTURUS (Kürzel »AR«) für das 3. Minensuchgeschwader übernommen. Im Anschluß Dienst im Geschwader bis zur Außerdienststellung. Nach der NATO-Unterstellung unter Kennung M 1062 bis 1963.
Die Mehrheit der alten Räumboote, so auch ARKTURUS, fand dann noch Verwendung als Wohnboot für Marineangehörige. In dieser Funktion führte es die Bezeichnung »WBR XVII« und gehörte zur Typ-Klasse 730.
Bevor es am 14. März 1968 beim Marinearsenal verbrannt wurde, fand es noch als Zielboot MORITZ 2 der Marineunterwasserwaffenschule Eckernförde Verwendung.

ATAIR ex R 76
NATO-Nr.: M 1063
Bauwerft:
Abeking & Rasmussen, Lemwerder
Stapellauf:
1941 für die Kriegsmarine
Indienststellung:
26.06.1941 für die Kriegsmarine
30.10.1956 für die Bundesmarine
Außerdienststellung:
13.04.1960
Geschwaderzugehörigkeit:
1. Räumflottille der Kriegsmarine
3. Minensuchgeschwader der Bundesmarine

Geschichte und Verbleib:
Die erste Indienststellung von »R 76« erfolgte für die 1. Minenräumflottille der Kriegsmarine. In der Folgezeit nahm das Boot an den Kriegshandlungen dieser Flottille teil. Während eines Einsatzes im Ostseeraum wurde es am 15. September 1944 durch finnische Artillerie versenkt. Danach wieder gehoben, instand gesetzt und erneut in Fahrt gebracht, bis zum Kriegsende im Einsatz. 1945 erbeuteten die Siegermächte R 76 neben anderen, um es fürs erste im Verband der GMSA und deren Nachfolgeorganisationen einzusetzen. Danach ab 27. Mai 1948 in Charter als LEOPARD in Fahrt gebracht. Im September 1953 Rückgabe an die US-Navy und dort wieder für die LSU (B) eingeteilt. Nun führte es die Kennung USN 145. Aus diesem Potential von Booten wurden dann das 1. und 3. Minensuchgeschwader gebildet, wobei R 76 mit dem Namen ATAIR (Kürzel »AT«) für das 3. MSG in Dienst gestellt und in der Folgezeit am Dienstbetrieb dieses Geschwaders teilgenommen hat. Ab dem Zeitpunkt der NATO-Unterstellung führte es die Kennzeichnung M 1063. Dies war jedoch nicht die letzte Station im Lebensweg des Bootes. Letztendlich diente es der Flotte noch als Wohnboot bis zu seiner Aussonderung im Oktober 1970. Den Schlußpunkt setzte dann der Verkauf an privat. 1976 wurde es dann schließlich abgebrochen.

DENEB ex R 127
NATO-Nr.: M 1064
Bauwerft:
Abeking & Rasmussen, Lemwerder
Stapellauf:
1943 für die Kriegsmarine
Indienststellung:
02.07.1943 für die Kriegsmarine
30.10.1956 für die Bundesmarine
Außerdienststellung:
28.07.1961
Geschwaderzugehörigkeit:
1. Räumflottille der Kriegsmarine
3. Minensuchgeschwader der Bundesmarine

Geschichte und Verbleib:
Nach der ersten Indienststellung für die Kriegsmarine am 2. Juli 1943 Einsatz bei der 1. Räumflottille. Bei Kriegsende US-Kriegsbeute. Danach Einsatz bei GMSA und ab 30. Juni 1951 bei der US-Navy. Dort unter der Bezeichnung USN 141 in Dienst bis 1956. Am 30. Oktober 1956 Abgabe an die Bundesmarine, die das Boot unter dem Namen DENEB (Kürzel »DE«) für das 3. Minensuchgeschwader in Dienst stellte. Diese Kennung führte es bis zur Unterstellung unter die NATO. Ab dem 1. April 1957 dann die NATO-Nr. M 1064. In der Folgezeit nahm es bis zur Außerdienststellung am Ausbildungsdienst dieses Geschwaders teil. Danach fand das Boot noch als Wohnschiff für Marineangehörige unter der Bezeichnung »WBR VII« Verwendung und wurde dabei gänzlich aufgebraucht. Am 18. Dezember 1868 ausgesondert. 1970 ist es an die Marinekameradschaft Frankfurt a.M. als schwimmendes Heim abgegeben worden. Fortan lag das Boot an einem Liegeplatz am Mainufer.
Namensnachfolger innerhalb der Bundesmarine wurde ein Boot aus der Neubauserie der SCHÜTZE-Klasse mit der Kennung M 1064.

JUPITER ex R 137

NATO-Nr.: M 1065
Bauwerft:
Abeking & Rasmussen, Lemwerder
Stapellauf:
1944 für die Kriegsmarine
Indienststellung:
22.03.1944 für die Kriegsmarine
31.07.1956 für die Bundesmarine
Außerdienststellung:
20.02.1959
Geschwaderzugehörigkeit:
13. Räumflottille der Kriegsmarine
3. Minensuchgeschwader der Bundesmarine

Geschichte und Verbleib:
Der 13. Räumflottille der Kriegsmarine nach der Indienstnahme unterstellt, so nahm es in der Folgezeit bis zum Kriegsende an den Operationen dieses Geschwaders teil, das vorwiegend innerhalb der Deutschen Bucht eingesetzt war. Danach ist es wie zahlreiche andere Boote den Siegermächten als Kriegsbeute zugefallen. Zunächst unter der Führung der USA mit Kennung »USN 137« für die LSU (B) abgestellt. Nach der Übergabe an die Bundesmarine unter dem Namen JUPITER (Kürzel »JU«) dem 1. MSG und kurz danach dem 3. MSG unterstellt. Heimathafen war anfangs Wilhelmshaven und nach Verlegung ab August 1958 Kiel. Bis zu seiner Außerdienststellung, die in Bremerhaven stattfand, war es in der Folgezeit im Geschwaderdienst integriert. Nach vorherigem Umbau schloß sich eine Verwendung als Schulboot für die Marineortungsschule unter der neuen Kennzeichnung »OT 1 (II)« an. Die in Klammern gesetzte Zahl (II) bedeutet, daß es von nun an das ehemalige Räumboot R 406 ersetzte, welches nach der Übernahme durch die Marine von vornherein in dieser Funktion eingesetzt war. Nach Beendigung dieser Einsatzzeit fand im September 1967 die Außerdienststellung statt, und das Boot fristete danach als Auflieger sein Dasein, bis sich schließlich nach rund zwei Jahren eine neue Verwendung fand. Die Marinekameradschaft Neuss/Rhein erhielt bei ihrer Suche nach einem neuen Vereinsheim den Zuschlag und stellte es nach einem Eigenumbau unter dem Namen PULCHRIA NUSSIA (lateinisch für schönes Neuss) im Oktober 1970 in Dienst. Im Oktober 1961 wurde ein Boot der Neubauserie der SCHÜTZE-Klasse ebenfalls auf den Namen JUPITER getauft und trat damit die Namensnachfolge innerhalb der Marine an.

MERKUR ex R 134

NATO-Nr.: M 1066
Bauwerft:
Abeking & Rasmussen, Lemwerder
Stapellauf:
1943 für die Kriegsmarine
Indienststellung:
25.01.1944 für die Kriegsmarine
05.06.1956 für die Bundesmarine
Außerdienststellung:
31.10.1968
Geschwaderzugehörigkeit:
13. Räumflottille der Kriegsmarine
3. Minensuchgeschwader der Bundesmarine

Geschichte und Verbleib:
Für den Kriegseinsatz bei der 13. Räumflottille stellte »R 134« erstmals in Dienst und nahm bis Kriegsende an den Unternehmungen dieser Flottille teil. Danach erhielten die USA das Boot als Kriegsbeute übereignet und nutzten es für die Dienstleistung bei der LSU (B) unter der Kennung USN 134. Dort erledigte es zusammen mit den anderen hierfür abgestellten Booten die anfallenden Räumaufgaben in den noch vorhandenen Minenfeldern. Danach erhielt die Bundesmarine das Boot zum Aufbau des 3. MSG und übernahm dieses dann unter dem Namen MERKUR (Kürzel »ME«). Nach der NATO-Unterstellung führte es die neue Kennung M 1066. Es erfolgte ein Standortwechsel nach Kiel. Fünf Jahre später wurde es an die U-Boot-Lehrgruppe in Kiel abgestellt. Für den Einsatz als Sicherungsboot war jedoch ein zweckentsprechender Umbau erforderlich. Hierzu wurde nach vorangegangenem Ausbau der Minenräumausrüstung auf dem Achterdeck hinter dem Brückenaufbau ein großes Deckshaus errichtet. Nun führte es die Kennung »W 68«. Nach rund fünf Jahren Verwendung in dieser Funktion war es zunächst Auflieger beim Arsenal in Kiel, danach Verkauf über die VEBEG nach Büsum. Die dort beheimatete MK Büsum kaufte es 1970, um es danach unter dem neuen Namen CORD WIDDERICH als schwimmendes Kameradschaftsheim zu nutzen. Nach sechs Jahren in dieser Eigenschaft mußte es jedoch altersbedingt erneut verkauft und anschließend abgebrochen werden.

PEGASUS ex R 68

NATO-Nr.: M 1067
Bauwerft:
Abeking & Rasmussen, Lemwerder
Stapellauf:
1941 für die Kriegsmarine
Indienststellung:
19.03.1941 für die Kriegsmarine
15.11.1956 für die Bundesmarine
Außerdienststellung:
28.04.1961
Geschwaderzugehörigkeit:
1. Räumflottille der Kriegsmarine
3. Minensuchgeschwader der Bundesmarine

Geschichte und Verbleib:
»R 68« gehörte zur Bauserie R 57 bis R 72 und wurde für die 1. R-Flottille in Fahrt gebracht. Die Flottille wurde beim Polenfeldzug, dem Unternehmen »Weserübung«, im Kanal, in der Ostsee, dem Finnischen Meerbusen und zuletzt beim Geleit und bei der Rückführung von Flüchtlingen aus den Ostgebieten eingesetzt. Da es glücklicherweise den Krieg überlebte, ist es mit den anderen noch verbliebenen Booten unter den Siegermächten als Beute zugeteilt worden. Die USA waren schließlich die neuen Besitzer. Kurzzeitig fuhr es in Charter als US 13/TIGER für die Rheinflottille und danach bei der Ostdeutschen Dampfschiffahrtsgesellschaft als Schlepper TIGER. Im Juni 1951 erfolgte die Rückgabe an die US-Navy und Zuweisung zur Organisation LSU (B) unter der Bezeichnung USN 143. Schließlich wurde es der Bundesmarine für das neu aufgestellte 3. Minensuchgeschwader zur Verfügung gestellt. Dort wurde es als PEGASUS (Kürzel »PE«) in Dienst gestellt und fuhr anschließend im Rahmen des für dieses Geschwader vorgegebenen Übungsprogrammes. Ab August 1958 mit Heimathafen Kiel. Zuvor war es zusammen mit den anderen Booten der NATO unterstellt worden und erhielt nun bis Ende seiner aktiven Dienstzeit als Minenräumboot die Kennung M 1067. Nach der Herauslösung aus diesem Geschwader erhielt es ebenso wie die Masse der Schwesterboote den Auftrag, als Wohnboot für Marineangehörige zu dienen. Hierzu wurde die gesamte Ausrüstung inklusive Maschine von Bord gegeben. Nach der Aussonderung im Dezember 1969 wurde es über die VEBEG an privat verkauft. Nunmehr führte es den Namen THETIS III. Nachdem es jedoch im März 1980 im Hafen gesunken war, mußte es nach der Hebung abgebrochen werden. Die neue PEGASUS, ein Boot der SCHÜTZE-Klasse, führte nach Indienststellung am 16. Mai 1962 die Namenstradition innerhalb der Minensuchflottille fort.

SKORPION ex R 120

NATO-Nr.: M 1068
Bauwerft:
Abeking & Rasmussen, Lemwerder
Stapellauf:
1942 für die Kriegsmarine
Indienststellung:
16.02.1943 für die Kriegsmarine
15.11.1956 für die Bundesmarine
Außerdienststellung:
03.08.1962
Geschwaderzugehörigkeit:
1. Räumflottille der Kriegsmarine
3. Minensuchgeschwader

Geschichte und Verbleib:
Die erste Indienststellung von »R 120« erfolgte für die 4. Räumflottille. Danach folgte ein Unterstellungswechsel zur 1. Räumflottille. Die Einsätze dieser bereits im Herbst 1937 aufgestellten Flottille bis Kriegsende sind bei PEGASUS nachzulesen. Die USA erhielten es anschließend aus der Konkursmasse der überlebenden Frontboote und stellten es der GMSA zur Nutzung zur Verfügung. Anschließend wurde es wieder an die US-Navy zurückgegeben. Daran schlossen sich vorübergehend Charteraufträge an privat als Schlepper DOROTHEA an. Nach deren Beendigung gehörte es wieder zur LSU (B). Mit der Übergabe an die Bundesmarine, die es dann unter dem Namen SKORPION (Kürzel »SK«) neu in Dienst stellte, wurde ein neues Kapitel im Lebenslauf des Bootes geschrieben. Heimathafen war zunächst Wilhelmshaven und nach Verlegung des Geschwaders ab August 1958 Kiel. Nach NATO-Unterstellung erhielten die Boote des Geschwaders auch äußerlich sichtbar neue Kennzeichnungen. Die zwei Buchstaben wurden nun durch »M 1068« ersetzt, mit der das Boot bis Ende seines Einsatzes als Räumboot zur See fuhr. Nach Beendigung des aktiven Dienstverhältnisses gab es dann noch eine Verwendung als Wohnboot. In dieser Verwendung führte es die Bezeichnung »WBR XVI«. Der Hafenmeister vom Marinearsenal nutzte es später noch als Wachboot. 1973 fand die Ausmusterung und der anschließende Verkauf an die MK Borkum statt. Diese verwendeten es anschließend unter gleichem Namen als schwimmendes Kameradschaftsheim. 1988 diente es noch als Fundament für eine neue Mole.

WEGA ex R 67

NATO-Nr.: M 1069
Bauwerft:
Abeking & Rasmussen, Lemwerder
Stapellauf:
1941 für die Kriegsmarine
Indienststellung:
06.03.1941 für die Kriegsmarine
30.10.1956 für die Bundesmarine
Außerdienststellung:
02.03.1962
Geschwaderzugehörigkeit:
Räumflottille der Kriegsmarine
3. Minensuchgeschwader
der Bundesmarine

Geschichte und Verbleib:
»R 67« entsprach dem Basisentwurf von R 49 und gehörte zur Bauserie R 57 bis R 72. Die erste Indienststellung fand für die 1. Räumflottille der Kriegsmarine statt. Die Einsätze dieser Flottille bis Kriegsende sind bereits beim R-Boot PEGASUS beschrieben. Es wurde wie zahlreiche andere den USA zugesprochen. Diese stellten es der GMSA für die Minenräumung zur Verfügung, um die Erblasten des Zweiten Weltkrieges zu beseitigen. 1948 wurde es verchartert und fuhr bei der HAPAG als Bäderschiff US 10/HEILIGENLEI in Wyk auf Föhr. Ein Einsatz, der in der heutigen Zeit kaum mehr nachvollziehbar ist. Dies gilt gleichermaßen für die nachfolgende Verwendung für die Jade-Schiffahrtsgesellschaft als RÜSTRINGEN. Im September 1953 zurückgegeben an die US-Navy und dort im Einsatz für die LSU (B) unter der Bezeichnung USN 130. Nun erhielt die Bundesmarine das Boot und stellte es unter dem Namen WEGA für das 3. MSG in Dienst. Heimathafen war anfangs noch Wilhelmshaven, nach Verlegung des Geschwaders dann ab 1958 Kiel. Mit der Unterstellung unter die NATO gab es dann noch den Wechsel der Kennzeichnung. Das Namenskürzel »WE« wurde durch M 1069 ersetzt. Schlußpunkt bei der Marine bildete noch ein rund vierjähriger Einsatz als Wohnboot »WBR XII«. Nach der Aussonderung 1968 erhielt es die Marinejugend in Münster zur Nutzung als Heimschiff. Es führte nun den Namen FRIEDRICH LÜHRMANN und wurde im Jahre 1978 durch einen Brand zerstört.

EMS ex HUNTE

NATO-Nr.: A 53
Bauwerft:
D. W. Kremer, Elmshorn
Stapellauf:
16.12.1939 als HUNTE
Indienststellung:
15.05.1942 mit Namen HARLE
Außerdienststellung:
10.03.1978
Geschwaderzugehörigkeit:
Kriegsmarine bzw.
3. Minensuchgeschwader

Geschichte und Verbleib:
In der Zeit der Zugehörigkeit zur Kriegsmarine wurde das Schiff vorwiegend als Schwerwassertanker im Bereich Norwegen eingesetzt und nach Kriegsende US-Beute. Bei der Meyer-Werft in Papenburg wurde es zum Schlepper umgebaut.
1956 wurde das Schiff von der LSU (B) an die Bundesmarine übergeben und am 11. Dezember unter dem neuen Namen EMS als Tender dem 3. Minensuchgeschwader zur Dienstleistung unterstellt. In Neustadt i.H. wurde das Schiff der Lehrgruppe Schiffssicherung als Ersatz für das Schulboot TM 2 unterstellt. Für den neuen Verwendungszweck wurde die EMS 1964/65 einem Umbau unterzogen. In der neuen Verwendung als Taucherschulboot führte es die neue Kennung Y 1662. In dieser Funktion diente die EMS bis zum 11. März 1980 und danach durch die JUIST abgelöst. Am 28. Juli 1977 wurde es aus der Liste der Kriegsschiffe gestrichen und inzwischen an einen privaten Eigner unter der Flagge Panamas verkauft.

SKORPION

NATO-Nr.: M 1060
Bauwerft:
Abeking & Rasmussen, Lemwerder
Stapellauf:
21.05.1963
Indienststellung:
09.10.1963
Außerdienststellung:
10.05.1990
Geschwaderzugehörigkeit:
3. Minensuchgeschwader

Geschichte und Verbleib:
Der Neubau aus der SCHÜTZE-Klasse war Ersatz für das alte Minenräumboot »R 120« der Kriegsmarine, das nach der Übernahme von den USA von der Bundesmarine als SKORPION für das 3. MSG in Dienst gestellt wurde.
Zunächst sollte das Boot unter dem Namen MERKUR in Dienst gestellt werden. Später wurde es jedoch unter dem Namen SKORPION unter der Kenn-Nr. M 1068 für das 3. MSG von der Marine übernommen. Ab 1. Januar 1968 wechselte die Kennung dann auf M 1060. Diese trug es dann bis zu seiner Außerdienststellung am 10. Mai 1990.
Ab dem 19. November 1973 wurde es dem 1. Minensuchgeschwader unterstellt. Während seiner aktiven Dienstzeit in beiden Geschwadern nahm es am Übungsbetrieb mit den entsprechenden Manövereinsätzen teil. Nach der Außerdienststellung lag das Boot bis zu seinem Verkauf als Auflieger beim Marinearsenal in Wilhelmshaven. Der neue Eigner brachte es dann unter dem neuen Namen MARIA ATLANTIS in Fahrt.

STIER

NATO-Nr.: M 1061
Bauwerft:
Abeking & Rasmussen, Lemwerder
Stapellauf:
30.10.1958
Indienststellung:
28.06.1961
Außerdienststellung:
31.03.1995
Geschwaderzugehörigkeit:
3. Minensuchgeschwader

Geschichte und Verbleib:
Nach der Indienststellung wurde das Boot unter dem Namen STIER von der Bundesmarine unter der Kennung Nr. M 1092 für das 3. Minensuchgeschwader übernommen. Ab 1. Mai 1964 erhielt es dann die Kennung M 1061. Ab 1962 wurde es für das Schiffsübernahmekommando als Sicherheitsboot für die dort durchzuführenden Erprobungen der Untersee-Boote der Typ-Klasse 205 abgestellt. Im Jahre 1966 ist es der Minentaucherkompanie zur Dienstleistung unterstellt worden. Hier diente es anfangs als Sicherheitsboot für die dort befindlichen Verkehrsboote. Am 2. April 1970 wurde STIER nach vorangegangenem Umbau endgültig dieser Einheit als Minentaucherboot unterstellt. Gleichzeitig erhielt das Boot damit eine neue Kennung und war nunmehr unter »Y 849« in Fahrt. Für seine neue Aufgabe erhielt es unter anderem eine große Unterdruckkammer auf dem achteren Aufbaudeck. Außerdem wurde das Fla-Geschütz am Bug ausgebaut, was die äußere Silhouette maßgeblich veränderte. Bis 1974 war das Boot der Typ-Klasse 903 zugeordnet, die dann auf 732 B geändert wurde. Das Boot ist dann am 31. März 1995 außer Dienst gestellt worden.

SCHÜTZE

NATO-Nr.: M 1062
Bauwerft:
Abeking & Rasmussen, Lemwerder
Stapellauf:
20.05.1958
Indienststellung:
14.04.1959
Außerdienststellung:
26.11.1992
Geschwaderzugehörigkeit:
3. Minensuchgeschwader,
1. Minensuchgeschwader
ab 17.12.1973

Geschichte und Verbleib:
SM-Boot SCHÜTZE war Typ-Schiff der nach ihm benannten Bootsklasse. Als solches wurde es anfangs umfangreichen Erprobungen aller wesentlichen Systeme unterzogen. Ein Ergebnis dieser Versuche führte zur Umrüstung der Antriebsanlage. Im Zuge dieser Umbauarbeiten wurde es an seinem Liegeplatz in der Werft am 7. November 1960 im Nebel von einem Frachter gerammt und erlitt dabei erhebliche Beschädigungen. Zur Wiederherstellung wurde es daher am 8. Dezember 1960 in die Schürenstedt-Werft nach Bardenfleth verlegt. Am 30. September 1962 ist es wegen weiterer Umbaumaßnahmen erstmals außer Dienst gestellt worden. Am 31. Oktober 1963 wieder in Dienst für das 3. Minensuchgeschwader mit der Kennung M 1090. Später wechselte diese dann endgültig auf M 1062. Zu Versuchszwecken erhielt das Boot wie verschiedene andere eine Kunststoffbeschichtung, die dem besseren Ortungsschutz dienen sollte. Diese Maßnahme bewährte sich jedoch nicht. Bei höheren Fahrtstufen löste sich diese wegen der damit verbundenen Vibrationen wieder ab. Nach der Außerdienststellung lag das Boot anschließend als Auflieger beim Marinearsenal in Wilhelmshaven.

WAAGE

NATO-Nr.: M 1063
Bauwerft:
Abeking & Rasmussen, Lemwerder
Stapellauf:
09.04.1959
Indienststellung:
19.03.1962
Außerdienststellung:
30.09.1992
Geschwaderzugehörigkeit:
3. Minensuchgeschwader

Geschichte und Verbleib:
Nach der Indienststellung wurde das Boot unter dem Namen WAAGE mit der Kenn-Nr. M 1095 von der Marine für das 3. Minensuchgeschwader übernommen. Ab 1. Mai 1964 erhielt es dann die NATO-Nr. M 1063, die es bis zu seiner Außerdienststellung trug. WAAGE gehörte mit fünf weiteren Booten dieser Bootsklasse zu denen, die im Gegensatz zu den übrigen Booten bis Mitte der sechziger Jahre zwei 40-mm-Flak L/70 in Einzellafetten ohne spezielle Minenräumausstattung fuhren. Während dieser Zeit waren sie als Wachboote klassifiziert. Im Laufe von planmäßigen Werftaufenthalten wurden schließlich alle diese Boote, so auch die WAAGE, wieder auf den Standard der übrigen Boote umgerüstet. Am 22. Oktober 1973 fand ein Unterstellungswechsel unter das Kommando des 1. Minensuchgeschwaders statt. Nach der Außerdienststellung lag es noch geraume Zeit als Auflieger beim Marinearsenal in Wilhelmshaven.

DENEB

NATO-Nr.: M 1064
Bauwerft:
Schürenstedt, Bardenfleth
Stapellauf:
11.09.1961
Indienststellung:
07.12.1961
Außerdienststellung:
08.09.1989
Geschwaderzugehörigkeit:
3. Minensuchgeschwader

Geschichte und Verbleib:
Das Boot wurde nach der Indienststellung unter dem Namen DENEB von der Marine für das 3. Minensuchgeschwader übernommen. Es trat die Nachfolge für das ehemalige Minen-Räumboot »R 127« an, das nach Kriegsende zur US-Kriegsbeute erklärt wurde und von den USA im Jahre 1956 an die Bundesmarine übergeben wurde. Zunächst trug das Boot die Kennung M 1089, danach ab 1. Januar 1968 dann die Nr. M 1064. Ab 4. Oktober 1973 war es dem 5. Minensuchgeschwader unterstellt. Nach der Außerdienststellung am 8. September 1989 lag das Boot als Auflieger beim Marinearsenal in Wilhelmshaven. Am 15. Juni 1990 wurde DENEB dann über die VEBEG verkauft. Am 23. Oktober 2000 trat das Boot seine letzte Fahrt zwecks Restverwertung nach Dänemark an.

JUPITER

NATO-Nr.: M 1065
Bauwerft:
Schürenstedt, Bardenfleth
Stapellauf:
15.02.1961
Indienststellung:
30.05.1961
Außerdienststellung:
26.10.1989
Geschwaderzugehörigkeit:
3. Minensuchgeschwader

Geschichte und Verbleib:
Der zur SCHÜTZE-Klasse gehörende Neubau ersetzte das alte Minenräumboot »R 137«; das nach der Übernahme von den USA zum neu aufgestellten 3. MSG gehörte und in der Folgezeit bis zu seiner Außerdienststellung unter dem Namen JUPITER in diesem Geschwader diente.
JUPITER war ebenfalls eines der Boote, die im Gegensatz zu den übrigen zeitweise mit zwei 40-mm-Flak-Einzellafetten L/70 bewaffnet war und in diesem Zeitraum als Wachboot bezeichnet wurde. Im Rahmen von Werftaufenthalten erfolgte dann der Rückbau zur Standardausrüstung der übrigen Boote dieses Typs.
Ab 11. März wechselte JUPITER zum 5. Minensuchgeschwader. Nach der Außerdienststellung am 26. Oktober lag das Boot – wie viele seiner Vorgänger – beim Marinearsenal in Wilhelmshaven als sogenannter Werftauflieger bis zu seinem Verkauf am 15. Juni 1990. Die letzte Reise führte es am 23. Oktober 2000 nach Dänemark durch, um dort verwertet zu werden.

PEGASUS
NATO-Nr.: M 1066
Bauwerft:
Schlichting-Werft, Travemünde
Stapellauf:
03.01.1962
Indienststellung:
16.05.1962
Außerdienststellung:
17.12.1973
Geschwaderzugehörigkeit:
3. Minensuchgeschwader

Geschichte und Verbleib:
Der am 16. Mai 1962 in Dienst gestellte Neubau ersetzte das inzwischen verbrauchte ehemalige Räumboot der Kriegsmarine R 68, das 1956 im Wege der Aufbauhilfe von den USA übernommen und als PEGASUS in Fahrt gebracht wurde. Das Boot fuhr zunächst mit der Kennung M 1256 für das 3. Minensuchgeschwader. Diese wechselte dann ab 1. Januar 1968 auf M 1066. PEGASUS gehörte ebenfalls zu den Booten, die zeitweise mit zwei 40-mm-Flak L/70 in Einzellafetten bewaffnet waren, aber dafür keinerlei Räumgeräte auf dem Achterdeck besaßen. In dieser Zeit war es als Wachboot eingestuft. Im Rahmen von turnusmäßigen Werftaufenthalten wurde der Standard wieder auf den der übrigen Boote dieser Klasse angeglichen.
Nach der Außerdienststellung am 17. März 1973 wurde das Boot über die VEBEG für 120.000 DM an die HDW in Kiel verkauft. Dort wurde es als Sicherheitsboot für die dort gebauten U-Boote eingesetzt. Ab 1979 lag es als Auflieger bei dieser Werft und ist im selben Jahr an einen privaten Eigner verkauft worden. Danach Umbau zur Hochseeyacht unter Beibehaltung des bisherigen Namens bei Kröger in Rendsburg. Nach zwei weiteren Besitzerwechseln am 5. November 1989 in der Nordsee wegen Drogenschmuggels aufgebracht und anschließend in Wilhelmshaven aufgelegt.

ATAIR
NATO-Nr.: M 1067
Bauwerft:
Schlichting-Werft, Travemünde
Stapellauf:
20.04.1961
Indienststellung:
27.09.1961
Außerdienststellung:
30.06.1988
Geschwaderzugehörigkeit:
3. Minensuchgeschwader

Geschichte und Verbleib:
Auch von diesem Boot gab es bereits einen Vorläufer bei diesem Geschwader. Es handelte sich dabei ebenfalls um ein ehemaliges Räumboot der Kriegsmarine, »R 76«, das im Jahre 1956 von den USA übernommen und danach im 3. MSG eingesetzt wurde. Weiterhin gehörte ATAIR zu den fünf Booten, welche die bereits beschriebene Ausrüstungsvariante bei der Bewaffnung in Form von zwei 40-mm-Flak-Geschützen trugen.
Das Boot führte die NATO-Kennung M 1067 vom 1. Mai 1964 bis zu seiner Außerdienststellung am 30. Juni 1988. Im übrigen nahm es wie die anderen Boote am Ausbildungsdienst sowie verschiedenen Manövern und Hafenaufenthalten teil. Nach seiner Außerdienststellung lag es als Auflieger beim Marinearsenal in Wilhelmshaven. Die VEBEG verkaufte es dann am 15. Dezember 1989.

ALGOL

NATO-Nr.: M 1068
Bauwerft:
Abeking & Rasmussen,Lemwerder
Stapellauf:
23.01.1963
Indienststellung:
27.06.1963
Außerdienststellung:
28.11.1989
Geschwaderzugehörigkeit:
3. Minensuchgeschwader

Geschichte und Verbleib:
Eines der insgesamt dreißig Boote umfassenden Neubauserie der SCHÜTZE-Klasse war auf dem Namen ALGOL getauft worden und setzte damit die Namenstradition innerhalb der Minensuchflottille fort. Nach der Übernahme eines US-Beutebootes, dem ehemaligen »R 99« der Kriegsmarine, das anschließend für das 3. MSG in Dienst gestellt wurde, gab es erstmals ein Minensuchboot mit diesem Namen.
Das 3. MSG registrierte ALGOL fortan unter der NATO-Kenn-Nr. M 1068. In der Folgezeit nahm das Boot am normalen Ausbildungsdienst dieses Geschwaders teil und war auch an den üblichen Manövern und Hafenaufenthalten beteiligt. Nach der Außerdienststellung ist es beim Marinearsenal in Kiel umgerüstet worden und diente danach der Schiffssicherungslehrgruppe in Neustadt/Holstein als Übungshulk für die Brandabwehr und Lecksicherung.
Die endgültige Außerbetriebnahme war dann am 28. November 1989. Danach wurde es im März 1993 nach Rostock zum Abbruch verkauft.

WEGA

NATO-Nr.: M 1069
Bauwerft:
Abeking & Rasmussen, Lemwerder
Stapellauf:
10.10.1962
Indienststellung:
08.04.1963
Außerdienststellung:
15.12.1988
Geschwaderzugehörigkeit:
3. Minensuchgeschwader

Geschichte und Verbleib:
Das neue Boot ersetzte das Räumboot »R 67«, das bei Kriegsende den USA als Kriegsbeute überlassen werden mußte. Im Jahre 1956 übergab die US-Navy das Boot jedoch an die neue deutsche Marine als Aufbauhilfe. Der Neubau wurde unter dem Namen WEGA unter der NATO-Kenn-Nr. M 1069 für das 3. Minensuchgeschwader übernommen und am 11. Februar 1974 dem 5. Minensuchgeschwader unterstellt. In der Folgezeit wurde es im Rahmen der Geschwaderausbildung eingesetzt und nahm auch an verschiedenen Seemanövern teil. Nach seiner Außerdienststellung im Jahre 1988 lag es noch bis zum Februar 1990 als Auflieger beim Marinearsenal in Wilhelmshaven und wurde anschließend über die VEBEG verkauft.

Tender ISAR

NATO-Nr.: A 54
Bauwerft:
Blohm & Voss, Hamburg
Stapellauf:
14.07.1962
Indienststellung:
25.01.1964
Außerdienststellung:
15.02.1968
Geschwaderzugehörigkeit:
3. Minensuchgeschwader

Geschichte und Verbleib:
Tender ISAR war der Ersatz für den Tender EMS. Nach der Indienstnahme wurde das Schiff dem 3. Minensuchgeschwader zur Dienstleistung unterstellt. In der Folgezeit nahm der Tender an allen wichtigen Übungen und Manövern des 3. Minensuchgeschwaders teil. Bereits am 15. Februar 1968 wurde die ISAR als erster Tender dieses Typs außer Dienst gestellt und lag danach beim Marinearsenal in Wilhelmshaven als Werftauflieger. Danach wurde ISAR der Reserveflottille zugeteilt und wie die übrigen Einheiten einkokoniert. Nach der Auflösung dieser Flottille wurde der Tender am 31. März 1976 der Flottille der Minenstreitkräfte unterstellt. Ein zunächst geplanter Umbau zu einem Führungsschiff wurde jedoch aufgegeben. Am 29. Dezember 1980 wurde die ISAR aus der Liste der Kriegsschiffe gestrichen, zur Geräteeinheit herabgestuft und führte nun die Bezeichnung SCHIFF »A«. Aufgrund einer politischen Entscheidung wurde beschlossen, den Tender im Rahmen der NATO-Waffenhilfe der Türkei zur Weiterverwendung zu überlassen. Im Schlepp der FEHMARN trat die ISAR am 30. September 1982 ihre letzte Reise unter deutscher Flagge an den neuen Bestimmungshafen Gölcük in der Türkei an. Am 15. Oktober 1982 wurde die ISAR offiziell an die türkische Marine übergeben und führte nun den neuen Namen SOKULLU MEHMET PASA. Die neue NATO-Kennung lautete nun A 577.

RHEIN

NATO-Nr.: A 513
Bauwerft:
Flensburger Schiffbaugesellschaft
Stapellauf:
11.03.1993
Indienststellung:
22.09.1993
Geschwaderzugehörigkeit:
3. SGeschw.,
3. Minensuchgeschwader
ab 1.10.1998

Geschichte und Verbleib:
Der Tenderneubau der Typ-Klasse 404 wurde nach seiner Indienststellung dem 3. Schnellbootgeschwader in Flensburg unterstellt. Bis zu seinem Standortwechsel nach Olpenitz im Oktober 1998 fuhr er für die bis dahin in Flensburg beheimateten S-Boote der Typ-Klasse 148 alle wichtigen Übungen und Manöver des 3. Schnellbootgeschwaders mit. Im Zuge der Außerdienststellungen mehrerer Boote dieses Geschwaders wurde der Restbestand zusammen mit seinem Tender 1998 in den neuen Typstützpunkt Olpenitz verlegt. Dort erhielt er einen neuen Wirkungsbereich durch die Unterstellung unter das 3. Minensuchgeschwader. Ab Februar bis April 1999 war der Tender im Rahmen einer AAG mit dem Ziel Persischer Golf unterwegs und begleitete die Minensuchboote PEGNITZ und BAD RAPPENAU. Dabei wurde auch die internationale Industrieausstellung in Abu Dhabi besucht. Auf der Hinreise standen Aufenthalte in den Hafenstädten Bizerte (Tunesien), Alexandria (Ägypten), Muscat (Oman) sowie eine Durchquerung des Suez-Kanals auf dem Reiseprogramm. Auf der Rückreise wurden dann noch die Häfen Doha (Katar), Djibouti und Palma de Mallorca besucht. Am 22. April 1999 kehrten die Einheiten wieder zurück.
Namensvorgänger: Minenschiff RHEIN, Baujahr 1867, außerdem ein Flußkanonenboot aus dem Jahr 1872.

Die neue Typ-Klasse 333

Fünf Boote der bisherigen Typ-Klasse 343 werden in der nächsten Zeit zu Minenjägern der neuen Klasse 333 umgebaut. Im einzelnen sind dies die KULMBACH als sogenanntes Typ-Boot, ÜBERHERRN, HERTEN, LABOE und PASSAU.

Die Lebensgeschichten dieser fünf Einheiten sind beim 5. Minensuchgeschwader geschildert, da sie zum Zeitpunkt der Indienststellung dort unterstellt waren. Die erneute Nennung ist darin begründet, um den ab 2001 aktuellen Boots- und Ausrüstungsbestand des 3. Minensuchgeschwaders darzustellen.

Die in den vergangenen Jahren gewachsenen Anforderungen führten schließlich dazu, daß im Bereich der Minenjagd neue Wege beschritten werden mußten. Dabei ging es auch darum, die Besatzungen der Boote geringeren Gefahren als bisher auszusetzen.

Die technischen Daten sind weitgehend identisch mit denen, die bereits bei der ersten Verwendung als Minensuchboot gegeben waren. Dies gilt insbesondere für den Antrieb und die äußeren Abmessungen. Zusätzlich verfügen die Boote nach dem Umbau nun noch über die folgenden Einzelkomponenten:

a) das Minenjagdsonar DSQS 11 M;
b) Minenjagdführungs- und Dokumentationsanlage Takis;
c) eine mobile Taucherkomponente;
d) Minenjagddrohne vom Typ »Seefuchs«;
e) Möglichkeit zum Austausch von Minendaten per Datenfunk;
f) Einbau von Hochleistungsrudern zur Verbesserung der Manövriereigenschaften mit entsprechender Änderung bei in den Antriebsanlagen.

Das bereits beim Minenjagdboot Typ 332 mit Erfolg erprobte Minenjagdsonar sowie die Taucherkomponente fanden beim Umbau ebenfalls weitere Berücksichtigung. Ganz neu ist jedoch die Minenjagdführungsanlage TAKIS. Dieses Kürzel steht für den Begriff Taktisches Informationssystem. Hinter diesem Begriff verbirgt sich ein Datenbanksystem, das alle Minenjagddaten, Bodendaten, Kontakte und Sonarbilder von auffälligen Objekten anlegt und bearbeitet.

Das System ist eine wesentliche Hilfe bei der Planung von Minenjagdoperationen. Dadurch ist es möglich, elektronische Seekarten mit dem eingehenden Radarbild zu unterlegen. Der Minenjagdeinsatz wird durch den Minenjagdeinsatzoffizier aus der Operationszentrale geführt. Der TAKIS-Arbeitsplatz ist dabei ein integraler Bestandteil dieser OPZ. Alle für den Einsatz relevanten Daten werden hier verarbeitet und gegebenenfalls mittels Datenlink weitergeleitet.

Mittels des auf dem Achterdeck aufgestellten Containers können bis zu vier Minentaucher an Bord eingeschifft werden. Diese haben die Aufgabe, in Einzelfällen die Minen anzutauchen und zu neutralisieren, sofern dies durch den »Seefuchs« wegen der exponierten Lage, z.B. der Nähe zu Unterwasserkabeln oder Pipelines, nicht angebracht ist.

Die vorgesehene Einführung der Einwegdrohne »Seefuchs« wird qualitativ einen erheblichen Fortschritt mit sich bringen. Einzelheiten über dieses System sind außerdem noch im Kapitel Minensuch- und Jagdsysteme abgehandelt.

Der fortschreitenden Entwicklung bei den Minenzündern muß damit nicht mehr mit aufwendigen Anpassungen der Drohnensignatur begegnet werden. Außerdem entfällt das anspruchsvolle seemännische Handhaben der schweren und umfangreichen herkömmlichen Drohnen. Nachdem dieser nur rund 40 kg Gewicht aufzuweisen hat, ist er relativ leicht transportabel. Die Aufbewahrung erfolgt, wie auf der Abb. unschwer erkennbar, in Aufbewahrungsschränken auf dem Achterdeck. Daneben befinden sich auch die beiden Ausleger zum Aussetzen derselben.

KULMBACH – Typ-Boot der Klasse 333

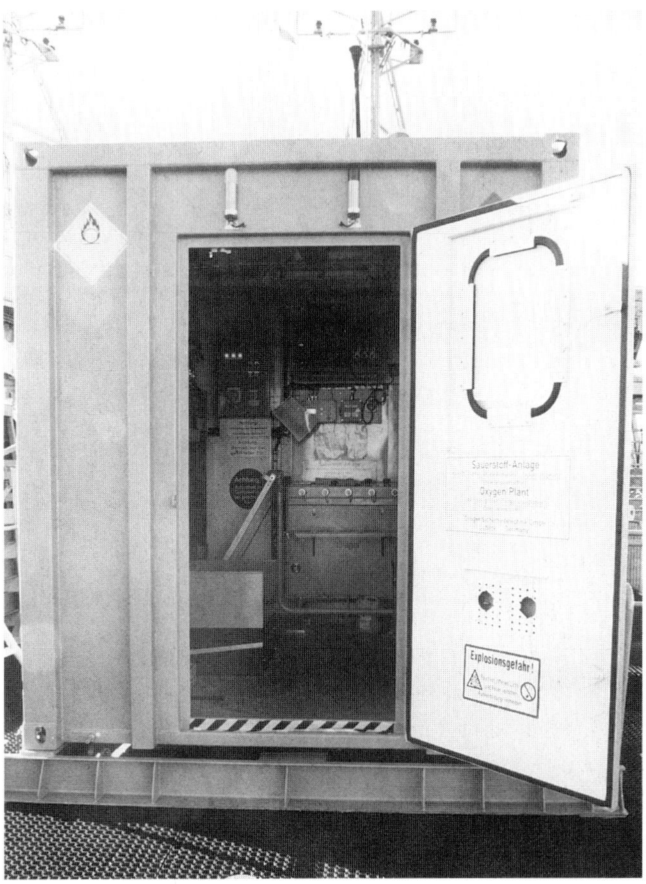

Container für die Minentaucher

4. Minensuchgeschwader

Am 1. Oktober 1958 wurde das Geschwader in Wilhelmshaven aufgestellt und am 16. Dezember 1958 mit der PADERBORN, der ersten Einheit der neuen Bootsklasse, übernommen. In kurzen Abständen folgen nun die weiteren Boote WEILHEIM, CUXHAVEN, DÜREN, MARBURG und KONSTANZ.

Im August 1959 werden nach der Auflösung des 8. Minensuchgeschwaders noch die drei Boote VÖLKLINGEN, FULDA und FLENSBURG übernommen, diese jedoch bis auf weiteres zur Technischen Marineschule in Kiel beordert.

Die im Anschluß folgenden Einzellebensläufe sind im Vergleich zu den Angaben für die anderen Boote ausführlicher dargestellt. Die Gründe liegen hauptsächlich in der außergewöhnlich langen Indiensthaltung. Außerdem sollten die Erlebnisse dieser Typ-Klasse auch exemplarisch für die übrigen Bootsklassen sein, deren Geschichte hier nicht in vergleichbarem Umfang dargestellt werden kann. Dies war in Anbetracht des Gesamtumfanges dieses Buches nicht möglich. Dessenungeachtet sind hier nur die wichtigsten Manöverteilnahmen und Veranstaltungen aufgenommen.

Ab 1964 begann auch ein regelmäßiger Austausch zwischen deutschen und französischen Einheiten der 1. Escadrille de Dragages, später Flottille du Nord aus Cherbourg. Dabei fährt ein Boot für etwa drei Wochen im jeweiligen Patengeschwader mit und nimmt dabei am Ausbildungsdienst dieser Einheit teil. Diese damals begründete Partnerschaft besteht bis heute.

Am 22. Juli 1968 beginnt mit der FULDA die Umrüstungsphase zu Minenjagdbooten. Aufgrund der damit gewonnenen positiven Erfahrungen entschloß man sich, auch die übrigen Boote entsprechend umzubauen. Mit der Wiederindienststellung der MARBURG als letztem Boot war dann diese Umbauphase beendet. Von da an umfaßte das Geschwader die zwölf Minenjagdboote CUXHAVEN, FLENSBURG, FULDA, GÖTTINGEN, WEILHEIM, WETZLAR, KOBLENZ, LINDAU, MARBURG, MINDEN, TÜBINGEN und VÖLKLINGEN.

Vom 1. Oktober 1977 an werden das 4. und 6. Minensuchgeschwader in einem Truppenversuch in einem Großgeschwader, dem »MINENABWEHRGESCHWADER NORDSEE«, zusammengefaßt, weil man sich von dieser Maßnahme organisatorische Vorteile sowie Mitteleinsparungen versprach. Siehe hierzu die entsprechenden Passagen in der Lebensgeschichte des 6. MSG sowie beim Minenabwehrgeschwader. Am 1. Juli 1984 wird dieser Versuch beendet und die Boote wieder auf die einzelnen Geschwader verteilt.

Als Höhepunkte der Geschwadereinsätze kann die Beteiligung der MARBURG, GÖTTINGEN, WETZLAR, CUXHAVEN und KOBLENZ vom 26. Februar bis 19. März 1990 im Rahmen des Minenabwehrverbandes Südflanke angesehen werden, wobei sich die einzelnen Boote in ihrer Funktion voll bewährt haben.

Nicht zu vergessen an dieser Stelle seien auch zahlreiche Einsätze, die zur Suche abgestürzter Flugzeuge der Marine und der Luftwaffe notwendig wurden. Deren Absturzposition war oft nur sehr ungenau wiedergegeben oder nur annähernd bekannt. Vielfach konnten dabei die Piloten leider nur noch tot geborgen werden.

1991 war dann die Zeit der ersten Außerdienststellungen. Als erstes Boot war die FLENSBURG betroffen. Kurze Zeit später folgte die FULDA. Danach teilten am 15. Juni 1995 die WEILHEIM und am 30. Juni 1995 die WETZLAR dieses Schicksal.

Die verbliebenen acht Boote wurden dabei bis zum September 1997 bei diesem Geschwader in Dienst gehalten und dann nach über 40jähriger Dienstzeit endgültig außer Dienst gestellt. Diese aktive Dienstzeit ist für Kriegsschiffe in diesen Breitengraden schon außergewöhnlich zu nennen und wohl auch nur durch intensive Materialpflege sowie andere Werterhaltungsmaßnahmen, wie z.B. regelmäßige Werftüberholungen, erreichbar.

Die Namenstradition dieser Boote wird insofern zumindest teilweise gewahrt, indem zwei der Neubauten der Typ-Klasse 332 WEILHEIM und FULDA getauft wurden.

Den Schlußpunkt in der Geschwadergeschichte bildet eine Gemeinschaftsveranstaltung mit dem 6. MSG vom 17. September 1997, die damit endete, daß das 4. Minensuchgeschwader nach genau 39jährigem Bestehen aufgelöst und die derzeit noch vorhandenen Boote künftig dem 6. Minensuchgeschwader unterstellt werden.

Der Verbleib der nun an dieses Geschwader abgegebenen Boote kann im Rahmen der Lebensgeschichte dieses Geschwaders nachverfolgt werden.

Die Boote der Typ-Klasse 320 sowie 331 A und 331 B

Bei den Küstenminensuchbooten handelt es sich um die deutsche Version der zum NATO-Einheitstyp weiterentwickelten amerikanischen BLUEBIRD-Klasse. Entwurf und Konstruktion Burmester, Bremen-Burg. Die Baukosten je Boot lagen bei 10 Millionen DM.

Es handelt sich dabei um Holzbauten, bestehend aus 118 Querspanten; zwei Längsspanten und 20 Konstruktionsspanten. Spantenabstand je 38 cm. Die Außenhaut wurde in drei Lagen mit Zwischenisolierung aufgebracht, die Innen- und Außenschicht dabei parallel zum Kiel in Mahagoni, die Zwischenschicht, diagonal aus Teak sowie unterhalb der Wasserlinie zum Schutz des Bootskörpers eine vierte Lage aus Eichenholz. Alle Holzteile wurden ausschließlich verleimt. Bei den übrigen Einbauten wurden weitgehendst amagnetische Materialien verwendet.

Die insgesamt 18 Boote der LINDAU-Klasse wurden dem 4., 6. und 8. Minensuchgeschwader unterstellt.

Die bereits bei der VEGESACK-Klasse begonnene Methode der Namensgebung nach Mittelstädten der Bundesrepublik fand auch hier ihre Fortsetzung, und diese Städte übernahmen dann auch die Patenschaft für die Boote.

Nach der Fertigstellung der ersten sechs Boote, GÖTTINGEN, KOBLENZ, LINDAU, SCHLESWIG, TÜBINGEN und WETZLAR, zeigten sich bei den Werftprobefahrten Stabilitätsprobleme und unbefriedigende Manövriereigenschaften, die auf den hohen Brückenaufbau zurückzuführen waren. Die Boote waren dadurch in besonderem Maße topplastig. Als erste Maßnahme wurde daher das oberste Brückendeck wieder abgebaut. Die restlichen Boote dieses Typs wurden dann bereits mit dem flacheren Brückendeck in Dienst gestellt.

Die erste Sechserserie hatte zudem ein fast senkrecht abfallendes Heck, damit wurde eine Bootslänge von 45 m erreicht. Ab dem siebten Boot wurde durch eine Abschrägung des Hecks eine Verlängerung des Bootskörpers um 2,10 m erreicht. Diese Maßnahme wurde erforderlich, da die Erprobungen gezeigt hatten, daß die Größe des Arbeitsdecks zu klein geraten war. Erstes Boot war hier die SCHLESWIG, die 1960 zum Umbau in die Werft ging. Die übrigen Boote folgten während der 60er Jahre.

Im Laufe der langen Indiensthaltungszeit und aufgrund neuer technischer Erkenntnisse sowie praktischer Erfahrungen erfuhren die Boote eine ganze Reihe technischer Veränderungen, die im Rahmen von Werftinstandsetzungen eingebaut wurden. Dies führte dazu, daß sich die Boote in ihrem äußeren Erscheinungsbild oftmals voneinander unterschieden, je nach dem, inwieweit die entsprechenden Umbauten bereits durchgeführt waren. Nachstehend sind die wichtigsten Veränderungen nochmals genannt.

1. Variante: GÖTTINGEN, KOBLENZ, LINDAU, SCHLESWIG, TÜBINGEN und WETZLAR werden noch mit hohem Brückenaufbau erstellt, das Heck fällt gerade ab, zwei seitliche Fenderkissen und Peitschenantenne am Mast.

2. Variante: Die oben genannten Boote erhalten eine neue Brücke, d.h. das oberste Segment wurde wieder abgebaut, statt bisher zwei nunmehr drei seitliche Fenderkissen, Rettungsinseln, Maständerung, das Heck ist noch gerade.

3. Variante: betrifft immer noch die ersten sechs Boote, s.o.: Fenderkissen nun nicht mehr vorhanden, dafür eine breite Scheuerleiste.

4. Variante: M 1073 SCHLESWIG wurde Prototyp für den verlängerten Bootskörper um rd. 2 m. Die alten Ladebäume waren noch an Bord, ABC-Schutz ist noch nicht eingebaut, außerdem fehlt noch die vordere Kabeltrommel.

5. Variante: Verlängerung des Bootskörpers auch bei den restlichen Booten dieser Serie, neue Drehkräne, Einbau des ABC-Schutzes, je drei Fenderkissen.

6. Variante: M 1075 WETZLAR, Einbau eines neuen Radars und ECM sowie neues Räumgerät.

Weitere Modifizierungen umfaßten den Austausch der Ladebäume für den Einsatz der Räumjolle, nachdem die Versuche auf der GÖTTINGEN zuvor nicht zufriedenstellend verlaufen waren. Einbau eines 18 Tonnen schweren Bleikiels und von Schlingerkielen. Anbau eines Lüfterhauses für ABC-Maßnahmen. Außerdem noch die Verstärkung der Außenhaut an beiden Seiten mittschiffs sowie Verlängerung des festen Schanzkleides.

Zunächst gehörten alle Boote zur Typ-Klasse 320. Durch entsprechende Umbauten in den späteren Jahren ergaben sich dann wiederum neue Klassenzuordnungen:

Die FULDA und FLENSBURG wurden als erste zu Minenjagdbooten umgebaut. Zunächst waren sie der Typ-Klasse 733 zugeordnet, später bis zum Ende ihrer Dienstzeit zur »Klasse 331 A«.

Sechs Boote aus dem Bauprogramm Klasse 320 gehörten nach ihrem Umbau zum Hohlstab-Lenkboot zur Typ-Klasse 351, auch als SCHLESWIG-Klasse bezeichnet. Es waren dies die SCHLESWIG, PADERBORN, DÜREN, KONSTANZ, WOLFSBURG und ULM.

Nach dem Umbau war die Wasserverdrängung um ca. 65 t gegenüber der Klasse 331 A und etwa 40 t gegenüber der Klasse 331 B angewachsen. Dies führte zwangsläufig zu einer Geschwindigkeitsminderung von 0,5 kn. Weitere Veränderungen des äußeren Erscheinungsbildes wurden durch den Ausbau des Backbord-Bugankers, durch Ersatz des hölzernen und damit auch schwereren Schanzkleides und durch eine normale Reling mit Drahtverspannung hervorgerufen.

Waffenanlage: Eine 40-mm-Flak L/70 in Einzellafette, nach gängigem Muster. Nach dem Umbau zur Klasse 331 zusätzlich eine Düppelausstoßanlage und HOT DOG gegen infrarotgesteuerte Flugkörper.

Die nachstehende Zeichnung gibt die Veränderung des äußeren Erscheinungsbildes nach dem Umbau wieder.

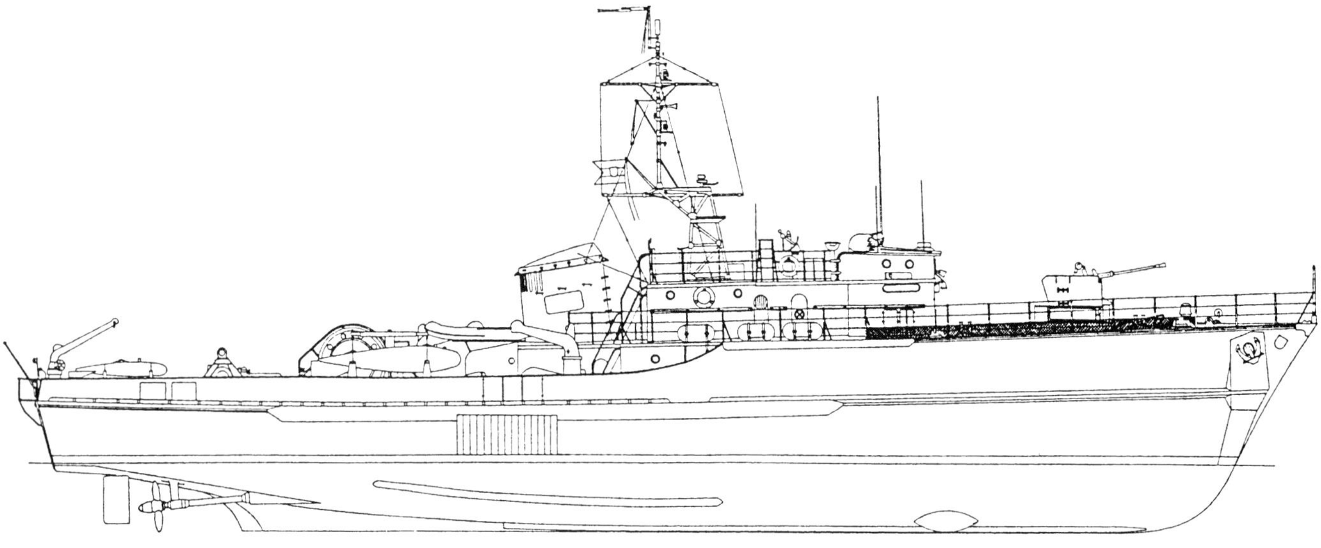

M1070 bis M1087

M1084 FLENSBURG
M1086 FULDA
(sonst ähnlich wie B-Serie; siehe unten)

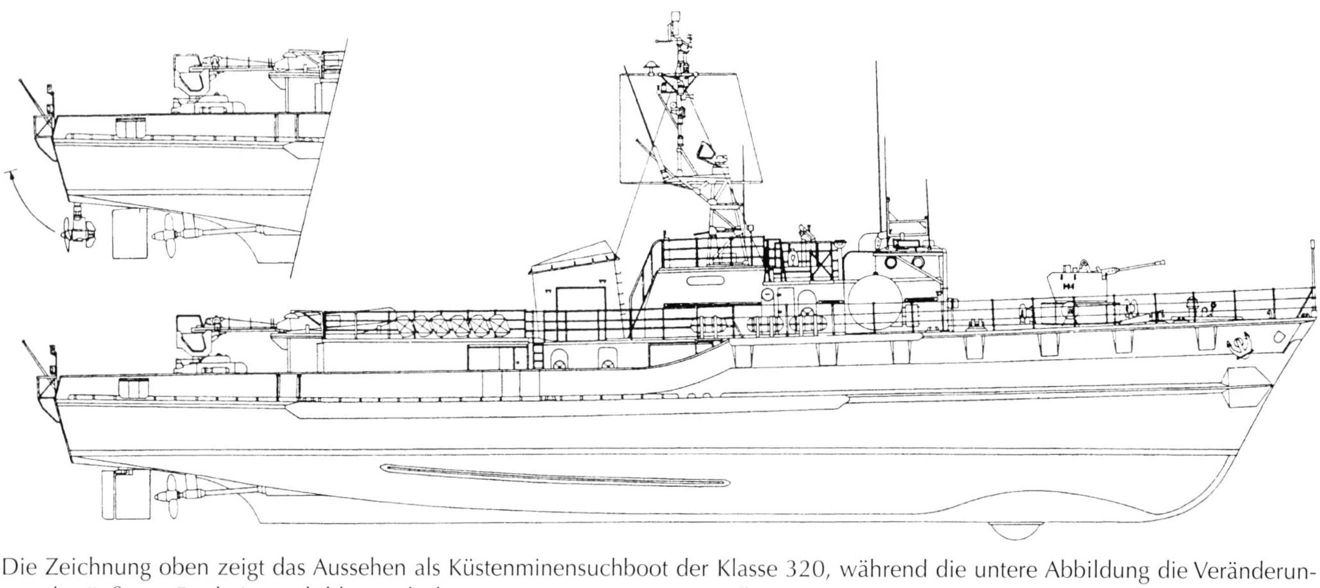

Die Zeichnung oben zeigt das Aussehen als Küstenminensuchboot der Klasse 320, während die untere Abbildung die Veränderungen des äußeren Erscheinungsbildes nach der Umrüstung zum Minenjagdboot der Klasse 331 widerspiegelt. Außerdem durch den Bildausschnitt des Hecks die bei zwei Booten eingebaute Variante mit dem Schottelpropeller erkennbar. Beide stammen aus der Chronik des 4. Minensuchgeschwaders aus dem Jahre 1985.

Spantenaufbau der LINDAU-Klasse in der Bauwerft

Beplankung des Spantengerüstes der LINDAU-Klasse

Boote bereits in fortgeschrittenem Bauzustand

PADERBORN
NATO-Nr.: M 1076
Bauwerft:
Burmester, Bremen-Burg
Stapellauf:
05.12.1957
Indienststellung:
16.12.1957
Außerdienststellung:
30.06.2000
Geschwaderzugehörigkeit:
4. Minensuchgeschwader, Minenabwehrgeschwader Nordsee ab 01.10.1977, 6. Minensuchgeschwader ab 29.6.1984 und zuletzt wieder 4. Minensuchgeschwader

Geschichte und Verbleib:
Die PADERBORN wurde nach ihrer Indienststellung dem 4. Minensuchgeschwader unterstellt. Eine der ersten Übungen war die Teilnahme am Manöver Wallenstein II im Jahre 1959 und Wallenstein III 1960. Im Oktober desselben Jahres fischt das Boot einen Schiffbrüchigen auf. Ab Oktober 1962 Werftaufenthalt, bei dem das Boot um 2,50 m verlängert wird. 1963 wird noch eine Kabeltrasse für ein Postkabel auf dem Seeweg zwischen Deutschland und England geräumt. In den nächsten drei Jahren stehen Teilnahmen an wichtigen NATO-Manövern auf dem Programm. 1966 kollidiert das Boot im Nord-Ostsee-Kanal leicht mit einem griechischen Tanker, der zuvor bereits mit dem Schwesterboot FLENSBURG eine ähnliche Begegnung hatte. 1969 fährt ein Tanker aus Hamburg kommend durch das ausgebrachte Räumgeschirr der PADERBORN und beschädigt dieses schwer. Besuch der Minenschule in Ostende. Hilfeleistung bei Seenotfall bis zum Eintreffen des SRK H. LÜKEN. Die Taucher der PADERBORN suchen nach verunglückten Besatzungsmitgliedern des niederländischen Saugbaggers HAM 308, der vor Wilhelmshaven von einem Tanker gerammt wurde und dabei gesunken ist. Die fünf vermißten Besatzungsmitglieder konnten nicht mehr gefunden werden. 1973 Hilfeleistung bei einem Seenotfall in Höhe der Scilly-Inseln. Dabei nimmt die PADERBORN einen brit. Fischkutter an die Leine und übergibt ihn später an ein Seenotrettungsboot. 1974 Manöver und Abstellung zur STANAVFORCHAN. 1977 wird in einem Truppenversuch das 4. und 6 Minensuchgeschwader zum »Minenabwehrgeschwader Nordsee« zusammengefaßt. Die PADERBORN ist dabei eines von acht Booten, die an dieser organisatorischen Umstrukturierung teilnehmen. 1978 findet in Eckernförde unter Beteiligung von 1300 Marinesoldaten Operation Schwertfisch statt. 1978 erneute Teilnahme bei der STANAVFORCHAN. 1979 wird das Boot wegen des bevorstehenden Umbaus zum Hohlstablenkboot außer Dienst gestellt. Die Wiederindienststellung als HL-Boot findet am 17. September 1981 statt. Danach erhielt es die »Seehunde« Nr. 4, 5 und 6 zur Lenkung unterstellt. 1984 wird das Minenabwehrgeschwader Nordsee wieder aufgelöst und die Boote neu auf das 4. u. 6. MSG aufgeteilt. Die PADERBORN gehört ab diesem Zeitpunkt zum 6. MSG. Am 5. Dezember 1983 feiert das Boot sein dreißigjähriges Indienststellungsjubiläum. 1989 erhält das Boot im Rahmen einer großen Depotinstandsetzung ein neues Oberdeck. 1990 nimmt es bereits zum dritten Mal an STANAVFORCHAN teil.
Im Januar 1991 bereiten sich Boot und Besatzung für den Einsatz beim Minenabwehrverband Südflanke vor. Am 22. Januar Auslaufen der PADERBORN und SCHLESWIG, um die beiden Boote LABOE und ÜBERHERRN abzulösen. Am 11. Februar Einlaufen in Souda. Besuch des Wehrbeauftragten an Bord. Am 11. März läuft die erste Gruppe von Booten über mehrere Zwischenhäfen nach Manamah (Bahrain). Am 23. April erster Räumeinsatz. »Seehund« 4 bringt am 3. Mai die erste scharfe Mine im nördlichen Teil des Persischen Golfes zur Detonation. In den nächsten Tagen werden noch weitere Grundminen unschädlich gemacht. Stellenwechsel, die PADERBORN wird durch die Besatzung der WOLFSBURG übernommen. Am 25. Juli 1991 wird der Rückmarsch nach Wilhelmshaven angetreten. Nach der Rückkehr kommt die alte Besatzung wieder an Bord zurück. 1992 werden im Rahmen eines Werftaufenthaltes verschiedene Verbesserungen der Infrastruktur sowie eine Fliegerfaust eingebaut. In den nun folgenden Jahren ist das Boot bei zahlreichen Manövern integriert. Inzwischen durfte das Boot ebenso wie verschiedene andere sein vierzigjähriges Indienststellungsjubiläum feiern.
Nach der Auflösung des 6. MSG am 13. Dezember 2000 ist die PADERBORN zusammen mit fünf weiteren Booten des Geschwaders dazu ausersehen, ihre weitere dienstliche Laufbahn in Südafrika fortzusetzen und dort wohl auch zu beenden.

WEILHEIM

NATO-Nr.: M 1077
Bauwerft:
Burmester, Bremen-Burg
Stapellauf:
04.02.1958
Indienststellung:
28.01.1959
Außerdienststellung:
15.06.1995
Geschwaderzugehörigkeit:
4. Minensuchgeschwader

Geschichte und Verbleib:
Die WEILHEIM, das achte Küstenminensuchboot dieser Bootsklasse, wird danach als zweites Boot für das 4. Minensuchgeschwader in Dienst gestellt. Die ersten Flottenmanöver sind Wallenstein II und III. 1962 erleidet das Boot einen Ruderversager sowie Feuer im Maschinenraum. 1963 Räumung eines bestimmten Seegebietes für eine Kabeltrasse zwischen England und Deutschland, wobei einige Minen geräumt werden können. 1964 Werftliegezeit zum ABC-Umbau. Anschließend Manöverteilnahmen. Später geht die WEILHEIM als Austauschboot nach Frankreich. 1965 NATO-Manöver TOP TEN. Beim Wenden im Hafen kollidieren die FLENSBURG und WEILHEIM miteinander. Die WEILHEIM erleidet dabei einen größeren Schaden am Bug, der einen Werftaufenthalt bei Burmester in Bremen notwendig macht. Durch einen Blitzschlag im Mai 1966 fallen wichtige technische Anlagen vorübergehend aus. Die folgenden Jahre zeitigen außer dem normalen Übungsprogramm mit Manöverteilnahmen keine besonderen Ereignisse. 1969 Besuch der Minenschule in Ostende. In den nächsten Jahren ist das Boot bei Manövereinsätzen u.a. auch im Rahmen von deutsch-französischen Übungen eingebunden. Am 30. Juni 1976 wird das Boot wegen des bevorstehenden Umbaus zum Minenjagdboot außer Dienst gestellt. Am 17. November 1978 erfolgt die Wiederindienststellung als sechtes Minenjagdboot. 1979 löst es die LINDAU bei STANAVFORCHAN ab.1983 wird in Anwesenheit einer Abordnung aus der Patenstadt das 25jährige Jubiläum der Indienststellung gefeiert. 1984 findet die Auflösung des Minenabwehrgeschwaders statt und das Boot wird wieder dem 4. Minensuchgeschwader unterstellt. In den Jahren 1984 und erneut 1987 bei der STANAVFORCHAN. 1986 beim Hafengeburtstag 800 Jahre Hamburger Hafen feiert die WEILHEIM zusammen mit anderen Einheiten der Marine mit.
Nach der Außerdienststellung lag das Boot zunächst als Werftauflieger im Arsenal in Wilhelmshaven und ging 1997 in den Besitz des Deutschen Marinemuseums über. Seither kann es neben anderen Exponaten aus dem Bereich der Minentechnik dort besichtigt werden. Die nachstehende Fotoserie mit verschiedenen Detailaufnahmen stammt von diesem Boot. Die Aufnahmen stehen mit geringen Abweichungen stellvertretend für alle 18 Einheiten dieser Typ-Klasse und bieten somit auch einen gewissen Einblick in das Innenleben dieser Einheiten.

Die Kommandobrücke

Das Peildeck

Blick in ein Wohndeck

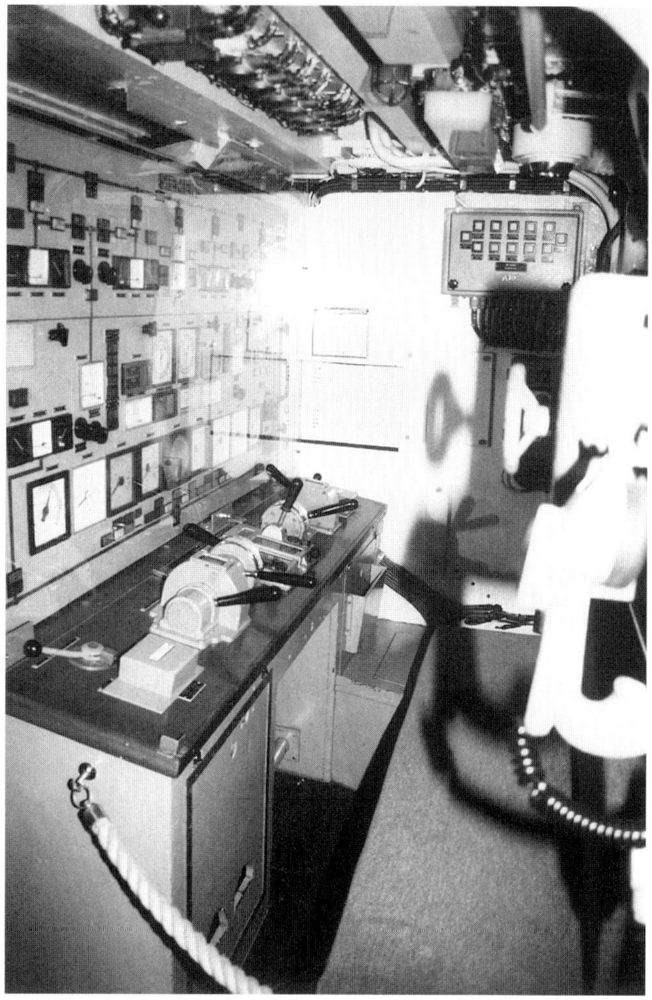

Der Maschinenleitstand

Mast mit Radargerät DECCA 978

4-cm-Buggeschütz mit Blick nach achtern

CUXHAVEN

NATO-Nr.: M 1078
Bauwerft:
Burmester, Bremen-Burg
Stapellauf:
11.03.1958
Indienststellung:
11.03.1959
Außerdienststellung:
08.02.2000
Geschwaderzugehörigkeit:
4. Minensuchgeschwader

Geschichte und Verbleib:
Die CUXHAVEN war das dritte Boot dieses Typs, das für das 4. Minensuchgeschwader in Dienst gestellt wurde. Wallenstein III war das erste bedeutsame Manöver, an dem das Boot zusammen mit seinen Schwesterbooten teilnahm. 1963 Räumung von Minen auf dem Seeweg Deutschland–England für die Verlegung eines Postkabels. Das Boot muß wegen eines Schraubenschadens ins Arsenal. 1964 in Folge einer Grundberührung wird das Boot leck, so daß es im Arsenal abgedichtet werden muß. NATO-Manöver BLUE CLEARION im Kattegat. Das Boot erhält den nicht alltäglichen Auftrag, vom Feuerschiff AMRUMBANK einen kranken Seehund zu übernehmen und diesen nach Wilhelmshaven zu bringen. In den nächsten Jahren regelmäßige Teilnahme an NATO-Manövern. 1967: Die CUXHAVEN eilt dem in Seenot geratenen französischen Segler ORDALIE zu Hilfe, dem in einer Regatta das Ruder gebrochen war. Die dreiköpfige Besatzung wird an Bord genommen und das Boot verankert. Schleppversuche waren wegen der unzureichenden Schleppvorrichtungen an Bord des Seglers zuvor gescheitert. Die Seglerbesatzung wird anschließend an einen französischen Rettungskreuzer übergeben. 1968 Grundberührung bei der Ausbildungsreise nach Schottland. Die CUXHAVEN ist das erste Boot des 4. MSG, das 100.000 Seemeilen zurückgelegt hat.1970 befindet sich das Geschwader mit allen Booten zur Ausbildung in der Ostsee und wird dabei ständig von sowjetischen Marineeinheiten beschattet. 1971 verlegen die Boote durch den Nord-Ostsee-Kanal in die Ostsee zum Manöver EARLY EXILE. In den Jahren 1972 bis 1975 finden ausgiebige Manöver statt.
Am 30. Oktober wird die CUXHAVEN außer Dienst gestellt, um anschließend zum Minenjagdboot umgebaut zu werden. Am 6. Juni 1979 als neuntes Minenjagdboot wieder in Dienst. 1984 wird anläßlich einer Geschwadermusterung das Minenabwehrgeschwader Nordsee wieder aufgelöst und das Boot wie zu Beginn seiner Dienstzeit dem 4. MSG unterstellt.1985: CUXHAVEN löst die WEILHEIM bei STANAVFORCHAN ab. 1986 Operation »Schwertfisch«, dabei nehmen 42 Boote und rund 1400 Soldaten teil. Bei der AAG 313/88, die nach England führt, verfängt sich ein Fischernetz in die Steuerbordschraube des Bootes. Das Malheur kann jedoch durch einen Tauchereinsatz beseitigt werden. 1989 werden bei zwei Veranstaltungen Waffendemonstrationen vorgeführt. Außerdem ist das Boot beim NATO-Verband STANAVFORCHAN und fährt dort zusammen mit dem Schwesterboot ULM und dem Tender MOSEL.
Am 12. Juni 1991 verlegt die CUXHAVEN an Bord des Dockschiffes CONDOCK und zwei »Seehunden« ins Einsatzgebiet im Golf. Am 13. September 1991 kehrt der Verband, darunter die CUXHAVEN, wieder unbeschadet in den Heimathafen Wilhelmshaven zurück.
Am 11. März 1999 feierte die Besatzung der CUXHAVEN den vierzigjährigen Geburtstag ihres Bootes. Nach der Außerdienststellung des Bootes am 8. Februar 2000, wurde es an die Marine Estlands abgegeben, die es danach unter dem neuen Namen WAMBOLA übernommen haben.

DÜREN

NATO-Nr.: M 1079
Bauwerft:
Burmester, Bremen-Burg
Stapellauf:
12.06.1958
Indienststellung:
22.04.1959
Außerdienststellung:
29.09.2000
Geschwaderzugehörigkeit:
4. Minensuchgeschwader

Geschichte und Verbleib:
In den ersten drei Jahren nach der Indienststellung der DÜREN gehörte die Teilnahme an den Manövern Wallenstein zusammen mit den anderen Booten des Geschwaders zu den wichtigsten Übungsvorhaben. Dabei kam es auch zu einem Besuch des damaligen Verteidigungsministers Franz Josef Strauß und des damaligen Inspekteurs der Marine Vizeadmiral Ruge. Hierbei fanden auch die ersten Begegnungen mit sowjetischen Einheiten der Ostseeflotte statt, die das Manövergeschehen aufmerksam beobachteten.
Beim Manöver DOOR KEEPER im Jahre 1962 gelang es der DÜREN, noch eine Grundmine aus dem Zweiten Weltkrieg zu räumen. 1964 findet ein ABC-Umbau statt. Im strengen Winter 1966 kommt es wegen der Eisverhältnisse in den deutschen Nordseehäfen zu vorübergehenden Verlegungen in andere eisfreie Häfen Frankreichs. 1966 wird eine neue Hauptmaschine eingebaut. Nach dem Absturz eines Starfighters südlich von Helgoland findet DÜREN lediglich noch die Schwimmweste und die Stiefel des Piloten. Bei einer weiteren Suchaktion, die im August desselben Jahres stattfand, hatte das Boot den bereits toten Piloten, der unter seinem Fallschirm in der See trieb, überfahren. Bei den Vorbereitungen zur Übung JAGUAR kommt es in der Sperrlast beim Scharfmachen der Sprenggreifermunition zu einer Explosion, bei der ein Maat getötet und ein weiterer schwer verletzt wird. Die anschließenden Untersuchungen der Staatsanwaltschaft ergaben jedoch keine Anhaltspunkte für ein Fremdverschulden. 1968 erhält das Boot einen Sonderauftrag als Kabelleger. Dabei wurde zuvor die gesamte Minensuchausrüstung vorübergehend von Bord gegeben. Beim Manöver JAGUAR 1972 sind alle Boote des Geschwaders beteiligt. 1976 löst die DÜREN die PADERBORN bei der STANAVFORCHAN ab. 1977 und 1978 sind Übungsvorhaben mit Schwerpunkt in der Ostsee vorbehalten. Außerdem geleitet DÜREN zusammen mit anderen Booten des Geschwaders die britische Königsyacht auf ihrer Fahrt nach Bremerhaven. 1979 wird bei einer Ausbildungsreise nach Norwegen der nördliche Polarkreis überschritten. Nach Marinebrauch wurde dieses Ereignis durch eine Polartaufe begangen. Am 21. Dezember 1979 Außerdienststellung wegen Umbau zum »Hohlstablenkboot«.
1981 erhält es für die notwendigen Erprobungen eine reduzierte Besatzung von 30 Mann. Technische Probleme mit den Wassertanks machen eine weitere langandauernde Werftliegezeit notwendig.
Am 7. November 1983 wird DÜREN nach vier Jahren Umbauzeit als letztes HL-Boot wieder in Dienst gestellt, als Hohlstablenkboot werden die Geräte Nr. 1, 2 und 3 zugeteilt. Nach der Auflösung des Minenabwehrgeschwaders Nordsee wird die DÜREN nun dem 6. Minensuchgeschwader unterstellt. Im August 1984 feiert das Boot das 25jährige Indienststellungsjubiläum.1988 nimmt es als zweites HL-Boot an der STANAVFORCHAN teil. 1990: Im Rahmen des Golfeinsatzes übernimmt die Besatzung der DÜREN das Schwesterboot SCHLESWIG. Am 13. September 1991 kehrt es wieder in den Heimathafen Wilhelmshaven zurück. 1993 ist wegen Schäden an der Außenhaut ein außerplanmäßiger Werftaufenthalt notwendig. 1994 folgt noch ein erheblicher Wasserschaden, hervorgerufen durch eine defekte WC-Spülung. Im Juli 1994 wird DÜREN Zeuge eines Flugzeugabsturzes und verbleibt zur Hilfeleistung und Sicherung der Unfallstelle vor Ort. Der Pilot der Maschine vom Typ Phantom konnte leider nur noch tot geborgen werden.
Die drei »Seehunde« der DÜREN 1, 2 und 3 erhalten eine Nachrüstung in Form einer Mastverlängerung. Das Boot geht zur STANAVFORCHAN ins Mittelmeer. DÜREN und KONSTANZ sind an einem Manöver für KRK-Einheiten des dritten Kontingentes in der Ostsee beteiligt. Beim multinationalen Manöver BALTIC ENDEAVOUR 1997 war neben dänischen und polnischen Booten auch die DÜREN mit beteiligt.
Bei einer Fahrt mit den »Seehunden« durch den Nord-Ostsee-Kanal kam es bedingt durch einen technischen Defekt auf einem der »Seehunde« zu einer kritischen Situation. Wegen Motorenausfall lief ein »Seehund« auf die Uferböschung und mußte danach vom Lenkboot mit der Schleppleine wieder flottgemacht werden. Glücklicherweise konnte der Verband in dieser Formation Kiel ohne weitere Probleme erreichen. Nach Behebung der Maschinenpanne wurde das Räummanöver in der westlichen Ostsee erfolgreich zu Ende geführt.
DÜREN wurde zusammen mit weiteren fünf Booten des Geschwaders am 29. September 2000 außer Dienst gestellt und soll künftig unter der Flagge Südafrikas ihre aktive Laufbahn fortsetzen und wahrscheinlich später dort beenden.

MARBURG

NATO-Nr.: M 1080
Bauwerft:
Burmester, Bremen-Burg
Stapellauf:
04.08.1958
Indienststellung:
10.06.1959
Außerdienststellung:
25.05.2000
Geschwaderzugehörigkeit:
4. Minensuchgeschwader

Geschichte und Verbleib:

Die MARBURG wird als elftes Boot dieser Baureihe und als viertes für das 4. Minensuchgeschwader in Dienst gestellt. 1962: MARBURG eilt dem Schwesterboot WEILHEIM zu Hilfe. Dieses hat Ruderversagen und kurz darauf noch Feuer im Maschinenraum. Räumung einer Kabeltrasse zwischen Deutschland und England. 1964: Manöver. 1966: Im strengen Winter dieses Jahres ist es erforderlich, vorübergehend eisfreie Häfen in Frankreich aufzusuchen. MARBURG ist Führerboot beim Besuch der Minentaktikschule in Ostende. 1967 Geschwaderausbildung in der Deutschen Bucht. Am 20. Februar 1968 kommt es auf dem Boot zu einem Brandfall, der mit Hilfe der Freiwilligen Feuerwehr von Cuxhaven schnell unter Kontrolle gebracht werden kann. Der Brandschaden auf dem Boot ist dennoch erheblich, so daß die daraufhin notwendige Werftliegezeit um einiges verlängert wird.

1969 kommt es in der Nordsee zu einer Kollision mit dem Fischkutter BX 712 HANNELORE. Auf beiden Booten entstanden Schäden in Höhe von 75.000 DM. Vor dem Seeamt wird dem Kutterkapitän die Schuld für den Unfall zugesprochen, da dieser seiner Ausweichpflicht gegenüber der MARBURG, die ihr Suchgerät ausgefahren hatte, nicht nachgekommen ist. MARBURG hatte die in diesem Fall vorgegebenen Positions- und Minenräumlichter gesetzt und war daher nach der Seestraßenordnung als Wegberechtigter erkennbar. Als Folge dieser Havarie ist ein außerplanmäßiger Werftaufenthalt bei Burmester notwendig. 1971 verlegen alle Boote durch den Nord-Ostsee-Kanal zwecks Manöverteilnahme. 1972 nimmt das Boot mit einer Abordnung an der 750-Jahr-Feier der Patenstadt teil. 1973 bis 1975 regelmäßige Manöverteilnahmen, dabei auch zusammen mit französischen Einheiten. 1975 löst MARBURG die LINDAU bei der STANAVFORCHAN ab. 1976 Auslandsreise nach Belgien und Frankreich mit einem Besuch der Minenschule in Ostende. Am 22. Dezember 1976 Außerdienststellung wegen des bevorstehenden Umbaus zum Minenjagdboot. Am 27. Juni 1979 wird die MARBURG als zehntes und letztes Minenjagdboot der neuen Klasse 331 B in Dienst gestellt.1982 ist das Boot wieder bei der STANAVFORCHAN.

1984 gehört es ebenso wie die übrigen Boote dieser Klasse 331 B erneut zum 4. Minensuchgeschwader. Das Minenabwehrgeschwader wurde nach Beendigung des Truppenversuches wieder aufgelöst und die alten Strukturen wieder eingenommen. Feier des 25jährigen Indienststellungsjubiläums mit Gästen aus der Patenstadt. 1985 wird MARBURG wieder als sportlichstes Boot ausgezeichnet. 1987 bei der AAG 317/87 mit Häfen in Holland und England sowie abschließend beim Jubiläum »Dreißig Jahre Flottille der Minenstreitkräfte«. 1988 wiederholt bei der STANAVFORCHAN mit zahlreichen Hafenaufenthalten.

Am 16. August 1990 läuft der Minenabwehrverband Südflanke unter Mitwirkung der MARBURG zur Überfahrt nach Kreta aus. Am 3. September 1991 einlaufen mit dem Verband in Souda. Die Rückkehr nach Wilhelmshaven findet am 13. September 1991 statt. Einzelheiten siehe im Sonderkapitel »Golfkrieg«.

In den Jahren danach ist das Boot weiterhin im Ausbildungsdienst des Geschwaders integriert und wird schließlich nach der Außerdienststellung im Marinearsenal in Wilhelmshaven für eine Übergabe an die litauische Marine vorbereitet, unter deren Flagge sie unter dem neuen Namen KURSIS noch einige Zeit fahren soll.

KONSTANZ
NATO-Nr.: M 1081
Bauwerft:
Burmester, Bremen-Burg
Stapellauf:
30.09.1958
Indienststellung:
23.07.1959
Außerdienststellung:
29.09.2000
Geschwaderzugehörigkeit:
4. Minensuchgeschwader

Geschichte und Verbleib:
Die KONSTANZ wurde als letztes Boot dem 4. Minensuchgeschwader unterstellt. Damit war das zunächst sechs Boote umfassende Geschwader komplett. Nach der üblichen Einfahrzeit für die Besatzung waren in den ersten Jahren danach die Teilnahme an den Manövern Wallenstein III, TIGER GRIS, DOOR KEEPER, die vorwiegend in der westlichen Ostsee stattfanden, der Schwerpunkt der militärischen Ausbildung. Zum Jahreswechsel 1964/65 geht das Boot zum ABC-Umbau in die Werft. In den nächsten Jahren ist das Boot regelmäßig an den anstehenden Manövern mit beteiligt. 1967 Bergung eines toten Seglers und dessen Überführung nach Kiel. 1968 erhält die KONSTANZ sowie weitere zwei Boote des Geschwaders einen Sonderauftrag. Nach vorangegangener Abgabe der gesamten Minensuchausrüstung waren die Boote als Kabelleger im Seegebiet westliche Ostsee im Einsatz. Ab 1968 ist es beim NATO-Manöver SILVER TAUER wieder in seiner ureigensten Funktion als Minensucher eingesetzt. 1971 verlegen alle Boote des Geschwaders durch den Nord-Ostsee-Kanal in die westliche Ostsee zum Manöver EARLY EXILE. 1973 erhält das Boot in der Werft neue Motorenfundamente, da diese in der Vergangenheit altersbedingte Probleme im Fahrbetrieb erkennen ließen. Danach nimmt die KONSTANZ als erstes Boot an den Übungen der ständigen Einsatzflotte Ärmelkanal (STANAVFORCHAN) teil. Bei der zweiten Teilnahme an diesem Geschwader war man besonders erfolgreich und konnte mit der Auszeichnung »EFFICIENCY TROPHY« aus dem Verband verabschiedet werden. 1980 wird KONSTANZ als letztes Boot wegen des bevorstehenden Umbaus zum Hohlstablenkboot außer Dienst gestellt. Nach der erneuten Indienststellung als HL-Boot erhält es die »Seehunde« Nr. 13, 14 und 15 zugeteilt. Auf dem Rückmarsch von der Teilnahme am französischen Fischerfest in Arcachon im Jahre 1983 bewährt sich das Boot bei einem Seenotfall einer französischen Yacht. Bei Nacht und schwerer See wird die Besatzung geborgen, das Leck abgedichtet und danach in den Hafen Cherbourg eingeschleppt. Der 25jährige Geburtstag des Bootes wird in Gegenwart einer Abordnung aus der Patenstadt gefeiert.
1984 wird die KONSTANZ nach vorangegangener Auflösung des Minenabwehrgeschwaders Nordsee dem 6. Minensuchgeschwader unterstellt.1986 nimmt das Boot wieder am Manöver BLUE HARRIER sowie am Übungsprogramm der STANAVFORCHAN teil. 1987 und 1988 sind es wiederum Feierlichkeiten, an denen das Boot mit beteiligt ist. Zum einen ist dies das 30jährige Bestehen der Flottille der Minenstreitkräfte sowie das gleiche Jubiläum des 6. Minensuchgeschwaders. 1991 wird die KONSTANZ nach vorangegangenem Werftaufenthalt im Marinearsenal für den Golfeinsatz ausgerüstet. 1992 folgen wieder drei Monate STANAVFORCHAN. Der »Seehund« 13 läuft im Kanal wegen Maschinenschaden auf Grund, erleidet dabei jedoch glücklicherweise kein Leck am Bootskörper. 1993 werden bei einer weiteren Werftliegezeit Abschußständer für Fliegerfäuste sowie auf den »Seehunden« zusätzliche E-Diesel eingebaut. 1995 wird auf der KONSTANZ eine Stoffbuchse am Wellentunnel undicht. Die Folge davon ist ein Wassereinbruch. Sieben Tonnen Wasser sind danach im Boot mit steigender Tendenz. Tags darauf sind es bereits acht Tonnen, bis es schließlich gelingt, die Schraubenwelle notdürftig abzudichten. Beim Schießabschnitt in der Pommerschen Bucht fällt dann auch noch das Geschütz aus. KONSTANZ gehört inzwischen zur Verfügungsbereitschaft der Krisenreaktionskräfte (KRK).
Im Juli 1999 feierte das Boot sein 40jähriges Dienstjubiläum und gehört damit zu den dienstältesten aktiven Einheiten der Flotte. Aus diesem Anlaß war auch eine Abordnung der Patenstadt sowie der Marinekameradschaft vor Ort.
Am 29. September 2000 fand die Außerdienststellung der bis dahin noch vorhandenen Boote des 6. MSG und damit auch der KONSTANZ statt. Dabei wurde festgelegt, daß das Boot zusammen mit fünf weiteren künftig unter der Flagge Südafrikas fahren soll.

NIENBURG

NATO-Nr.: A 1416
Bauwerft:
Flensburger Schiffbaugesellschaft
Stapellauf:
28.07.1966
Indienststellung:
01.08.1968
Außerdienststellung:
26.03.1998
Geschwaderzugehörigkeit:
2. Versorgungsgeschwader,
danach 4. Minensuchgeschwader

Geschichte und Verbleib:

Beim Zeremoniell der Indienststellungsfeierlichkeiten der NIENBURG kam es zu einer nicht alltäglichen Peinlichkeit. Der Flottillenchef benutzte offenbar ein altes Redemanuskript, das bereits einmal für das Schwesterschiff SAARBURG ausgearbeitet wurde, und stellte mit diesem die NIENBURG als SAARBURG in Dienst.

Der Versorger diente der logistischen Versorgung der Einheiten im Operationsgebiet und als Plattform für die Systemunterstützungsgruppe. Für diese Aufgabe wurde das Schiff während eines kurzen Werftaufenthaltes entsprechend umgebaut.

Im Februar 1996 bildete die NIENBURG die Unterstützungseinheit für die beiden Minenjagdboote GRÖMITZ und FRANKENTHAL, um mit diesen über den Atlantik in Richtung Neue Welt zu fahren, eine für Boote dieser Größe nicht gerade alltägliche Reise! Bis zum Einlaufen in Mayport/Florida waren über 5000 Seemeilen zurückzulegen. Weitere Besuche in New York, Boston und Halifax, jeweils unterbrochen von Übungen mit amerikanischen Einheiten, standen ebenfalls im Programm. Zwischenzeitlich wurde das Schiff nach Kolumbien verkauft und unter dem neuen Namen BUENA VENTURA für die Kriegsmarine dieses Landes in Dienst gestellt. Für die deutsche Bundesmarine war es knapp dreißig Jahre in Dienst und hat dabei über 300.000 Seemeilen zurückgelegt.

5. Minensuchgeschwader

Das 5. Minensuchgeschwader wurde am 1. Oktober 1958 im neuen Heimathafen Neustadt/Holstein in Dienst gestellt. Das Geschwader besteht aus zehn schnellen Minensuchbooten von der Typ-Klasse 340/341, einem Tender der Typ-Klasse 401 sowie dem Geschwaderstab.

Am 31. März 1959 wird mit dem schnellen Minensuchboot SCHÜTZE (gleichzeitig Typ-Boot) das erste Boot unterstellt.

Ebenso wie die Boote vom 1. und 3. Minensuchgeschwader trugen auch die vom 5. die Namen von Sternzeichen und Planeten, die bereits teilweise von Booten der Vorgenerationen geführt wurden. Die technischen Daten der SCHÜTZE-Klasse sind bereits bei der Typ-Klassenbeschreibung aufgeführt und können dort nachgelesen werden.

Bei den Probefahrten der neuen Boote zeigt sich, daß die mit Voith-Schneider-Antrieb ausgerüsteten Boote SCHÜTZE und KREBS nicht die geforderte Geschwindigkeit brachten. Dementsprechend entschloß man sich zur Nachrüstung mit einer Escher-Wyss-Propelleranlage. Das M-Boot FISCHE wurde nun Prototyp für diesen neuen Antrieb. Die restlichen Boote des Geschwaders folgten in der Zeit von 1959 bis 1961. Mit dem Zulauf der Perseus am 17. März 1961 war dann das Geschwader wieder komplett. Als Unterstützungseinheit wurde schließlich noch der Tender MOSEL am 8. Juni 1963 in Dienst gestellt.

In den folgenden Jahren wurde dann eine ganze Reihe von baulichen Veränderungen an den Booten durchgeführt. U.a. wurden die Abgasschächte vergrößert und die Ladebaumpfosten durch Drehkräne ersetzt. Bei der Gemma wurde das zweite 40-mm-Geschütz am Heck durch die gebräuchliche Minenräumausstattung ausgetauscht.

Ab 10. April 1967 wird das SM-Boot WIDDER der Marineunterwasserwaffenschule in jeder Hinsicht unterstellt und gehört somit nicht mehr dem Geschwaderverband des 5. MSG an. Das Restgeschwader, bestehend aus dem Tender MOSEL und den SM-Booten PERSEUS, STEINBOCK, PLUTO, NEPTUN, GEMMA und URANUS, verlegt in den neuen Heimathafen Olpenitz. Danach werden für eine befristete Zeit die beiden Küstenminensuchboote der VEGESACK-Klasse, die SIEGEN und DETMOLD, dem 5. MSG zur Dienstleistung unterstellt. Weiterhin kommen noch zwei Binnenminensucher, die FRAUENLOB und NAUTILUS, für einige Zeit zum Geschwader. Dafür werden andererseits die drei Boote, die zum Gründungsbestand des Geschwaders gehörten, vorzeitig außer Dienst gestellt. Dafür werden nun ersatzweise vom 3. MSG die Boote DENEB, ATAIR, WEGA und JUPITER an das 5. MSG abgegeben.

PLUTO ist dann das erste Boot der Typ-Klasse 341, das am 1. Juli 1987 außer Dienst gestellt wird. Mit dem Tender MOSEL der Typ-Klasse 401 wird die letzte Einheit dieses Geschwaders aus dem aktiven Dienstverhältnis genommen. Es folgt nun ein Generationswechsel auf die Neubauten der Typ-Klasse 343. Diese Boote behalten ihre Patenstädte, aber tragen nun auch deren Namen als Bootsnamen.

Ab 1. Oktober 1987 wird gleichzeitig eine Systemunterstützungsgruppe (SUG) aufgebaut. Am Anfang umfaßte diese gerade mal zwei Offiziere und Unteroffiziere m.P. Inzwischen sind es immerhin rd. 27 Mann verschiedener Dienstgrade, die im Verbund mit den Besatzungen für die materielle Einsatzbereitschaft der Schiffe und Boote des Geschwaders verantwortlich sind. Nach dem Zulauf des Tenders MOSEL II (Klasse 404) verfügt die SUG auch endlich über die Plattform, die sie zur Erfüllung ihres Auftrages unbedingt benötigt.

Das erste Boot, die HAMELN, gleichzeitig das Typ-Boot, nach dem dieser neue Bootstyp benannt ist, wird am 29. Juni 1988 in Dienst gestellt. Der HAMELN folgen nun in kurzen zeitlichen Abständen die übrigen Boote nach, bis mit der AUERBACH/OBERPFALZ das letzte Boot im Geschwaderverband integriert wird. Der neue Tender MOSEL ist die letzte Einheit, um die das Geschwader komplettiert wird. Die Boote ÜBERHERRN und LABOE haben bereits früh Gelegenheit, im Rahmen des Minenabwehrverbandes Südflanke die Fähigkeiten und Einsatzmöglichkeiten des neuen Bootstyps im praktischen Einsatz unter Beweis zu stellen. Die Einheiten des Geschwaders sind dazu in der Lage, zusammen mit anderen Booten die folgenden Aufgaben zu erfüllen. So lautet im wesentlichen der Auftrag: Suchen und Räumen von gegnerischen Minen zur Offenhaltung der Seewege. Legen von Minen zum Schutz der eigenen Küste gegen Angriffe von See sowie Seeraumüberwachung und Aufklärung.

1995 sind die HAMELN, ÜBERHERRN, LABOE, ENSDORF, PASSAU, HERTEN und AUERBACH im »Schulschiffgeschwader« zusammengefaßt und führen im Rahmen der Offizierausbildung eine ausgedehnte Auslandsausbildungsreise bis ins Schwarze Meer durch. Im Jahre 1997 wird mit den Booten ÜBERHERRN, PEGNITZ, KULMBACH, SIEGBURG und MOSEL eine weitere Ausbildungsreise im Rahmen des Schulschiffverbandes in südliche Gewässer durchgeführt.

Die Minensuchboote ÜBERHERRN, KULMBACH und LABOE der Klasse 343 sind die ersten Boote der Bundesmarine, die mit den neuen Minenmeide- und Ortungssonaranlagen von der Fa. Atlas Elektronik ausgestattet wurden. Diese werden in der Folgezeit zu leistungsstarken Minenjagdsonaranlagen DSQS-11 M aufgerüstet, die bereits bei der Typ-Klasse 332 verwendet werden. Dies geschieht im Rahmen der in den neunziger Jahren beschlossenen Umrüstung der kompletten Typ-Klasse 343 mit der Folge, daß es diese nach Vollzug der Umbaumaßnahme als solche nicht mehr geben wird. Dafür gibt es dann künftig je fünf Boote der neuen Klassen 333 (Minenjagd) und 352 (Hohlstablenken). Siehe hierzu auch die Abschnitte Minensuchsysteme.

Nach dem Stand vom 1. Oktober 1999 wurde dieses Geschwader hinsichtlich seines Bootsbestandes neu gegliedert. Zur Jahrtausendwende soll es aus folgenden Einheiten bestehen:

Fünf umgebaute Boote der ehemaligen Klasse 343.
Diese werden dann mit »Typ-Klasse 352« bezeichnet.
M 1090 PEGNITZ
M 1092 HAMELN
M 1093 AUERBACH
M 1094 ENSDORF
M 1098 SIEGBURG

Fünf Boote der Typ-Klasse 394 FRAUENLOB-Klasse
M 2658 FRAUENLOB
M 2660 GEFION
M 2661 MEDUSA
M 2662 UNDINE
M 2665 LORELEY
Ergänzt wird dies durch die Systemunterstützungsgruppe (Klasse 332/343) sowie den Tender MOSEL der Klasse 404 als Unterstützungseinheit.

Auch diese Aufteilung und Unterstellung ist durch die inzwischen verfügten Außerdienststellungen der MEDUSA und UNDINE im Juni 2001 überholt. Die restlichen drei Boote dieses Typs sollen bis zum Frühjahr 2002 nachfolgen.

Tender MOSEL (Klasse 402) mit den Booten des 5. MSG

PERSEUS

NATO-Nr.: M 1090
Bauwerft:
Schlichting-Werft, Travemünde
Stapellauf:
22.09.1960
Indienststellung:
16.03.1961
Außerdienststellung:
30.09.1988
Geschwaderzugehörigkeit:
5. Minensuchgeschwader

Geschichte und Verbleib:
Nach der Indienststellung des Bootes in Neustadt/Holstein wurde dieses als PERSEUS für das 5. Minensuchgeschwader unter der Kenn-Nr. 1090 übernommen. Fortan wurde es im Übungsbetrieb dieses Geschwaders eingesetzt. Im Jahre 1966/67 fand nochmals eine Grundüberholung in der Werft statt. Am 28. November 1967 verlegt die PERSEUS zusammen mit den übrigen Booten in den neuen Heimathafen Olpenitz.
Nach der Außerdienststellung am 30. September 1988 befand es sich beim Marinearsenal in Wilhelmshaven als Auflieger. Über die VEBEG wurde es schließlich am 15. Dezember 1989 an privat verkauft.

STEINBOCK

NATO-Nr.: M 1091
Bauwerft:
Abeking & Rasmussen, Lemwerder
Stapellauf:
25.08.1958
Indienststellung:
20.10.1960
Außerdienststellung:
08.03.1974
Geschwaderzugehörigkeit:
5. Minensuchgeschwader

Geschichte und Verbleib:
Unter der Kenn-Nr. M 1091 wurde STEINBOCK am 20. Oktober 1960 in Dienst gestellt und dem 5. Minensuchgeschwader unterstellt. Am 22. Mai 1969 ereignete sich anläßlich einer Übung in ausländischen Gewässern ein Großbrand an Bord. Im Anschluß wurde es von den beiden Schwesterbooten PLUTO und FISCHE direkt nach Deutschland zur Reparatur in die Werft geschleppt.
Nach der Aussonderung am 5. Oktober 1973 lag es beim Marinearsenal Kiel. Nach der Außerdienststellung wurde es am 5. November 1976 an die Marinejugend in Wilhelmshaven abgegeben und dort als schwimmendes Heim als Ersatz für die CASTOR verwendet und liegt dort bis auf weiteres.

PLUTO

NATO-Nr.: M 1092
Bauwerft:
Schürenstedt, Bardenfleth
Stapellauf:
09.08.1960
Indienststellung:
19.12.1960
Außerdienststellung:
01.07.1987
Geschwaderzugehörigkeit:
5. Minensuchgeschwader

Geschichte und Verbleib:
Das Boot wurde nach der Indienststellung am 19. Dezember 1960 unter dem Namen PLUTO unter der NATO-Nr. M 1092 dem 5. Minensuchgeschwader unterstellt. In der Folgezeit wurde es zusammen mit den übrigen Booten dieses Bootstyps im Übungsbetrieb dieses Geschwaders eingesetzt.
Nach der Außerdienststellung lag PLUTO zunächst als Auflieger beim Marinearsenal in Wilhelmshaven. Am 14. Dezember wurde es an die Marinekameradschaft Hameln abgegeben und dient der MK. als schwimmendes Kameradschaftsheim.

NEPTUN

NATO-Nr.: M 1093
Bauwerft:
Schlichting, Travemünde
Stapellauf:
09.06.1960
Indienststellung:
29.09.1960
Außerdienststellung:
28.02.1990
Geschwaderzugehörigkeit:
5. Minensuchgeschwader

Geschichte und Verbleib:
Nach der Indienststellung und Unterstellung unter das 5. Minensuchgeschwader wurde NEPTUN zunächst die Kenn-Nr. M 1054 zugeteilt. Ab dem 1. Mai 1964 erhielt es dann seine bis zur Außerdienststellung gültige Kenn-Nr. M 1093. Danach diente es zusammen mit den anderen Schwesterbooten im Geschwaderverband des 5. Minensuchgeschwaders und nahm dort an den vorgegebenen Übungsvorhaben und Manövern teil.
Nach der Außerdienststellung lag NEPTUN zunächst als Auflieger beim Marinearsenal in Wilhelmshaven. Danach wurde das Boot am 7. August 1990 an die »Marinekameradschaft Völklingen« abgegeben, die das Boot an einem Liegeplatz in Rehlingen verlegte, um es künftig als Kameradschaftsheim zu nutzen.

WIDDER

NATO-Nr.: M 1094
Bauwerft:
Schürenstedt, Bardenfleth
Stapellauf:
12.03.1959
Indienststellung:
26.09.1960
Außerdienststellung:
14.07.1989
Geschwaderzugehörigkeit:
5. Minensuchgeschwader

Geschichte und Verbleib:
Nach der Indienststellung wurde WIDDER dem 5. Minensuchgeschwader unterstellt und führte die Kennung M 1094. Vom 1. Februar 1967 bis zum 31. Dezember 1975 fuhr es als Schulboot für die Marineunterwasserwaffenschule in Eckernförde, nach dieser langen Zeit der Abstellung war es dann ab Januar 1976 wieder beim 5. Minensuchgeschwader in Dienst.
Nach der Außerdienststellung am 14. Juli 1989 wurde es bei der seemännischen Lehrgruppe Borkum als stationäres Schulboot eingesetzt.
Als Namensvorgänger ist der ehemalige Frachtdampfer FECHENHEIM, der nach seiner Übernahme durch die Kriegsmarine zum »Hilfskreuzer WIDDER« ausgerüstet und im Zweiten Weltkrieg als solcher auch zum Einsatz kam, überliefert.

HERKULES

NATO-Nr.: M 1095
Bauwerft:
Schlichting-Werft, Travemünde
Stapellauf:
25.08.1960
Indienststellung:
09.12.1960
Außerdienststellung:
21.08.1987
Geschwaderzugehörigkeit:
5. Minensuchgeschwader

Geschichte und Verbleib:
Nach der Indienststellung war das Boot unter dem Namen HERCULES im Einsatz beim 5. Minensuchgeschwader. 1965/66 wurde es auf der Werft nochmals gründlich überholt. Nach der Außerdienststellung über die VEBEG an privat verkauft. Dieser ließ es auf einer Werft zur Yacht umbauen.
Danach mit neuem Namen CARIN II als Komparse in dem Spielfilm SCHTONK eingesetzt. In den neunziger Jahren ist das Boot in einem Sturm im Atlantik gesunken.

FISCHE

NATO-Nr.: M 1096
Bauwerft:
Abeking & Rasmussen, Lemwerder
Stapellauf:
14.07.1959
Indienststellung:
12.01.1960
Außerdienststellung:
20.04.1989
Geschwaderzugehörigkeit:
5. Minensuchgeschwader

Geschichte und Verbleib:

FISCHE war eines der wenigen Boote, die ihre anfangs zuerkannte NATO-Nr. M 1096 von Anfang bis Ende ihrer aktiven Dienstzeit beim 5. MSG behalten durfte. Nachdem sich bei Probefahrten der beiden bereits mit dem Voith-Schneider-Antrieb ausgerüsteten Boote SCHÜTZE und KREBS gezeigt hatte, daß diese die geforderte Geschwindigkeit nicht erreichen konnten, wurde dieser Antrieb durch eine neue Escher-Wyss-Propelleranlage abgelöst. Dabei war FISCHE nun das erste Boot und damit gleichzeitig »Typ-Boot«, das mit diesem neuen Antrieb ausgestattet wurde. In der Folgezeit ist das Boot im Rahmen des Ausbildungsprogrammes dieses Geschwaders im Einsatz ohne besondere Auffälligkeiten. Nach der Außerdienststellung fand das Boot noch als schwimmendes Kameradschaftsheim der »Marinekameradschaft Elklingen« Verwendung.

GEMMA

NATO-Nr.: M 1097
Bauwerft:
Abeking & Rasmussen, Lemwerder
Stapellauf:
06.10.1959
Indienststellung:
10.05.1960
Außerdienststellung:
18.12.1987
Geschwaderzugehörigkeit:
5. Minensuchgeschwader

Geschichte und Verbleib:

Am 10. Mai 1960 wurde das Boot unter dem Namen GEMMA unter der Kenn-Nr. M 1097 für das 5. Minensuchgeschwader in Dienst gestellt. Danach nahm es zusammen mit den anderen Booten am Übungsbetrieb des Geschwaders teil.
Nach der Außerdienststellung im Dezember 1987 befand es sich mehrere Jahre beim Marinearsenal in Wilhelmshaven und wurde schließlich am 27. Februar 1990 über die VEBEG verkauft.

CAPELLA

NATO-Nr.: M 1098
Bauwerft:
Abeking & Rasmussen, Lemwerder
Stapellauf:
29.02.1960
Indienststellung:
30.06.1960
Außerdienststellung:
08.01.1965
Geschwaderzugehörigkeit:
5. Minensuchgeschwader

Geschichte und Verbleib:
Die CAPELLA erhielt nach ihrer Indienststellung die Kenn-Nr. M 1098 zugeteilt und wurde dem 5. Minensuchgeschwader unterstellt. In der Folgezeit wurde es bis zu seiner Außerdienststellung im Übungsbetrieb dieses Geschwaders eingesetzt.
Nach der Aussonderung im Jahre 1973 wurde es von VEBEG an die Marinekameradschaft in Büsum verkauft. Die Verlegung nach dort fand am 14. Dezember 1974 statt. Einlaufen im neuen Heimathafen am 2. Januar 1975.
Am 15. Juni 1975 wurde das als schwimmendes Kameradschaftsheim verwendete Boot auf den Namen BECKUM getauft.
Direkter Namensvorgänger ist das ehemalige Minenräumboot »R 133«, das nach Übernahme von der Bundesmarine unter diesem Namen für das 1. MSG in Dienst genommen wurde.

URANUS

NATO-Nr.: M 1099
Bauwerft:
Schürenstedt, Bardenfleth
Stapellauf:
15.03.1960
Indienststellung:
05.07.1960
Außerdienststellung:
02.08.1971
Geschwaderzugehörigkeit:
5. Minensuchgeschwader

Geschichte und Verbleib:
Am 24. September 1961 befand sich die URANUS auf einer Werftprobefahrt. Dabei gab es eine Begegnung mit 13 Schnellbooten der nationalen Volksmarine, russischer Bauart, die dabei den Versuch unternahmen, das noch unbewaffnete Minensuchboot durch entsprechende Fahrmanöver von seinem Kurs abzudrängen. Dabei war die Bootsführung der URANUS zur Vermeidung einer Kollision gezwungen, mehrfach die Fahrt zu stoppen bzw. mit Hartruderlagen auszuweichen. Außerdem mußte ebenfalls noch hingenommen werden, in dieser Zeit als Zielobjekt für diese zu dienen. Hierbei ist anzumerken, daß es Begegnungen dieser Art öfters gab. Man denke nur an die Fahrten, die zu Zeiten des kalten Krieges regelmäßig zur taktischen Nahaufklärung durchgeführt wurden, wobei glücklicherweise nicht alle derart spektakulär verlaufen sind.
1971 hatte das Boot einen Brand im Motorenraum, der zur Außerdienststellung führte. Danach wurde es der Marinekameradschaft Trier als Kameradschaftsheim überlassen. Dort erhielt es den neuen Namen URANUS TREVERORUM.
Als Namensvorgänger ist ein schnelles Geleitboot bekanntgeworden, das beim Einmarsch deutscher Truppen noch unfertig vorgefunden, anschließend von der Kriegsmarine fertiggestellt und danach 1943 der 6. Vorpostenflottille unterstellt wurde.

Tender MOSEL I

NATO-Nr.: A 67
Bauwerft:
Schlieker-Werft, Hamburg
Stapellauf:
15.12.1960
Indienststellung:
08.06.1963
Außerdienststellung:
28.06.1990
Geschwaderzugehörigkeit:
5. Minensuchgeschwader

Geschichte und Verbleib:
Aufgrund des Konkurses der Bauwerft konnte der Tender erst mit erheblicher Verzögerung in Dienst gestellt werden. Das Schiff diente vorrangig dem 5. Minensuchgeschwader als Unterstützungseinheit. Darüber hinaus wurde es jedoch auch für andere Sonderaufgaben innerhalb der Flotte eingesetzt.
1964 wurde es beispielsweise als Führungsschiff bei Datenübertragungsversuchen in See mit britischen, französischen sowie niederländischen Einheiten eingesetzt. 1967 wurde aus Kostengründen und Personalmangel die Besatzung reduziert und der Tender zur Außerdienststellung vorgesehen. Dies sowie ein geplanter Umbau zum Flugzeugsicherungsschiff ist jedoch nicht realisiert worden. Letztendlich wurde der Tender dann am 28. Juni 1990 doch aus dem aktiven Dienst der Flotte genommen und zunächst einige Zeit beim Marinearsenal in Wilhelmshaven aufgelegt. Am 19. Februar 1992 wurde das Schiff dann über die VEBEG verkauft. Die MOSEL ging sodann am 22. März 1992 zum Abbruch in die Türkei.

Die Minenkampfboote der Typ-Klasse 343 (HAMELN-Klasse)

Mitte der siebziger Jahre mußte über den Ersatz der alten schnellen Minensuchboote der SCHÜTZE-Klasse nachgedacht werden. Die Technik der Minenabwehr war inzwischen weiterentwickelt und konnte durch diesen Bootstyp nicht mehr praktiziert werden.

Bei der Suche nach kostengünstigen Lösungen entschied man sich dann zur Entwicklung eines Schiffstyps, der sogenannten Einheitsplattform in zwei Varianten. Die Vorteile sind offenkundig. Neben Einsparungen für die Entwicklung eines zweiten Schiffstyps sind weitere Kosteneinsparungen bei der Instandhaltung und Ersatzteilbevorratung zu erwarten. Mit Ausnahme der waffentechnischen Unterschiede sind ja beide Typen weitgehend identisch.

Aufgrund einer taktischen Forderung aus dem Jahr 1978 wurde ein Planungsentwurf durch die Firmen AEG und MBB erarbeitet. Am 1. März 1981 erging an beide Firmen der Auftrag, bis zum Frühjahr 1984 eine Definitionsstudie zu fertigen. Die Zielsetzung lag bei der Erarbeitung eines einheitlichen Waffenträgers für zwei verschiedene Typ-Klassen 343 und 332. Im Februar 1985 waren die Konstruktionsarbeiten abgeschlossen, und nach Zustimmung des Haushaltsausschusses wurde am 3. Juli 1985 der Bauauftrag an den Generalunternehmer MBB erteilt. Drei Werften wurden daraufhin als Subunternehmer mit der Durchführung des Baus der einzelnen Sektionen beauftragt. Der Gesamtsystempreis betrug für die Boote der Klasse 343 2,1 Mrd. DM.

So wurde abgesprochen, daß die Lürssen-Werft alle Mittelsektionen und die Deckshäuser erstellt, dies entspricht einem Anteil von 43 % des Bauvolumens, den Rest teilen sich die Kröger-Werft, die die Bugsektionen erstellt, und Abeking & Rasmussen, die für die Hecksektionen verantwortlich ist. Diese werden dann von jeweils einer zuständigen Werft zu einem Boot zusammengefügt und dann bis zur Werfterprobungsfahrt komplettiert. Mit eigener Kraft und Navigation laufen sie dann zu den Endausrüstungswerften. Diese sind für sieben Boote die Lürssen-Werft und für drei Boote die Werft Abeking & Rasmussen.

Die Fertigung in Sektionsbauweise ist nur möglich, weil die Boote aus schweißbarem Stahl gebaut sind und nicht etwa aus Holz oder Kunststoff. Dementsprechend sind auch Reparaturen am Schiffsrumpf sowie Umbauten im Rahmen von Umrüstungen wesentlich einfacher durchzuführen.

Bei der Auswahl der Werkstoffe und Baumaterialien wurde gegenüber den Vorgängern Neuland beschritten. Es handelt sich dabei um amagnetischen austenitischen Chrom-Nickel-Mangan-Molybdän-Stickstoff-Stahl. Dieser hatte sich bereits beim U-Boot-Bau sehr gut bewährt. Nach den Erfahrungen aus dem Falkland-Krieg wurde auf die Verwendung von Aluminium im Bereich der Aufbauten verzichtet. Nachdem der verwendete Stahl nicht magnetisierbar und nichtrostend ist, hat das verwendete Material im Hinblick auf seine Schockfestigkeit einen weiteren Vorzug gegenüber GFK oder Holz vorzuweisen. Dies wurde in eingehenden Versuchen mit der ÜBERHERRN nachhaltig unter Beweis gestellt.

Der trotz all dieser Vorkehrungen vorhandene unvermeidliche Restmagnetismus wird auf elektronischem Wege, durch eine Minen-Eigenschutz-Anlage (MES), kompensiert. Hierzu wird jedes einzelne Einbauteil auf einer speziellen Anlage elektrisch vermessen.

Die Boote sind außerdem mit einem Dauerschutz-Klima-System (DSK) voll ABC-geschützt. Die gesamte Schiffstechnik wird durch eine automatische Überwachungseinrichtung kontrolliert. Für die Stromversorgung sind drei eingekapselte E-Diesel-Aggregate/MWM 6-Zylinder-V-Motoren-Siemens-E-Generatoren mit je 230 kW vorhanden. Für den Antrieb sorgen wie bei der Klasse 332 zwei 16-Zylinder-V-Motoren vom Typ MTU 396 TB 84 mit einer Leistung von jeweils 2040 kW. Damit werden zwei fünfflügelige Escher-Wyss-Verstellpropeller angetrieben, die damit eine Geschwindigkeit von 18 Knoten erreichen.

Gegenüber ihren Vorgängern stellen die neuen Boote eine bedeutsame Verbesserung dar. Dies findet auch in der Bewaffnung der Boote seinen Niederschlag. So sind die zwei 40-mm-Geschütze von Bofors eine kampfwertgesteigerte Version der noch auf der SCHÜTZE-Klasse verwendeten Ausführung. Diese zeichnet sich insbesondere durch eine höhere Kadenz sowie die Möglichkeit einer Vorladeeinrichtung aus. Darüber hinaus sind sie durch eine glasfaserverstärkte Kuppel geschützt. Durch die Aufstellung, je ein Bug- und Heck-Geschütz, ist eine Rundumverteidigung des Bootes gewährleistet. Für den Nahbereich stehen außerdem noch zwei Fliegerfäuste zur Verfügung. Nicht zu vergessen sind auch noch eine Düppelausstoßvorrichtung »WOLKE« und zwei Täuschkörperwurfanlagen, eine zum Täuschen von Infrarotsuchern und eine Silver Dog für Radarsensoren. Die modifizierte Feuerleitanlage wurde nicht zuletzt aus Kostengründen von den bereits seit geraumer Zeit außer Dienst gestellten Schnellbooten der Typ-Klasse 142 übernommen. Die Navigation erfolgt mit Funkpeiler und Radar RAYPATH, Satellitennavigationsanlage GPS-Navstar, teilweise in Kombination mit der Waffenanlage.

Dies gilt gleichermaßen für den Datenaustausch mit Hilfe des installierten passiven/aktiven LINK-Systems Palis. Der Einbau einer modernen Navigationsanlage ermöglicht außerdem eine größere Präzision des Minenräumens.

Die Ausrüstung umfaßt ferner Minenräumgerät für mechanisches, magnetisches und akustisches Gerät. Ferner sind vorhanden: Leinenwinde, Kabelwinde und Vertikalspill, zwei Heckdavits, ein Kran an STB. Achtern vier Rettungsinseln und ein bis zwei Schlauchboote sind ebenfalls noch an Bord.

Im praktischen Übungsbetrieb hat sich jedoch inzwischen gezeigt, daß das an Bord befindliche leichte mechanische Räumgeschirr verschiedene Leistungsdefizite aufweist; u.a. ist die maximale Räumtiefe nicht ausreichend. Die derzeit zur Tiefensteuerung der Räumleinen verwendeten Geräte sind nicht geeignet, kurz angebundene Ankertauminen zu schneiden. Weitere Schwächen liegen bei Simulationsräumgeräten in der unzureichenden Schiffsähnlichkeit der Signale, die von modernen Minenzündgeräten durchaus erkannt werden können.

Umbau der schnellen Minensuchboote der Klasse 343 zum Minenjagdboot Klasse 333 und der Klasse HL 352

Im Verlauf der neunziger Jahre wurde festgelegt, fünf Minensucher der HAMELN-Klasse 343 zu Minenjagdbooten umzubauen. Diese sollen dann die Klassenbezeichnung 333 tragen und werden in der Auslegung der Minenjagdkomponente im wesentlichen der Klasse 332 entsprechen. Die Abnahme des ersten Bootes, der KULMBACH, ist am 23. September 1999 erfolgt. Die restlichen vier Boote, HERTEN, ÜBERHERRN, LABOE und PASSAU, sind inzwischen umgerüstet und dem 3. Minensuchgeschwader unterstellt. Die Gesamtkosten des Projektes sind mit rund 150 Millionen DM veranschlagt. Als Generalunternehmer hatte die Peene-Werft in Wolgast bei der Ausschreibung den Zuschlag erhalten.

Die restlichen fünf Boote, die HAMELN, PEGNITZ, SIEGBURG, ENSDORF und AUERBACH, sollen nach Umbau zur neuen Klasse HL 352 die dann aus Altersgründen abzulösenden Systeme der Klasse 351 (TROIKA) ersetzen und verbleiben wie bisher beim 5. Minensuchgeschwader.

Nach Abschluß dieser Umbaumaßnahmen wird es die Typ-Klasse 343 in der ursprünglichen Form nicht mehr geben, sondern lediglich die aus dieser Plattform hervorgegangenen neuen Typ-Klassen 333 und 352. Das Zahlenverhältnis von Minenjagdbooten zu Hohlstablenkbooten soll in Zukunft 3 : 1 betragen. Darin spiegeln sich die in den vergangenen Jahrzehnten im praktischen Einsatz gemachten Erfahrungen wider.

Das Brückendeck wird als Einzelsektion auf den Bootskörper aufgesetzt.

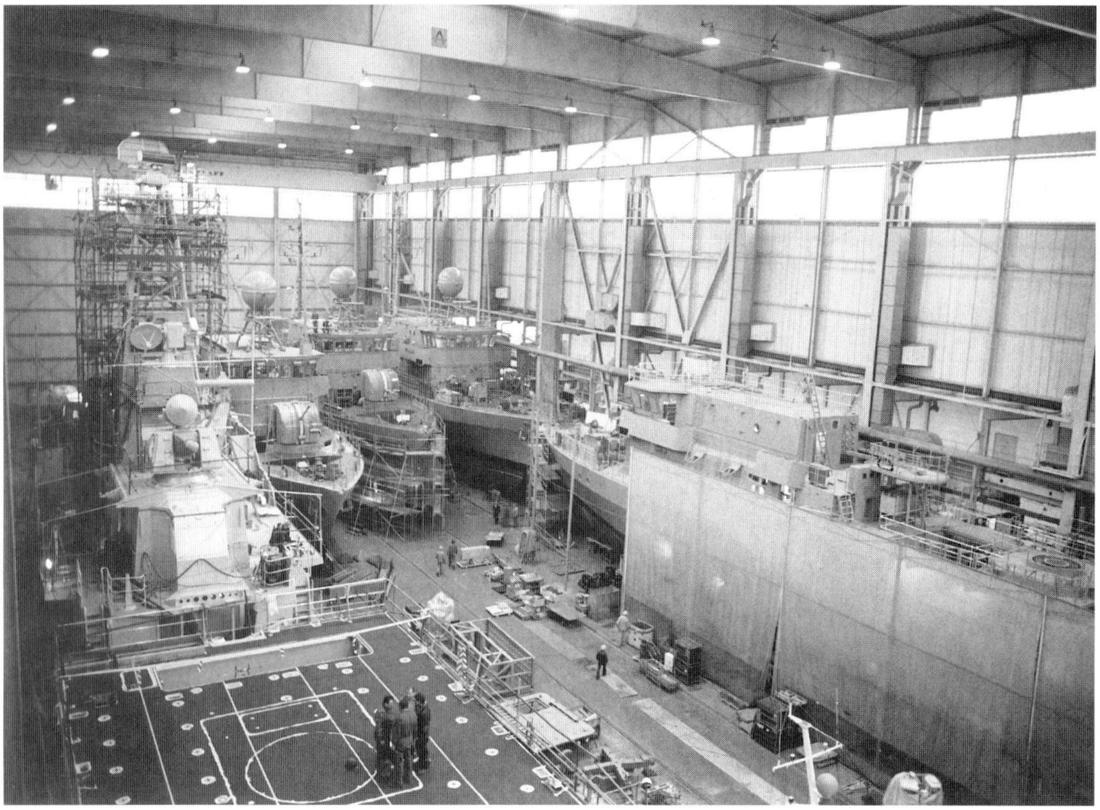

Boote in verschiedenen Bauphasen in der Schiffbauhalle der Lürssen-Werft

Boote der Typ-Klassen 332 und 343 bei der Endausrüstung in der Lürssen-Werft

Der weitgehend fertige Bootsrumpf wird aus der Halle ins Freigelände geschoben.

PEGNITZ

NATO-Nr.: M 1090

Bauwerft:
Lürssen, Vegesack

Stapellauf:
23.03.1989

Indienststellung:
09.03.1990

Geschwaderzugehörigkeit:
5. Minensuchgeschwader

Geschichte und Verbleib:

Die PEGNITZ ersetzt das ehemalige schnelle Minensuchboot PERSEUS der SCHÜTZE-Klasse. Der Funktionsnachweis fand am 18. Juli 1989 statt, und die Übernahme erfolgte am 13. Februar 1989. Die erste Ausbildung der Bootsbesatzung war ein Schiffssicherungslehrgang in Neustadt. Die PEGNITZ gehörte mit zu dem Verband von insgesamt acht Einheiten, die in der Zeit von Juni/Juli 1998 zusammen mit dem auszubildenden Offiziersnachwuchs die 110. AAR. durchführten. In acht Ausbildungswochen war eine Gesamtdistanz von 4750 Seemeilen zu überwinden und sieben Häfen in verschiedenen Ländern wurden dabei angelaufen. Neben der Offiziersausbildung, die bei dieser Reise entsprechend den Vorgaben den Schwerpunkt der Bordausbildung zu bilden hatte, wurden jedoch auch noch mit den befreundeten Marinen von Frankreich, Portugal und Spanien in deren Hoheitsgewässern intensive Übungen durchgeführt. Im Winter 1999 geht es zusammen mit der BAD RAPPENAU und dem Tender RHEIN in Richtung Arabien bis zum Endhafen Abu Dhabi. Neben einer Vielzahl der üblichen Übungen wurde dort auch die Leistungsfähigkeit der bordeigenen Systeme, d.h. Minenjagd, demonstriert. Daneben blieb jedoch auch noch ausreichend Zeit, um Land und Leute kennenzulernen. In der Zeit vom 26. Mai 2000 bis 17. Mai 2001 wurde dann der geplante Umbau zum Hohlstablenkboot zur neuen Klasse 352 vollzogen.

Der Maschinenleitstand der PEGNITZ

KULMBACH

NATO-Nr.: M 1091
Bauwerft:
Abeking & Rasmussen, Lemwerder
Stapellauf:
15.06.1989
Indienststellung:
24.04.1990
Geschwaderzugehörigkeit:
5. Minensuchgeschwader,
3. Minensuchgeschwader
ab Oktober 1999

Geschichte und Verbleib:
Als Ersatz für das schnelle Minensuchboot ATAIR der SCHÜTZE-Klasse wurde die KULMBACH dem 5. Minensuchgeschwader unterstellt. Nach der Indienststellung wird das Boot üblicherweise von der neuen Besatzung eingefahren. Im sogenannten Rollendienst werden alle nur denkbaren Notsituationen geprobt und durchgespielt, damit die Besatzung in der Lage ist, entsprechend zu reagieren. In den letzten drei Jahren war die KULMBACH mit dazu ausersehen, dem künftigen Offiziersnachwuchs der Marine die notwendigen praktischen Erfahrungen an Bord eines Schiffes zu vermitteln. Hierbei wurden neben der Ost- und Nordsee, dem Englischen Kanal, die Biscaya, der Atlantik und das Mittelmeer befahren.
Die KULMBACH wurde inzwischen dazu bestimmt, als erstes Boot ihrer Klasse bei der Peene-Werft in Wolgast zum Minenjagdboot der neuen »Klasse 333« umgebaut zu werden. Der Umbau wurde termingerecht am 24. September 1999 beendet. Damit gehört es im internationalen Vergleich zu den derzeit modernsten Einheiten im Bereich der Minenjagd. Optisch ist diese Umrüstung lediglich durch die Aufstellung eines großen Containers sowie Schränken zur Aufbewahrung des »Seefuchses« sowie verschiedener Ausrüstungskomponenten auf dem Achterdeck erkennbar. Im Anschluß an diese Maßnahme wird das Boot künftig für das 3. Minensuchgeschwader zur See fahren. Die ersten praktischen Erfahrungen mit dem neuen System verliefen schon sehr vielversprechend. So konnten von insgesamt 23 Minen bereits 16 Objekte auf Anhieb gefunden und bekämpft werden.

HAMELN

NATO-Nr.: M 1092
Bauwerft:
Lürssen, Vegesack
Stapellauf:
15.03.1988
Indienststellung:
29.06.1989
Geschwaderzugehörigkeit:
5. Minensuchgeschwader

Geschichte und Verbleib:
Das inzwischen zweite Boot dieses Namens ersetzt das zwischenzeitlich außer Dienst gestellte schnelle Minensuchboot PLUTO der SCHÜTZE-Klasse. Die notwendigen Funktionsnachweise der einzelnen Systeme sind ab dem 14. Oktober 1988 erbracht worden. Die Abnahme durch die Marine fand am 27. April 1989 statt. Die HAMELN ist gleichzeitig das Typ-Schiff der gleichnamigen »Klasse 343«, dem in der Folgezeit noch neun weitere Boote folgen sollten. Schon bereits vor der offiziellen Indienststellung konnte sich das Boot in einem Seenotfall auszeichnen. Ein Maasholmer Fischer hatte an Bord seines Bootes einen Herzanfall erlitten. Glücklicherweise gelang es ihm, zuvor noch einen Notruf abzugeben. Mit Hilfe eines SAR-Hubschraubers konnte er so von seinem Kutter abgeborgen werden. Zwei Soldaten der HAMELN besetzten den führungslosen Kutter bis zum Eintreffen des Seenotrettungskreuzers KUCHENBECKER, der den Kutter anschließend in Schlepp nahm. Bereits kurz nach der Indienststellung hatte das Boot Ministerbesuch an Bord. Der damalige Verteidigungsminister Gerhard Stoltenberg nahm die HAMELN unter die Lupe.

Beim Einsatz bei der Operation Südflanke in der Zeit von November 1990 bis Februar 1991 kam es zur ersten großen Bewährungsprobe für das Boot und seine Besatzung. Siehe hierzu auch das Kapitel »Golfkrieg«.
Bei einem nicht gerade alltäglichen Patenbesuch hatte die Besatzung der HAMELN erstmalig Gelegenheit, das Vereinsheim der Marinekameradschaft Hameln kennenzulernen. Dahinter verbirgt sich nichts anderes als das ehemalige schnelle Minensuchboot PLUTO, das von Mitgliedern der MK in vierjähriger Arbeit zum Kameradschaftsheim umgebaut wurde.
Nach der Außerdienststellung des Schulschiffes DEUTSCHLAND fuhr das Boot bereits dreimal für die Ausbildung des Offiziersnachwuchses.
1998 gehörte sie ebenfalls dem multinationalen Minensuchverband an, der in den Küstengewässern der baltischen Staaten nach Hinterlassenschaften aus den beiden Weltkriegen suchte und die Funde anschließend beseitigte.
Die HAMELN ist eines der fünf Boote aus der Klasse 343, welche zum Umbau als Hohlstablenkboot der Klasse 352 vorgesehen sind. Diese Umbaumaßnahme wurde im Zeitraum vom 10. Dezember 2000 bis 24. Januar 2001 vollzogen.

AUERBACH

NATO-Nr.: M 1093
Bauwerft:
Lürssen, Vegesack
Stapellauf:
18.06.1990
Indienststellung:
07.05.1991
Geschwaderzugehörigkeit:
5. Minensuchgeschwader

Geschichte und Verbleib:
Die AUERBACH ist der Ersatz für das schnelle Minensuchboot NEPTUN der SCHÜTZE-Klasse. Die Funktionsnachweise der Technik wurden ab 13. November 1990 erbracht. Die Ablieferung an die Marine fand am 30. April 1991 statt. Die AUERBACH war damit das vorläufig letzte Boot dieser zehn Boote umfassenden Bauserie, das für das 5. Minensuchgeschwader in Dienst gestellt wurde. 1996 war es an einer knapp über neun Wochen dauernden Ausbildungsreise für Offiziersanwärter im Mittelmeer unterwegs, wobei auch neun verschiedene Hafenstädte in neun Ländern besucht wurden.
1997 nahm das Boot nach einer vorangegangenen intensiven Vorausbildung für vier Monate am Übungsprogramm des multinationalen Verbandes »Standing Naval Force Channel« teil. In dieser Zeit wurde sehr intensiv in einem vorgegebenen Räumkanal nach Minen gesucht. Vier geräumte Minen konnte sie schließlich als Erfolg ihrer Bemühungen vorweisen. Aber nicht nur Minensuche ist in diesem Verband als Aufgabe zu lösen, sondern auch Luft- und Seezielschießen sind mit in dem Übungsvorgaben enthalten. Die Hilfe in einem Seenotfall war allerdings nicht vorgeplant, sondern ergab sich wegen des schweren Wetters. Die deutsche Segelyacht TANGO war in norwegischen Gewässern in Seenot geraten und konnte in Zusammenarbeit mit weiteren Booten und einem Rettungshubschrauber gerettet werden. 1997 war das Boot mit dem multinationalen Minenabwehrverband OPEN SPIRIT im Rigaischen Meerbusen im Einsatz. Dabei wurden von den beteiligten Einheiten insgesamt 19 verschiedene Objekte durch Sprengung beseitigt. In der Zeit vom 21. September 1999 bis zum 7. September 2000 wurde das Boot planmäßig zum Hohlstablenkboot der Typ-Klasse 352 umgebaut.

Die Typ-Klasse 352

Diese neue Typ-Klasse ist das Ergebnis einer Umrüstung der alten Typ-Klasse 343 zum einen zur Klasse 333 sowie zum anderen zur Klasse 352.

Zu dieser Typ-Klasse 352 gehören nach Abschluß der Umbaumaßnahmen die folgenden Boote: M 1090 PEGNITZ, M 1092 HAMELN, M 1093 AUERBACH, M 1094 ENSDORF und M 1098 SIEGBURG. Zum Typschiff wurde dabei die ENSDORF ausersehen.

Die Zugehörigkeit zum 5. Minensuchgeschwader bleibt nach derzeitiger Planung weiterhin erhalten. Als letztes der umzurüstenden fünf Boote steht die SIEGBURG dem Geschwader inzwischen wieder zur Verfügung.

Nach den guten Erfahrungen mit dem Troika-System im Golf-Konflikt war es angezeigt, dieses erfolgreiche System weiterzuentwickeln. In Anbetracht des inzwischen erreichten Indiensthaltungsalters von rund vierzig Jahren für die Typ-Klasse 351 war es angezeigt, diese baldmöglichst durch Neubauten zu ersetzen.

Die Umbauten werden derzeit bei zwei Werften, der Lürssen-Werft, die maßgeblich an der Konzeption des Troika-Systems beteiligt war, sowie Abeking & Rasmussen, die im Bau von Minensuchbooten in der Vergangenheit ebenfalls umfangreiche Erfahrungen sammeln konnte, durchgeführt. Generalunternehmer ist die Fa. STN Atlas Elektronik in Bremen. Die Gesamtkosten des Projektes sind mit rund 180 Millionen DM veranschlagt.

Die technischen Daten entsprechen in den wichtigsten Bereichen denen der Typ-Klasse 332 und 343. Zusätzlich zu den bisher bekannten Systemen und Ausrüstungen wären in erster Linie zu nennen: ein zusätzlicher »Seehund«, somit vier statt bisher drei »Seehunde«, außerdem die Einweg-Drohne »Seefuchs«. Über dieses neue Verfahren und dessen Einsatzmöglichkeiten sind im Kapitel Minensuch- und Jagdsysteme weitere Einzelheiten nachzulesen.

ENSDORF

NATO-Nr.: M 1094
Bauwerft:
Lürssen, Vegesack
Stapellauf:
08.12.1989
Indienststellung:
25.09.1990
Geschwaderzugehörigkeit:
5. Minensuchgeschwader

Geschichte und Verbleib:

Die ENSDORF ist der Ersatzbau für das schnelle Minensuchboot WIDDER der SCHÜTZE-Klasse, sie lieferte ihren Funktionsnachweis am 17. April 1990 ab und wurde am 25. September 1990 an die Marine abgeliefert. 1997 fuhr das Boot zusammen mit der WEIDEN und dem Versorger NIENBURG Richtung Persischer Golf. Nach den Einsätzen verschiedener Boote im Rahmen des Golf-Krieges war dies der zweite Aufenthalt von Minensuchern der Bundesmarine in diesen Gewässern. Die ENSDORF war zusammen mit dem Schulgeschwader 1998 im Mittelmeer. Dabei wurden auch zahlreiche Hafenstädte besucht. In der Zeit vom 1. Februar 1999 bis 7. September 2000 wurde die ENSDORF bei der Lürssen-Werft in Bremen-Vegesack zum Hohlstablenkboot der Klasse 352 umgebaut. Es ersetzt damit eines der Boote der Klasse 331 B, die zuletzt dem 6. MSG in Wilhelmshaven unterstellt waren.
Patenstadt: Ensdorf im Saarland

ÜBERHERRN

NATO-Nr.: M 1095
Bauwerft:
Abeking & Rasmussen, Lemwerder
Stapellauf:
30.08.1988
Indienststellung:
19.09.1989
Geschwaderzugehörigkeit:
5. Minensuchgeschwader,
3. Minensuchgeschwader
ab Oktober 1999

Geschichte und Verbleib:

Die ÜBERHERRN ersetzt das inzwischen außer Dienst befindliche schnelle Minensuchboot HERKULES der SCHÜTZE-Klasse. Die Funktionsnachweise der einzelnen Systeme wurden ab dem 30. Dezember 1988 erbracht. Die Übernahme durch die Marine erfolgte dann am 29. August 1989. Im Rahmen der üblichen Erprobungen neuer Waffensysteme wurden auf der ÜBERHERRN auch Ansprengversuche durchgeführt, deren Entwicklung in einer besonderen Bildfolge im Anschluß an die Lebensgeschichte des Bootes gezeigt werden. Diese Fotos wurden von der Bauwerft zur Veröffentlichung freigegeben.
Es ist die zweite Einheit der Typ-Klasse 343, die vom 5. Minensuchgeschwader übernommen wurde. In den ersten neun Jahren seiner Dienstzeit hat das Boot bereits beachtliche 90.000 Seemeilen zurückgelegt und neben den üblichen Einsätzen bei Übungen und Manövern im Rahmen des Geschwaderverbandes auch am Golf-Krieg im Zeitraum von August 1990 bis Februar 1991 mitgewirkt. Die ÜBERHERRN ist eines der Boote, die für den Umbau zu Minenjagdbooten der Klasse 333 vorgesehen sind, die Arbeiten werden durch die Peene-Werft in Wolgast ausgeführt und erstrecken sich über einen Zeitraum von rund neun Monaten. Als Folge dieser Umbaumaßnahme kam es auch zu einer größeren Umverteilung des Bootsbestandes. Demzufolge wurde das Boot ab Oktober 1999 dem 3. MSG zur Dienstleistung zugeteilt.
Patenstadt: Überherrn im Saarland

Ansprengversuche auf der ÜBERHERRN

PASSAU

NATO-Nr.: M 1096
Bauwerft:
Abeking & Rasmussen
Stapellauf:
01.03.1990
Indienststellung:
18.12.1990
Geschwaderzugehörigkeit:
5. Minensuchgeschwader,
3. Minensuchgeschwader
ab Oktober 1999

Geschichte und Verbleib:
Die PASSAU ersetzt das schnelle Minensuchboot FISCHE der SCHÜTZE-Klasse. Die Funktionsnachweise wurden ab dem 5. Mai 1990 erbracht. Die Ablieferung an die Marine fand am 11. Dezember 1990 statt. PASSAU ist nun das achte von insgesamt zehn Booten, das bisher von diesem Typ 343 für das 5. Minensuchgeschwader in Dienst gestellt wurde. 1991 Teilnahme beim Manöver BLUE HARRIER. 1992 AAG nach Riga, St. Petersburg und Klaipeda. 1995 für drei Monate mit dem Schulgeschwader durch das Mittelmeer bis Istanbul. Im Oktober geht es dann noch nach Oslo. Im Herbst 1996 folgt ein anspruchsvolles Training bei MOST in Ostende. Zusammen mit den Booten GRÖMITZ, DATTELN (Kl. 332) sowie der ENSDORF und PASSAU (Klasse 343) sowie der GEFION und FRAUENLOB der Klasse 394 fuhren die Boote in Begleitung des Tenders MOSEL zu einer vierwöchigen Übung in außerheimischen Gewässern. Dies gehört inzwischen zur Routine. Das Übungsgebiet und der Übungszweck hatten jedoch schon etwas Besonderes an sich. So sollten gemeinsam mit der lettischen Marine im Rahmen einer Ausbildungskooperation und technischer Hilfe in der Rigaer Bucht Minen aus dem Zweiten Weltkrieg gesucht und danach geräumt werden. Die PASSAU gehört mit zu den insgesamt fünf Booten, die für einen Umbau zur neuen Typ-Klasse 333 vorgesehen sind. Der Umbau wurde bei der Peene-Werft in Wolgast im Zeitraum vom 27. September 2000 bis 5. September 2001 durchgeführt. Ab Oktober 1999 wurde das Boot dann dem 3. Minensuchgeschwader unterstellt.
Patenstadt: Passau am Inn

LABOE

NATO-Nr.: M 1097
Bauwerft:
Kröger-Werft, Rendsburg
Stapellauf:
13.09.1988
Indienststellung:
07.12.1989
Geschwaderzugehörigkeit:
5. Minensuchgeschwader,
3. Minensuchgeschwader
ab Oktober 1999

Geschichte und Verbleib:
Die LABOE ist der Ersatz für das außer Dienst gestellte schnelle Minensuchboot GEMMA der SCHÜTZE-Klasse. Dieses neue Boot der Typ-Klasse 343 ist das dritte dieses Typs, welches dem 5. Minensuchgeschwader zur Dienstleistung unterstellt wurde. Die Abnahmefahrten und Funktionsnachweise der einzelnen Technikbereiche fanden ab dem 22. Juni 1989 statt. Die Ablieferung an die Marine war dann am 28. November 1989. Schon bald nach der Indienststellung mußten sich Boot und Besatzung im Einsatz während des Golf-Krieges bewähren. Es gehörte mit zu den ersten Einheiten, die in die Golfregion entsandt wurden. Die Rückreise war am 5. März

1991. Wichtigster Einsatz im Jahre 1992 war die Teilnahme am Manöver MINEX in Stavanger. Weitere Höhepunkte im bisherigen Lebenslauf waren sicherlich die Ausbildungsfahrten für Offiziersanwärter in den Jahren 1993 während der »Rußland AAG« sowie den beiden Mittelmeerfahrten 1995 und 1998. Bei diesen Reisen in die südlichen Gefilde, die für Boote dieses Typs eher die Ausnahme sind, konnten bei zahlreichen Hafenbesuchen viele neue Eindrücke gesammelt werden. In der Zeit vom 9. März 2000 bis Februar 2001 wurde das Boot bei der Peene-Werft in Wolgast zum Minenjäger der neuen Typ-Klasse 333 umgebaut. Künftig wird die LABOE dem 3. Minensuchgeschwader in Olpenitz unterstellt.
Patenstadt: Ostseebad Laboe an der Kieler Förde

SIEGBURG

NATO-Nr.: M 1098
Bauwerft:
Kröger-Werft, Rendsburg
Stapellauf:
14.04.1989
Indienststellung:
17.07.1990
Geschwaderzugehörigkeit:
5. Minensuchgeschwader

Geschichte und Verbleib:
Die SIEGBURG ersetzt das schnelle Minensuchboot WEGA der SCHÜTZE-Klasse. Nach der Indienstnahme wurde es dem 5. Minensuchgeschwader zur Dienstleistung unterstellt. Die notwendigen Erprobungen und Funktionsnachweise der Systeme wurden ab dem 31. Januar 1990 erbracht. Die Ablieferung an die Marine fand dann am 17. Juli 1990 statt. Die erste Manöverteilnahme fand von April bis Mai 1991 im Rahmen BLUE HARRIER statt. Die Jahre danach waren ebenfalls mit zahlreichen Manövern und Hafenbesuchen ausgefüllt. 1994 wurde SIEGBURG zusammen mit weiteren Booten zur Offiziersausbildung abgestellt. Vom 20. Februar bis 29. März 1995 war das Boot zur STANAVFORCHAN abgeteilt. Eine weitere Steigerung gab es dann bei der Offiziersausbildungsreise ins Mittelmeer von April bis Juni 1999, wo die Boote ebenfalls in zahlreichen Häfen die deutsche Flagge zeigen durften. 1997 wurde das Boot wiederholt zur Offiziersausbildung herangezogen. 1998 wurde die SIEGBURG zum Unternehmen BALTIC ENDEAVOIR abgeteilt. 1999 weitere Einsätze im Rahmen der Offiziersausbildung.
Nach zwischenzeitlichem Umbau zum Hohlstablenkboot im Zeitraum Januar 2000 bis November 2001 wird das Boot in der neuen Funktion für das 5. Minensuchgeschwader zur See fahren.
Patenstadt: Siegburg im Sauerland

HERTEN

NATO-Nr.: M 1099

Bauwerft:
Kröger-Werft, Rendsburg

Stapellauf:
22.12.1989

Indienststellung:
26.02.1991

Geschwaderzugehörigkeit:
5. Minensuchgeschwader,
3. Minensuchgeschwader ab Oktober 1999

Geschichte und Verbleib:

Nach der Indienststellung wurde die HERTEN dem 5. Minensuchgeschwader unterstellt. Es ersetzt inzwischen das schnelle Minensuchboot JUPITER der SCHÜTZE-Klasse. Der Funktionsnachweis der Systeme wurde ab dem 20. September 1990 erbracht. Die Abnahme durch die Marine folgte am 26. Februar 1991.

Im Jahr 1992 erste Auslandsreise mit Häfen in Schottland, Irland und den Niederlanden. 1993 folgte eine weitere Reise in die baltischen Staaten, Rußland, Lettland und Litauen. Dabei wurden die Häfen St. Petersburg, Riga und Klaipeda besucht. 1994 wurde das Boot für knapp vier Monate der STANAVFORCHAN zugeteilt, um an deren Trainingsprogramm mitzuwirken. 1995 ging es dann in das Mittelmeer und das Schwarze Meer mit zahlreichen Hafenbesuchen. 1996 und 1997 folgten Fahrten im Ost- und Nordseebereich. Dabei wurden Erprobungen für Waffen und technische Systeme durchgeführt. 1998 ging es im Mai und Juni wieder ins Mittelmeer. Portugal, Spanien, Marokko und England wurden besucht. In der Zeit vom 29. Juli 1999 bis 7. Juli 2000 ist die HERTEN ebenso wie vier weitere Boote dieses Typs einem Umbau zum Minenjäger der neuen Klasse 333 unterzogen worden. Inzwischen wurden bereits die ersten Erprobungen als Minenjäger erfolgreich abgeschlossen. Nach der Neugliederung des Bootsbestandes wurde die HERTEN vom 5. Minensuchgeschwader in das 3. Minensuchgeschwader überstellt. 2001 folgte noch ein wichtiger Einsatz beim NATO-Minenabwehrverband Mittelmeer (MCMFORMED).

Patenstadt: Herten

Bei der Indienststellung der HERTEN spielte das Marinemusikkorps auf.

Tender MOSEL II

NATO-Nr.: M A 512
Bauwerft:
Bremer Vulcan-Werft
Stapellauf:
22.04.1993
Indienststellung:
22.06.1993
Geschwaderzugehörigkeit:
5. Minensuchgeschwader

Geschichte und Verbleib:
Der neue Tender MOSEL der Typ-Klasse 404 ersetzte im Jahre 1993 seinen gleichnamigen Vorgänger von der Typ-Klasse 401.
Schwesterschiffe: ELBE, RHEIN, WERRA, DONAU und MAIN, allesamt Namensnachfolger der Typ-Klasse 401.
Im Gegensatz zu den Einheiten der Typ-Klasse 401 ist er, ebenso wie die Schwesterschiffe, mit Ausnahme der Stinger-Fliegerfäuste für die Nahbereichsflugabwehr, wahrscheinlich vorwiegend aus Kostengründen, im direkten Vergleich mit seinem Namensvorgänger schwach bewaffnet.
Je nach Bedarf können zudem noch bis zu 24 Container an Oberdeck mitgeführt werden.
Der Tender war zusammen mit mehreren Booten des Geschwaders beim Manöver SQUADEX 4/1997 beteiligt. Im September desselben Jahres war die MOSEL Unterstützungseinheit des multinationalen Einsatzverbandes, der im Rigaischen Meerbusen beim Manöver OPEN SPIRIT 1997 ein vorher festgelegtes Seegebiet von 17 Quadratseemeilen absuchte und 19 Objekte unschädlich machte. Im April 1998 folgte die Übung BLUE HARRIER, die seit langem zum Standardprogramm der Flotte zählt und nun zum letzten Mal unter diesem Namen stattfand.
Patenstadt ist Cochem an der Mosel.

Maschinenleitstand Tender MOSEL

Tender MOSEL gibt Material an die M-Boote ab.

Deutsches Schulgeschwader

Mit der Außerdienststellung des Schulschiffes DEUTSCHLAND galt es für die Offiziersausbildung einen geeigneten Ersatz zu finden.

Auf diese Problemstellung wird im Rahmen dieser Abhandlung lediglich deshalb eingegangen, weil die weitaus größten Ausbildungsanteile der letzten Jahre auf die Einheiten der Flottille der Minenstreikräfte entfallen sind. Der durchaus willkommene Nebeneffekt war dabei, daß die beteiligten Einheiten auf diese Art und Weise in Seegebieten eingesetzt wurden, in denen sie ansonsten rein typgebunden kaum zum Einsatz gekommen wären.

Ab 1994 führte die Flottille der Minenstreitkräfte erstmals im Auftrag des Flottenkommandos das Praktikum Flotte im Rahmen einer speziell hierfür vorbereiteten Ausbildungsreise durch. Nach erfolgreicher Durchführung dieser Aufgabe erhielt die Flottille auch für 1995 diese Ausbildungsaufgabe übertragen. In der Zeit vom 3. April bis 30. Juni wurden 75 von insgesamt 102 Offiziersanwärtern bei der Flottille ausgebildet. Der Ausbildungsschwerpunkt beim Praktikum lag damit automatisch bei der Flottille der Minenstreitkräfte. Für die Ausbildung wurden sieben Minensucher der Klasse 343, ein Minenjagdboot der Klasse 332 sowie ein Tender der Klasse 404 mit eingeschiffter SUG bereitgestellt. Dieser Ausbildungsverband, der aus dem 1. und 5. MSG abgestellt wurde, trug für diese Zeit die Bezeichnung »DEUTSCHES SCHULGESCHWADER«. Bei dieser Ausbildungsreise unter der amtlichen Bezeichnung AAG 310/95 vom 10. April bis 27. Juni 1995 wurden insgesamt 14 Häfen in zwölf Ländern Europas, Afrikas und Asiens besucht.

An dieser Stelle sei daran erinnert, daß diese Reise, wenn auch unter ganz anderen Vorzeichen und in ausschließlich freundschaftlicher und humanitärer Absicht, nicht die erste war, die von deutschen Marineeinheiten im Schwarzen Meer durchgeführt wurde. Bereits während des Ersten Weltkrieges fanden unter Beteiligung von U-Booten vor den Dardanellen sowie durch die beiden Kreuzer GOEBEN und BRESLAU im Schwarzen Meer heftige Seegefechte statt. Auch im Zweiten Weltkrieg waren neben U-Booten und Schnellbooten auch Minenräumboote in diesen Gewässern im Einsatz. Der Anfahrtsweg verlief jedoch völlig anders, da die Verlegungen damals auf Tiefladern über die Autobahn und danach über die Donau führte.

Vom 12. April bis 14. Juni 1996 führte das Schulgeschwader in bewährter Manier eine weitere AAR durch; beteiligt waren die Minenjagdboote DILLINGEN und TÜBINGEN, die schnellen Minensucher PEGNITZ, HAMELN, AUERBACH, KULMBACH und SIEGBURG sowie die WOLFSBURG vom 6. Minensuchgeschwader in Wilhelmshaven. Die Reise führte über Bordeaux, Cadiz, Augusta, Souda, Alexandria, Haifa, Augusta, Lissabon und Zeebrügge.

Das Echo der Praktikanten war zu Beginn der Reise noch nicht so rundum positiv, wie das gegen Ende der Reise erfreulicherweise festzustellen war. Pro Boot wurden je acht Praktikanten untergebracht, die das Praktikum, bestehend aus 1) Navigation, 2) Ortungs-, Operations- und Fernmeldedienst, 3) Decks-, Brücken- und Waffendienst und 4) der Schiffstechnik, in etwa vier gleich langen Ausbildungsabschnitten zu durchlaufen hatten.

Ab Mai 1999 bewegte sich das Deutsche Schulgeschwader auf den Spuren der Hanse. Während dieser 117. AAR besuchte der Verband, bestehend aus Booten vom 1., 5., und 6. Minensuchgeschwader sowie dem Tender MOSEL, insgesamt sechs Häfen an der Nord- und Ostsee.

Die LABOE im Kanal von Korinth während einer Fahrt im Schulgeschwader.

6. Minensuchgeschwader

Am 1. April 1958 wurde das 6. Minensuchgeschwader im Heimathafen Cuxhaven aufgestellt. In der Anfangsphase umfaßte es folgende Boote: LINDAU, GÖTTINGEN, KOBLENZ, WETZLAR, TÜBINGEN und SCHLESWIG.

Am 15. Juli 1963 erhält das Geschwader Zuwachs aus dem Bestand des inzwischen aufgelösten 8. Minensuchgeschwaders. Dabei werden nun WOLFSBURG, ULM und MINDEN dem 4. MSG unterstellt. Außerdem wird dem Geschwader der Tender WERRA, der bisher für das 7. Schnellbootgeschwader in Kiel zugerechnet war, als logistische Unterstützungseinheit zugeteilt.

In der Zeit vom 1. Oktober 1977 bis zum 1. Juli 1984 wird, wie bereits beim 4. MSG beschrieben, in einem Truppenversuch das 4. und 6. MSG zu einem MINENABWEHRGESCHWADER NORDSEE zusammengefaßt. In dieser Zeit werden auch sechs der KM-Boote ab 1978 zu Hohlstablenkbooten umgerüstet. Mit dem Zulauf des letzten Bootes, der DÜREN, am 8. November 1983 war diese Umrüstphase dann beendet. Fortan bestand dieses Geschwader dann aus diesen sechs Hohlstablenkbooten mit ihren jeweils drei »Seehunden«.

Am 17. September 1997 findet erneut eine Verschmelzung dieser beiden Geschwader statt. Diesmal allerdings mit der Folge, daß das zuvor genau 39 Jahre bestehende 4. Minensuchgeschwader offiziell aufgelöst und dessen Bootsbestand in das »neue 6. Minensuchgeschwader« integriert wurde. Dieses wird nun den Rest der ursprünglich 18 Boote umfassenden Typ-Familie der LINDAU-Klasse bis zur endgültigen Außerdienstnahme aller verbliebenen Boote dieses Typs bis zur Auflösung betreuen. Danach wird es nach derzeitiger Planung Minensucher nur noch im Standort Olpenitz geben (siehe auch Geschichte des 1. und 5. MSG).

Der Bootsbestand dieses Geschwaders gliederte sich zum Jahreswechsel 1999/2000 in drei Boote der Typ-Klasse 331, die CUXHAVEN, MARBURG und LINDAU, sowie vier Boote der Klasse 351, SCHLESWIG, WOLFSBURG, DÜREN und KONSTANZ. Hinzu kommen noch die »Seehunde« Nr. 1 bis 18 vom System Troika.

Am 9. Oktober 2000 wurden dann die letzten vier verbliebenen Minensuchboote SCHLESWIG, KONSTANZ, DÜREN und WOLFSBURG in Wilhelmshaven außer Dienst gestellt. Dies ist gleichzeitig das Ende einer Ära in Wilhelmshaven, denn damit ist die über vierzigjährige Geschichte des Geschwaders in diesem Standort besiegelt.

Als letzter und insgesamt 22. Kommandeur hatte Fregattenkapitän Hermann Strasser den Geschwaderstab am 13. Dezember 2000 endgültig aufgelöst. Damit war die Chronik dieses Geschwaders beendet.

Als kleiner Trost für all jene, die diesen traditionsreichen Booten doch etwas nachtrauern, sei festgehalten, daß eine Anzahl der Einheiten – wenngleich unter fremden Flaggen – noch einige Jahre weiter zur See fahren dürfen.

Im einzelnen werden die SCHLESWIG, PADERBORN, DÜREN, KONSTANZ, WOLFSBURG und ULM nach Südafrika abgegeben. Nach Lettland gehen die GÖTTINGEN und VÖLKLINGEN, die LINDAU und CUXHAVEN nach Estland sowie KOBLENZ und MARBURG nach Litauen.

GÖTTINGEN

NATO-Nr.: M 1070
Bauwerft:
Burmester, Bremen-Burg
Stapellauf:
01.04.1957
Indienststellung:
31.05.1958
Außerdienststellung:
11.09.1997
Geschwaderzugehörigkeit:
6. Minensuchgeschwader

Geschichte und Verbleib:
Nach der Indienststellung gehörte die GÖTTINGEN zunächst dem 6. Minensuchgeschwader an. In den ersten Jahren werden bei Übungen und Manövern im Geschwaderverband vorwiegend Seegebiete im Skagerrak, den Ostseezugängen sowie Häfen an Nord- und Ostsee aufgesucht. Dabei kommt es auch schon zu ersten Begegnungen mit Einheiten des Warschauer Paktes. 1967 Gefechtsbesichtigung verschiedener Boote des Geschwaders, darunter die GÖTTINGEN durch den Kommandeur der Flottille der Minenstreitkräfte, KptzS Ostertag. 1969 schleppt das Boot die LINDAU, deren Maschinenanlage infolge eines Wasserbombenübungswurfes ausgefallen war, nach Ostende. In den folgenden Jahren wurde vielfach mit französischen Einheiten geübt, außerdem wurden Schottland und Belgien angelaufen.
1976 wird das Boot wegen des bevorstehenden Umbaues zum Minenjagdboot a.D. gestellt. Als siebtes Boot wird die GÖTTINGEN danach wieder am 19. Januar 1979 in Dienst gestellt. Das Boot kommt einem dänischen Fischkutter zu Hilfe, der mit seinem Fangnetz eine britische Mine aus dem Ersten Weltkrieg aus dem Wasser gezogen hatte. Dabei stellte sich heraus, daß die Sprengladung nicht mehr vorhanden, der Zündmechanismus jedoch noch funktionstüchtig war. Nach der Auflösung des Minenabwehrgeschwaders Nordsee wird das Boot nun dem 4. Minensuchgeschwader unterstellt. 1985 meldet ein Fischer einen Minenfund in der Nordsee, der daraufhin von der GÖTTINGEN geräumt und anschließend nach Wilhelmshaven gebracht wird. 1986 Manöver STANAVFORCHAN. Die brit. Fähre HERALD OF FREE ENTERPRISE kentert beim Auslaufen aus Zeebrügge. Die GÖTTINGEN, verstärkt durch Besatzungsangehörige der WOLFSBURG, läuft sofort zur Unfallstelle aus. Die Taucher werden am Wrack selbst eingesetzt, wobei diese wegen der Enge an Bord auf ihre Preßluftflaschen verzichten müssen und mit der eigenen Atemluft ins Innere des Schiffes vordringen. Dabei gelingt es zwei Tauchern des Bootes noch, drei Personen, die in einer Luftblase in einer Kammer eingeschlossen waren, lebend zu retten. 30 weitere Passagiere konnten jedoch nur noch tot geborgen werden. Für diese Leistung werden die beiden Retter nachträglich mit dem Ehrenkreuz in Gold ausgezeichnet. 1988 feiert GÖTTINGEN ihr 30jähriges Indienststellungsjubiläum. In den folgenden Jahren regelmäßige Teilnahme an Manövern und sonstigen Ausbildungsabschnitten. Nach der Außerdienststellung lag es noch als Auflieger im Arsenal und ist inzwischen zusammen mit der HOLNIS für die Abgabe an Lettland vorgesehen, um unter deren Flagge noch einige Zeit zur See zu fahren.

KOBLENZ
NATO-Nr.: M 1071
Bauwerft:
Burmester, Bremen-Burg
Stapellauf:
06.05.1957
Indienststellung:
08.07.1958
Außerdienststellung:
22.06.1999
Geschwaderzugehörigkeit:
6. Minensuchgeschwader

Geschichte und Verbleib:
Nach der Indienststellung wurde die KOBLENZ zunächst dem 6. Minensuchgeschwader unterstellt.1959 Teilnahme am Flottenmanöver »Wallenstein III«.1964 rammte die KOBLENZ mit dem Heck die Steuerbordseite des Schwesterbootes SCHLESWIG. Dabei erlitten beide Boote Schäden, die einen Werftaufenthalt notwendig machten. Nach der Reparatur setzten die Boote die Ausbildungsreise fort. Auch in den folgenden Jahren ist das Boot am Ausbildungsbetrieb mit Manövern und Hafenaufenthalten beschäftigt.1972 Rettung von sieben Schiffbrüchigen des gesunkenen Hamburger Kutters HOHENLINDEN im Englischen Kanal. 1973 geht es als Austauschboot nach Frankreich. Am 12. Dezember 1975 wird das Boot wegen der bevorstehenden Umrüstung zum Minenjagdboot außer Dienst gestellt. Am 21. Juni 1978 wieder in Dienst als »Minenjagdboot«. 1978 Ramming eines Mohlenkopfes mit Schäden am Bug. 1979 als Austauschboot nach Lorient. 1982 Führerboot bei der STANAVFORCHAN. 1984 wird das Minenabwehrgeschwader aufgelöst und das Boot wieder dem 4. MSG unterstellt. 1985: Auf der Rückreise von der AAG 310/85 hat das Boot wegen Materialermüdung einen Propellerschaden. 1986: KOBLENZ ist wieder bei der STANAVFORCHAN. Dabei muß wegen eines Ruderschadens die VÖLKLINGEN mit Ersatzteilen aushelfen.1987: Vor Borkum wird eine deutsche Ankertaumine aus dem Zweiten Weltkrieg durch einen Minentaucher gesprengt. Der jährliche Artilleriepreis geht an die KOBLENZ. 1989 wieder bei STANAVFORCHAN und TEAMSWEEP.
Am 16. August 1990 Auslaufen zum Einsatz am Golf mit dem deutschen Minenabwehrverband »Südflanke«. 1991: Nach über einem Jahr Rückkehr am 13. September 1991 in den Heimathafen. 1995: Übungen vor den Nordfriesischen Inseln für einen Einsatz in Bosnien. Am 8. Juli 1998 feierte das Boot sein 40jähriges Jubiläum im Dienst der Marine.
Die Koblenz wurde inzwischen als SUDUVIS von der litauischen Marine übernommen.

LINDAU
NATO-Nr.: M 1072
Bauwerft:
Burmester, Bremen-Burg
Stapellauf:
16.02.1972
als erster Neubau
der Bundesmarine!
Indienststellung:
24.04.1958
Außerdienststellung:
19.10.2000
Geschwaderzugehörigkeit:
6. Minensuchgeschwader

Geschichte und Verbleib:
Die LINDAU ist das Typ-Boot einer insgesamt 18 Boote umfassenden Serie von Küstenminensuchbooten. Dabei handelt es sich um die deutsche Version der US-amerikanischen BLUE-BIRD-Klasse. Sie diente zunächst beim 6. MSG. Das erste bedeutende Manöver, an dem das Boot teilnahm, war Wallenstein III in der Ostsee. Dabei kam es auch zu Begegnungen mit sowjetischen Über- und Unterwassereinheiten. Im Winter 1966 mußten die Boote verschiedene Ausweichhäfen innerhalb des NATO-Bündnisses aufsuchen. In diesen Zeitraum fällt auch die Teilnahme am Manöver Jaguar.
1968 führt das Boot zusammen mit drei weiteren Schwesterbooten Räumaufgaben zur Verbreiterung des Elbe-Borkum-Weges durch. Bei 104 Überläufen wurden 32 Minen gefunden. 1969 räumen fünf Boote, darunter die LINDAU, einen neuen Tiefwasserweg bei Helgoland. Auslandsreise nach Schottland, Frankreich und Belgien. Dabei erleidet die LINDAU einen Maschinenschaden und wird in der Folge von der GÖTTINGEN nach Ostende geschleppt.
1971 geht die LINDAU als Austauschboot nach Frankreich. 1974 ist es der STANAVFORCHAN zugeteilt. Am 24. April 1975 wird die LINDAU außer Dienst gestellt, um zum Minenjagdboot umgebaut zu werden. 1977 wird in einem Truppenversuch das 4. und 6. Minensuchgeschwader zu einem »Minenabwehrgeschwader Nordsee« zusammengefaßt, wobei die ursprüngliche Geschwaderzugehörigkeit jedoch intern erhalten bleibt. 1978 wird das Boot als erstes in der neuen Funktion als »Minenjagdboot« wieder neu in Dienst gestellt. 1984 wird der neugeschaffene Verband wieder aufgelöst und die Boote auf die beiden Geschwader neu verteilt. Dabei ist die LINDAU künftig dem 4. MSG unterstellt.
1985 feiert das 4. Minensuchgeschwader sein 25jähriges Jubiläum. In den folgenden Jahren stehen verschiedene Manöver auf dem Programm des Bootes. 1988 werden die anläßlich des Manövers BLUE HARRIER zuvor auf deutschen Schiffahrtswegen verlegten Übungsminen wieder geräumt. Im September 1997 feiert die Besatzung das seltene Jubiläum der 40jährigen Indienststellung.
Am 10. April 1999 lief die LINDAU zum letzten Mal aus, um bei dem »Ständigen Einsatzverband Ärmelkanal« (STANAVFORCHAN) mitzuwirken. Künftig wird dieser Verband einen neuen Namen tragen. Am 7. Mai 1999 wurde er anläßlich eines Kommandowechsels in Den Helder in Minenabwehrverband Nordsee (MCMFORNORTH) umbenannt.
Die Reiseroute dieser Unternehmung führt über mehrere Zwischenhäfen bis ins Mittelmeer. Während des Aufenthaltes in diesem Seegebiet soll das Boot an den Feierlichkeiten anläßlich des 40jährigen Jubiläums Ständige Einsatzverbände der NATO in La Spezia und der Aufstellung des neuen Ständigen Minenabwehrverbandes (MCMFORMED) Mittelmeer in Ajaccio (Korsika) teilnehmen. Im Rahmen der Operation »Allied Harvest« wird die LINDAU zusammen mit 14 weiteren Booten der Nordatlantischen Allianz nach Bomben und Raketen sowie anderen Waffen suchen, die von NATO-Kampfflugzeugen während ihrer Lufteinsätze über Jugoslawien aus technischen oder Kraftstoffgründen in sogenannten Drop Zones abgeworfen wurden. Bei einer Zwischenbilanz waren es bereits 13 Objekte, die gefunden und durch eine Minenvernichtungsladung unschädlich gemacht wurden. Am 29. Juli 1999 kehrte das Boot nach erfolgreicher Mission an seinen Heimathafen Wilhelmshaven zurück. Seine letzte Reise unter deutscher Flagge trat es von dort am 25. September 2000 an, um im Beisein des Inspekteurs der Marine außer Dienst gestellt zu werden. Diese Zeremonie fand am 9. Oktober 2000 in Talinn/Estland statt. Unter der Flagge dieses Landes soll das Boot nach der gegenwärtigen Planung noch einige Zeit fahren.

Minenjagdboot LINDAU

SCHLESWIG
NATO-Nr.: M 1073
Bauwerft:
Burmester, Bremen-Burg
Stapellauf:
02.10.1957
Indienststellung:
30.10.1958
Außerdienststellung:
29.09.2000
Geschwaderzugehörigkeit:
6. Minensuchgeschwader

Geschichte und Verbleib:
Mit der Indienststellung war die SCHLESWIG dem 6. Minensuchgeschwader zugeordnet. 1960 wurde der Bootskörper verlängert, da sich das achtere Arbeitsdeck als zu klein herausgestellt hatte. SCHLESWIG wird Prototyp dieser Umbaumaßnahme. 1964 wird das Boot beim Auslaufen zu einer Auslandsreise von seinem Schwesterboot KOBLENZ an der Steuerbordseite gerammt. Die Folge ist ein 10 m langes Loch im Schanzkleid, die eine Reparatur beider Boote in der Werft erforderlich macht, da die KOBLENZ ebenfalls Schäden am Heck davongetragen hatte. Nach Behebung der Blessuren folgen die Boote den übrigen nach. 1970 Teilnahme an der Übung Jaguar. 1975 Ramming an der Pier in Helgoland mit der Folge einer längeren Werftliegezeit. 1977 Abstellung zur STANAVFORCHAN. 1978 Geleit für die britische Königsyacht beim Feuerschiff ELBE I. 1979 wird die SCHLESWIG als zweites Boot zum Hohlstablenkboot umgebaut und am 27. Mai 1981 als erstes Hohlstablenkboot wieder in Dienst gestellt. Damit wurde es gleichzeitig zum Typ-Boot für dieses neue System. Zur Lenkung bekam es nun die drei »Seehunde« Nr. 7, 8 und 9 zugeteilt. 1981 ereilt das Boot im Nord-Ostsee-Kanal eine weitere Havarie, und es muß anschließend bei der Kröger-Werft in Rendsburg repariert werden. 1984 wird das Boot nach der Auflösung des Minenabwehrgeschwaders Nordsee wieder dem 6. MSG zugeteilt. 1990 Teilnahme am Manöver COLD WINTER mit dem Befehlshaber der Flotte an Bord. 1990 wird die SCHLESWIG in der vierten Einfahrt erneut gerammt, dabei müssen diesmal 8 m Schanzkleid erneuert werden. Am 22. Januar 1991 Auslaufen ins Mittelmeer zwecks Ablösung der Minensucher LABOE und ÜBERHERRN in der Souda-Bucht auf Kreta. 11. März: Auslaufen von dort mit den Stationen Suez, Djidda, Djibouti, Mina Raysut, Muskat nach Manamah. Am 2. Mai trifft die SCHLESWIG mit zwei »Seehunden« im Einsatzgebiet ein. Bereits am 3. Mai bringt »Seehund« Nr. 4 die erste scharfe Mine im nördlichen Teil des Golfes zur Detonation! Vom 7. bis 14. Mai übernimmt die Besatzung der DÜREN die SCHLESWIG. »Seehund« Nr. 7 sprengt weitere zwei Grundminen. Am 13. September wird der Rückmarsch nach Wilhelmshaven angetreten, dabei werden die »Seehunde« mit dem Spezialschiff CONDOCK überführt. 1994 werden anläßlich eines Werftaufenthaltes zur Erweiterung des Eigenschutzes gegen Flugzeuge zwei Fliegerfaustständе eingebaut. 1995 gibt es im Arsenal ein Leck im Vorschiff abzudichten. 1996 wird das Boot erneut Opfer einer Havarie. Es ist die bisher schwerwiegendste, denn es gibt nach der Ramming durch das niederländische Baggerschiff SAGA sechs Verletzte zu beklagen. Das Boot konnte jedoch trotz der erheblichen Beschädigungen aus eigener Kraft den Stützpunkt anlaufen. Damit geht die SCHLESWIG als Boot mit den meisten Rammings in die Geschwadergeschichte ein. Dessenungeachtet wird das Boot gemeinsam mit fünf weiteren Booten des Geschwaders dazu bestimmt, unter der neuen Dienstflagge Südafrikas noch einige Zeit zur See zu fahren.

TÜBINGEN

NATO-Nr.: M 1074
Bauwerft:
Burmester, Bremen-Burg
Stapellauf:
12.08.1957
Indienststellung:
25.09.1958
Außerdienststellung:
26.06.1997
Geschwaderzugehörigkeit:
6. Minensuchgeschwader

Geschichte und Verbleib:
Die TÜBINGEN war nach der Indienststellung zunächst als Küstenminensuchboot zur Dienstleistung dem 6. Minensuchgeschwader unterstellt. Erstes bedeutsames Manöver war Wallenstein III im Jahre 1960. Im Winter 1966 zeitweise Verlegung in eisfreie Häfen in Frankreich und Norwegen. 1969 verlegt das Geschwader von seinem bisherigen Heimathafen Cuxhaven nach Wilhelmshaven. 1970 Teilnahme am Manöver JAGUAR mit französischen Einheiten. Bis zum Umbau zum Minenjagdboot im Jahre 1975 weitere Übungen und Manöver vorwiegend mit französischen Einheiten und Hafenbesuchen.
Nach beendeter Umbauphase wird die TÜBINGEN als zweites Minenjagdboot am 20. März 1978 wieder in Dienst gestellt. 1979 Nordlandreise mit Überschreitung des Polarkreises. Hilfeleistung in einem Seenotfall. Zwei Frachtschiffe waren in der Deutschen Bucht miteinander kollidiert. TÜBINGEN und ein Seenotrettungskreuzer stellen eine Pumpenverbindung her, mit deren Hilfe die Havaristen über Wasser gehalten werden können. 1983 geht TÜBINGEN als Austauschboot nach Frankreich. Das Boot feiert sein 25jähriges Indienststellungsjubiläum. Später geht es zur STANAVFORCHAN. Nach Auflösung des Minenabwehrgeschwaders Nordsee wird das Boot nun in das 4. Minensuchgeschwader eingegliedert. 1985 Bergung von Wrackstücken eines vor Helgoland abgestürzten Starfighters vom 2. Marinefliegergeschwader unter tatkräftiger Mithilfe der VÖLKLINGEN und des Bergungsschleppers HELGOLAND. 1988 wieder ein Sondereinsatz bei einer Suche nach einem abgestürzten Tornado. Außerdem ist es mit der DÜREN zusammen erneut bei der STANAVFORCHAN. 1989 wird an Bord ein Film über die Bundeswehr gedreht.
1990 beim Einsatz des Minenabwehrverbandes Südflanke löst die Besatzung der TÜBINGEN die der MARBURG ab, und nach Rückkehr steigt die Besatzung auf der WEILHEIM ein. 1991 darf die Besatzung wieder auf ihrem angestammten Boot an Bord gehen.
1994: Teilnahme am Manöver Squadex 46 in dänischen Gewässern. 1995 bei den Ostfriesichen Inseln vorbereitende Übungen der Boote des zweiten Kontingentes für einen Einsatz in Bosnien. 1995 sind vom 4. Minensuchgeschwader die TÜBINGEN und die KOBLENZ für diesen Einsatz abgeteilt.
In den folgenden Jahren war das Boot im Routinedienst des Geschwaders eingesetzt, ohne daß hierzu besondere Ereignisse bekanntgeworden sind. Nach der Außerdienststellung gelang es der VEBEG, das Boot noch an einen privaten Eigner aus Italien zu verkaufen. Dieser ließ es anschließend zu einer Motoryacht umbauen.

WETZLAR

NATO-Nr.: M 1075
Bauwerft:
Burmester, Bremen-Burg
Stapellauf:
24.06.1957
Indienststellung:
20.08.1958
Außerdienststellung:
30.06.1995
Geschwaderzugehörigkeit:
6. Minensuchgeschwader

Geschichte und Verbleib:
Nach der Indienststellung der WETZLAR und Zuordnung zum 6. Minensuchgeschwader führten die ersten Ausbildungsfahrten und das Manöver Wallenstein III zu den Ostseezugängen. 1964: Häfen in England und Frankreich werden besucht. WETZLAR kommt den beiden Schwesterbooten KOBLENZ und SCHLESWIG, die miteinander kollidiert waren, zu Hilfe. 1965: Auslandsreise um England mit drei Hafenbesuchen. 1967: Gefechtsbesichtigung durch den Flottillenkommandeur und Besuche der Häfen La Coruña und Dover. Außerdem zweiwöchiger Besuch in der Minentaktikschule in Ostende. In den folgenden Jahren nimmt das Boot an allen weiteren Geschwaderübungen teil und besucht dabei zahlreiche Häfen vorwiegend in Frankreich und England.
Am 30. April 1976 wird die WETZLAR wegen des bevorstehenden Umbaus zum Minenjagdboot bei Burmester in Bremen außer Dienst gestellt. Nach vollzogener Umrüstung wird das Boot dann am 6. Oktober 1978 wieder in Dienst gestellt. 1979 Ausbildung in der Biscaya mit Besuch bei »Fete de la Mer« in Arcachon und Cherbourg. 1980 geht es wieder rund um England. 1983 erhält das Boot den Auftrag, eine 700 kg große Mine für die dänische Marine zu suchen. 1984: Nach der Auflösung des Minenabwehrgeschwaders Nordsee werden die bisher in diesem Verband zusammengefaßten Boote neu verteilt. Die umgebauten Minenjagdboote sind nun dem 4. Minensuchgeschwader unterstellt. Diese neue Gliederung hat für die WETZLAR ebenfalls den Wechsel vom 6. zum 4. MSG zur Folge. Im Oktober sind WETZLAR und FULDA abgestellt, um einen abgestürzten Starfighter zu suchen. Das Flugzeugwrack wird durch die Schwimmtaucher gefunden und geborgen. Besuch des Befehlshabers der Flotte auf der WETZLAR. Im März 1985 stürzt nördlich von Helgoland ein weiterer Starfighter ab. Der Pilot kann sich mit dem Schleudersitz retten und wird geborgen. Das Wrack des Flugzeuges wird durch mehrere Boote des Geschwaders geortet und ebenfalls geborgen. WETZLAR geht als Austauschboot nach Frankreich und nimmt am Manöver NORMINEX teil. 1986 ist WETZLAR als Begleitboot bei der Operation »Sail 86« abgeteilt und hat dabei zahlreiche Persönlichkeiten des öffentlichen Lebens als Gäste an Bord. 1987 Teilnahme an der STANAVFORCHAN. Das Boot rettet die in Seenot geratene britische Yacht CELEBRITY westlich des Englischen Kanals. Die Yacht hatte im Sturm den Mast mit Segeln verloren und funkte SOS. WETZLAR bringt den Havaristen sicher in den Hafen.
Am 16. August 1990 läuft der Minenabwehrverband Südflanke, darunter auch die WETZLAR, zur Überführungsfahrt nach Kreta aus. Dabei werden mehrere Zwischenhäfen zur Versorgung bzw. Ruhepause angelaufen. Am 3. September Einlaufen des Verbandes in Souda auf Kreta. Dieser verbleibt dort bis zum 14. September. Bereits am 29. Oktober mußte sie wegen technischer Probleme in die Heimat zurückbeordert werden, Ersatzboot war die GÖTTINGEN. Weitere Details dieser Unternehmung siehe im Sonderkapitel Golfkrieg.
Nach der Außerdienststellung des 6. MSG am 13. Dezember 2000 wurde WETZLAR für die Verwendung als Ersatzteillager für weiterhin im Dienst gehaltene Boote bestimmt.

WERRA I

NATO-Nr.: A 68
Bauwerft:
Lindenau-Werft, Kiel
Stapellauf:
26.03.1963
Indienststellung:
02.09.1964
Außerdienststellung:
21.03.1991
Geschwaderzugehörigkeit:
7. Schnellbootgeschwader
Minenabwehrgeschwader
Wilhelmshaven ab 1.4.1982

Geschichte und Verbleib:
Nach der Indienststellung wurde Tender WERRA zunächst dem 7. Schnellbootgeschwader in Kiel unterstellt und verblieb dort bis zum 31. März 1982.
Ab dem 1. April desselben Jahres wechselte das Schiff sowohl den Heimathafen als auch das Kommando und diente fortan im 6. Minensuchgeschwader, welches zusammen mit dem 4. MSG zu diesem Zeitpunkt das Minenabwehrgeschwader Nordsee in Wilhelmshaven bildete. Nach einer kurzzeitigen Verwendung als Kadettenschulschiff vom Juli bis September 1989 sollte der Tender Ende 1990 außer Dienst gestellt werden. Dazu kam es jedoch wegen des Golf-Krieges zunächst nicht. Statt dessen wurde es für den Einsatz als Führungsschiff im Mittelmeer vorbereitet und trat zusammen mit den übrigen Einheiten dieses Verbandes am 16. August 1990 die Reise ins Einsatzgebiet an. Die Ablösung kam durch den Tender DONAU, der zu diesem Zweck am 24. November aus Wilhelmshaven ausgelaufen war. Die WERRA lief dann auch am 19. Dezember 1990 im Heimathafen ein und wurde dann rund drei Monate später endgültig außer Dienst gestellt.

7. Minensuchgeschwader

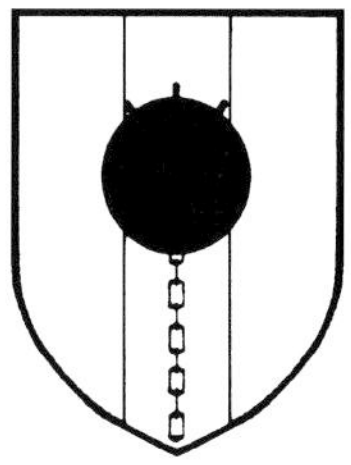

Das 7. Minensuchgeschwader wurde am 1. Januar 1967 in Neustadt/Holstein aufgestellt.

Das erste Boot dieser Typ-Klasse 394 war die FRAUENLOB, die als erstes Boot für dieses neue Geschwader vorgesehen war, jedoch zunächst für kurze Zeit dem 5. Minensuchgeschwader unterstellt wurde. Das gleiche gilt für die am 26. Oktober 1966 nachfolgende NAUTILUS.

Danach folgten mit der GEFION, MEDUSA, UNDINE, MINERVA und DIANA fünf weitere Boote. Den Abschluß bildeten im Jahre 1968 die LORELEY, ATLANTIS und ACHERON.

Die Namensgebung der beiden nahezu baugleichen Klassen 393 und 394 mutet dabei nach heutigen Maßstäben und Anschauungen seltsam an. Zwar handelt es sich dabei durchweg um Traditionsnamen früherer deutscher Kriegs- und Hilfskriegsschiffe. Jedoch reicht die Bandbreite von Namen aus der griechichen Mythologie über römische Gottheiten, Überlieferungen aus der Dichtung, einem Meerestier (Nautilus), einem sagenhaften Kontinent (Atlantis) und schließlich noch einem afrikanischen Steppentier (Gazelle).

Bis 1967 waren die zuvor als Küstenwachboote klassifizierten Einheiten noch nicht mit einer Minensucheinrichtung ausgestattet und wurden daher vorzugsweise zu anderen Aufträgen im Rahmen der Öffentlichkeitsarbeit und bei der taktischen Nahaufklärung sowie als Regatta-Begleitfahrzeuge eingesetzt.

Ab dem 1. Januar 1968 wurden die Boote dann entsprechend ihrer eigentlichen Aufgabe als Binnenminensuchboote bezeichnet und erhielten dann die taktische Kennung M (für Minensucher) in Verbindung mit ihrer jeweiligen Kennummer. Gleichzeitig wurden sie dann mit entsprechendem Gerät ausgerüstet. Die letzten Boote, LORELEY und ATLANTIS, wurden schon von Anbeginn als Binnenminensucher in Dienst gestellt.

1994 schied die NAUTILUS als erstes Boot endgültig aus dem Geschwader aus. 1995 wurden dann die MINERVA, DIANA an die Marine Estlands abgegeben und die ATLANTIS und ACHERON außer Dienst gestellt.

Vom ursprünglichen Bestand von zehn Booten wurde der Rest von fünf, die FRAUENLOB, GEFION, MEDUSA, UNDINE und LORELEY, dem am 1. April 1996 neu aufgestellten 3. Minensuchgeschwader überlassen, die taktischen Zeichen der Boote wieder geändert. Der Grund lag darin, daß der Verband noch nicht der NATO unterstellt werden sollte und daher mit Y-Kennzeichnungen versehen wurde. Mit dieser Kennzeichnung nahm das Geschwader 1970 erstmals an einem Typ-Manöver »MINIFLOTEX« für Minensucher teil. Im Juli 1973 erfolgte dann die Unterstellung unter die NATO. Jetzt konnten die Boote wieder das M-Kennzeichen in Verbindung mit ihrer Nummer führen und danach auch behalten. Ebenso wie die anderen Geschwader unserer Marine nahm es an den nationalen und internationalen Übungen und Manövern im Rahmen ihrer Aufgabenstellung teil. Dabei gab es jedoch typbedingt einen kleinen Unterschied. Aufgrund ihrer kleinen Abmessungen waren sie noch in der Lage, 1977, 1986 sowie 1994 eine Rhein-Reise zu unternehmen. Dabei lag das Hauptproblem naturgemäß am jeweiligen Wasserstand in den Anlaufhäfen des Flusses sowie der lichten Höhe von der Wasseroberfläche bis zu den Unterkanten der zu durchfahrenden zahlreichen Brücken aller Art

Diese Übersicht zeigt nochmals die geführten Kennungen in der zeitlichen Reihenfolge:

	Kennung			
	1	2	3	4
FRAUENLOB	W 31	M 2671	Y 1652	M 2658
NAUTILUS	W 32	M 2672	Y 1653	M 2659
GEFION	W 33	M 2673	Y 1654	M 2660
MEDUSA	W 34	M 2674	Y 1655	M 2661
UNDINE	W 35	M 2675	Y 1656	M 2662
MINERVA	W 36	M 2676	Y 1657	M 2663
DIANA	W 37	M 2677	Y 1658	M 2664
LORELEY	W 38	M 2678	Y 1659	M 2665
ATLANTIS	–	M 2679	Y 1660	M 2666
ACHERON	–	M 2680	Y 1661	M 2667

Fotoserie vom Bau der ARIADNE und FRAUENLOB-Klasse

Kiel wird gestreckt

Schotte werden eingepaßt

Fortgeschrittene Bauausführung,
mit allen Spanten,
noch ohne Außenbeplankung

Die Außenbeplankung wird angebracht.

Der Rumpf ist bereits weit fortgeschritten.

Das Oberdeck ist fertiggestellt.

FRAUENLOB

NATO-Nr.: M 2658
Bauwerft:
Kröger-Werft, Rendsburg
Stapellauf:
26.02.1965
Indienststellung:
27.09.1966
Außerdienststellung:
27.03.2002
Geschwaderzugehörigkeit:
5. Minensuchgeschwader,
7. Minensuchgeschwader
und zuletzt
3. und 5. Minensuchgeschwader

Geschichte und Verbleib:
Die FRAUENLOB war zunächst für das 1. Küstenwachgeschwader vorgesehen. Nach der Indienststellung ist es zuerst dem 5. Minensuchgeschwader unter der Kennung W 31 unterstellt worden. Ab Januar 1967 gehörte es dann zum 7. Minensuchgeschwader. Vom 1. Januar 1967 an wurden alle Boote des Geschwaders, so auch die FRAUENLOB, zu Binnenminensuchbooten umbenannt und führte nun die Kennung M 2671.
Im Rahmen der für die Bundeswehr bestimmten Truppenreduzierung wird im Bereich der Marine u.a. die Außerdienststellung des 7. Minensuchgeschwaders beschlossen. Fünf Boote des Geschwaders blieben von dieser Maßnahme jedoch zunächst verschont und sollten nach der neuen Planung das neue 3. Minensuchgeschwader bilden. Nach einer längeren Werftliegezeit 1995/96 wurde das Boot dann in den neuen Liegehafen Olpenitz verlegt. Im Oktober 1999 gab es den wohl letzten Unterstellungswechsel mit der Zuordnung zum 5. Minensuchgeschwader. Für das Jahr 2001/02 ist das endgültige Aus der aktiven Dienstzeit dieser kleinen Boote in Aussicht gestellt. Aus Kostenersparnisgründen werden sie nach derzeitigem Sachstand in diesem Zeitraum aus dem Flottendienst der Marine ausscheiden.

NAUTILUS

NATO-Nr.: M 2659
Bauwerft:
Kröger-Werft, Rendsburg
Stapellauf:
19.05.1965
Indienststellung:
26.10.1966
Außerdienststellung:
28.04.1994
Geschwaderzugehörigkeit:
5. Minensuchgeschwader,
danach 7. Minensuchgeschwader

Geschichte und Verbleib:
Die NAUTILUS war unter der Kennung W 32 zunächst dem 5. Minensuchgeschwader unterstellt. Nach Aufstellung des 7. Minensuchgeschwaders in Neustadt gehörten die FRAUENLOB und NAUTILUS zu den ersten beiden Booten dieses neuen Geschwaders. In der Anfangsphase wurden zunächst Versuche und Erprobungen gefahren, da sie noch nicht mit Minensucheinrichtungen versehen waren. Diese wurden erst ab 1968 eingebaut. Von diesem Zeitpunkt ab waren die Boote als Binnenminensuchboote klassifiziert. NAUTILUS führte dementsprechend die neue Kenn-Nr. M 2672. Ab 1969 war Y 1653 das Kennzeichen und ab 1973 wiederum M 2659, das bis zum Ende der Dienstzeit geführt wurde. Wegen eines Havarieschadens wurde das Boot im April 1994 vorzeitig außer Dienst gestellt.

GEFION

NATO-Nr.: M 2660
Bauwerft:
Kröger-Werft, Rendsburg
Stapellauf:
19.06.1965
Indienststellung:
17.02.1967
Außerdienststellung:
27.03.2002
Geschwaderzugehörigkeit:
7. Minensuchgeschwader,
3. und 5. Minensuchgeschwader

Geschichte und Verbleib:

GEFION wurde nach der Indienststellung als drittes Boot der Klasse dem 7. Minensuchgeschwader unterstellt. Es führte in dieser Zeit noch die Kennung W 33, da noch keine Minensuchausrüstung an Bord eingebaut war. Ab Januar 1968 erfolgte die Umbenennung in Binnenminensuchboot. Damit verbunden war gleichzeitig wieder ein Wechsel der Kenn-Nr. M 2673. Ab 1969 wechselte diese abermals. Nunmehr erhielt das Boot Y 1654 als Kennzeichen. Nach der Ausrüstung mit Minenräumgeräten wurde das Boot dann aufgabengerecht eingesetzt. Die GEFION ist eines der fünf Boote, die dem neuformierten 3. Minensuchgeschwader in Olpenitz angehörten. Im Oktober 1999 gab es einen weiteren Wechsel im Unterstellungsverhältnis. Ab diesem Monat gehört das Boot bis auf weiteres zum 5. Minensuchgeschwader.

Von den von der Bundesregierung zunächst allgemein für das Jahr 2001 beschlossenen Truppenreduzierungen ist die Marine nicht ausgenommen. Dies hat zur Folge, daß die nach der LINDAU-Klasse ältesten Einheiten der Minensuchflottille ebenfalls im Laufe dieses Jahres außer Dienst gestellt werden sollen.

MEDUSA

NATO-Nr.: M 2661
Bauwerft:
Kröger-Werft, Rendsburg
Stapellauf:
25.01.1966
Indienststellung:
17.02.1967
Außerdienststellung:
14.06.2001
Geschwaderzugehörigkeit:
7. Minensuchgeschwader sowie
3. und 5. Minensuchgeschwader

Geschichte und Verbleib:

MEDUSA ist nach der Ablieferung und der Indienststellung am 17. Februar 1967 als viertes dieser Baureihe unter der Kennung W 34 dem 7. Minensuchgeschwader unterstellt worden.

Bis zum Einbau der Minenräumeinrichtungen wurden die Boote zu umfangreichen Versuchen und Erprobungen herangezogen. Ab 1. Januar 1968 erfolgte dann die neue Klassifizierung zum Binnenminensuchboot. Die Kennung lautete nun M 2674. In dieser Zeit sind dann auch die entsprechenden Minenräumgeräte eingebaut worden, so daß anschließend ein Einsatz für den vorgesehenen Verwendungszweck möglich wurde. Ab 1969 ist die Kennung erneut gewechselt worden und lautete nun Y 1655, ab 1973 M 2661. Die MEDUSA gehörte sodann zu den fünf Booten, die zur Aufstellung des neuen 3. Minensuchgeschwaders mit Heimathafen Olpenitz ausgewählt wurden.

Damit nicht genug, wurde im Oktober 1999 ein weiterer Wechsel in der Geschwaderzugehörigkeit verfügt. Ab diesem Zeitpunkt gehört das Boot zum 5. MSG.

Als Folge der Sparbeschlüsse der Bundesregierung wurden die letzten Vertreter dieser Typ-Klasse vorgezogen bereits ab Juni 2001 bis März 2002 außer Dienst gestellt.

UNDINE
NATO-Nr.: M 2662
Bauwerft:
Kröger-Werft, Rendsburg
Stapellauf:
16.05.1966
Indienststellung:
20.03.1967
Außerdienststellung:
30.06.2001
Geschwaderzugehörigkeit:
7. Minensuchgeschwader

Geschichte und Verbleib:
Die UNDINE wurde nach ihrer Indienststellung unter der Kennung W 35 dem 7. Minensuchgeschwader unterstellt. In der Anfangsphase wurde sie zu Einzelaufgaben herangezogen, bis 1968 kamen die Minenräumgeräte an Bord. Von da an erhielt das Boot auch die neue Klassifikation als Binnenminensuchboot sowie die neue Kenn-Nr. M 2675. Ab 1969 fand ein Wechsel dieser Identifikationsnummer auf Y 1656 statt, die dann bis 1973 geführt wurde. Danach kam es zur Zuteilung der Kennung M 2662. UNDINE blieb das Schicksal einer vorzeitigen Außerdienststellung zunächst erspart, denn zusammen mit fünf anderen Booten dieses Typs wurde es dazu ausersehen, ab 1. April 1996 das neue 3. Minensuchgeschwader mit Heimathafen in Olpenitz zu bilden. Ab Oktober 1999 war dann nochmals ein Wechsel der Geschwaderzugehörigkeit entschieden worden. Ab diesem Zeitpunkt gehört das Boot bis auf weiteres zum 5. MSG. Dort verblieb es dann bis zu seiner vorzeitig angeordneten Außerdienststellung zum 30. Juni 2001.

MINERVA
NATO-Nr.: M 2663
Bauwerft:
Kröger-Werft, Rendsburg
Stapellauf:
25.08.1966
Indienststellung:
16.06.1967
Außerdienststellung:
16.02.1995
Geschwaderzugehörigkeit:
7. Minensuchgeschwader

Geschichte und Verbleib:
Die MINERVA wurde nach der Indienststellung mit der Kennung W 34 dem 7. Minensuchgeschwader zur Dienstleistung unterstellt. Anfangs ist das Boot zu allerlei Sonderaufgaben, wie z.B. in der Öffentlichkeitsarbeit sowie Einsätzen bei der taktischen Nahaufklärung, herangezogen worden. Ab 11. Januar 1968 wurde das Boot wie die anderen des gleichen Typs zum Binnenminensuchboot umklassifiziert und führte von nun an die Kennung M 2676. In diesem Zeitraum fand dann auch der Einbau der Minenräumausrüstung statt, so daß es von nun an auch für die eigentliche Aufgabe eingesetzt werden konnte. Ab 1969 erfolgte eine erneute Änderung der Identifikationsnummer. Jetzt führte das Boot das Kennzeichen Y 1657, um im Jahre 1973 wieder die Bezeichnung M 2663 zu erhalten. Nach der Außerdienststellung lag es noch im Arsenal und wurde dann im August 1997 unter dem neuen Namen KALEV an die Marine Estlands übergeben und führt dort die Kennung M 414. Unter der neuen Flagge nahm es auch schon mehrfach an gemeinsamen Übungen mit anderen Ostseeanrainerstaaten und Einheiten aus dem NATO-Bündnis teil. Das Boot dient der estnischen Marine wohl noch geraume Zeit beim Aufbau einer eigenen Minenabwehr.

DIANA

NATO-Nr.: M 2664
Bauwerft:
Kröger-Werft, Rendsburg
Stapellauf:
13.12.1966
Indienststellung:
21.09.1967
Außerdienststellung:
16.02.1995
Geschwaderzugehörigkeit:
7. Minensuchgeschwader

Geschichte und Verbleib:
Dem 7. Minensuchgeschwader wurde die DIANA nach ihrer Indienststellung mit der Kenn-Nr. W 37 unterstellt. Nachdem in der Anfangszeit noch keine Minenräumausrüstung eingebaut war, galt es zu dieser Zeit zunächst, einzelbootweise Ausbildung zu betreiben. Ab 1. Januar 1968 erhielt das Boot dann die neue Klassifizierung als Binnenminensuchboot. Damit verbunden war gleichzeitig ein Wechsel des taktischen Kennzeichens, welches nun M 2677 lautete. In diesem Zeitraum wurden dann die entsprechenden Minenräumgeräte eingebaut, so daß das Boot künftig auch in dieser Funktion praktisch eingesetzt werden konnte. Ab 1969 gab es einen weiteren Wechsel bei der Zuordnung der Kenn-Nr. Y 1658 war nun das Unterscheidungsmerkmal gegenüber den anderen Booten. Letztmalig trat ab 1973 eine erneute Änderung auf M 2664 ein, die dann bis zur Außerdienststellung des Bootes bei der Bundesmarine gültig blieb. Damit war jedoch lediglich der Lebenslauf in der Bundesmarine abgeschlossen. Seit dem 18. Juni 1997 fährt das Boot zusammen mit dem Schwesterboot MINERVA unter der Flagge Estlands unter dem Namen OLEV mit der neuen Kennung M 415 und hat unter der neuen Flagge mit Booten anderer Staaten bereits einige gemeinsame Übungen in der Ostsee durchgeführt.

LORELEY

NATO-Nr.: M 2665
Bauwerft:
Kröger-Werft, Rendsburg
Stapellauf:
14.03.1967
Indienststellung:
29.03.1968
Außerdienststellung:
06.02.2001
Geschwaderzugehörigkeit:
7. Minensuchgeschwader sowie
3. und 5. Minensuchgeschwader

Geschichte und Verbleib:
Die LORELEY wurde zunächst dem 7. Minensuchgeschwader zur Dienstleistung unterstellt. Nachdem in der Anfangszeit noch keine Minenräumausstattung zur Verfügung stand, wurden die Boote des Geschwaders zu besonderen Aufgaben einzelbootweise eingesetzt. Im Unterschied zu den Schwesterbooten, die mit Ausnahme der ATLANTIS im Jahre 1968 in Binnenminensuchboote umbenannt wurden, ist die LORELEY gleich als solches mit der entsprechenden Kennzeichnung M 2678 in Dienst gestellt worden. Ab 1968 begann der Einbau von Minenräumgeräten. Ab 1969 fand ein Wechsel der Kennziffer auf Y 1659 statt. Von 1973 an führte es dann M 2665 als neue Kennung. Das Boot wurde schließlich mit vier weiteren Schwesterbooten dazu bestimmt, ab 1. April 1996 das »neue« 3. MSG mit Heimathafen in Olpenitz zu bilden.
Der Oktober 1999 brachte für das Boot nochmals einen Wechsel in der Unterstellung. Von diesem Zeitpunkt an gehört es nun zum 5. MSG. LORELEY ist dank ihrer geringen Größe in der Lage, den Ort, dem sie ihre Namensgebung verdankt, zu besuchen. Die letzte Reise dieser Art führte sie zusammen mit zwei weiteren »Bimis« im Jahre 1999 durch (siehe Abb.). Nach Meinung der Besatzung ein außergewöhnliches Ereignis, das so schnell nicht vergessen wird.

Loreleyfelsen mit dem Boot LORELEY (Rheinreise 1999)

ATLANTIS

NATO-Nr.: M 2666
Bauwerft:
Kröger-Werft, Rendsburg
Stapellauf:
20.06.1967
Indienststellung:
29.03.1968
Außerdienststellung:
20.03.1995
Geschwaderzugehörigkeit:
7. Minensuchgeschwader

Geschichte und Verbleib:
Die ATLANTIS wurde ebenso wie das Schwesterboot LORELEY gleich als Minensuchboot in Dienst gestellt und dem 7. Minensuchgeschwader zur Dienstleistung unterstellt. Die entsprechende Minenräumausrüstung wurde jedoch erst ab 1968 eingebaut. Zu Anfang führte das Boot das Kennzeichen M 2679, danach ab 1969 die Kennung Y 1660 und zuletzt bis zur Außerdienststellung noch M 2666. Bis 1973 war das Boot an Manövern auf nationaler Ebene beteiligt, um später, nach der NATO-Unterstellung, auch an internationalen Übungen mitzuwirken. 1982/83 wurden die Einheiten dieses Typs soweit überholt, damit sie auch noch für einige weitere Jahre in Dienst gehalten werden konnten. Nach der Außerdienststellung lag die ATLANTIS noch geraume Zeit im Marinearsenal in Wilhelmshaven als Werftauflieger. Inzwischen hat das Boot nach einer Reise von 580 km über die Binnengewässer im Dresdener Alberthafen festgemacht. Es soll künftig für das Militärhistorische Museum als Ausstellungsobjekt dienen. Man erhofft sich damit eine wesentliche Steigerung der Besucherzahlen.

ACHERON

NATO-Nr.: M 2667
Bauwerft:
Kröger-Werft, Rendsburg
Stapellauf:
11.10.1967
Indienststellung:
10.02.1969
Außerdienststellung:
20.03.1995
Geschwaderzugehörigkeit:
7. Minensuchgeschwader

Geschichte und Verbleib:
Nach der Indienststellung wurde die ACHERON als letztes Boot dieser Baureihe dem 7. Minensuchgeschwader zur Ausbildung unterstellt. Nachdem die zuvor bereits in Dienst gestellten Boote Einzelausbildung betrieben hatten, war es nun nach der Komplettierung des Bootsbestandes und dem ab 1968 begonnenen Einbau der Minenräumausrüstungen möglich, Übungsfahrten im Verband zu unternehmen. Nachdem das Boot zunächst die Kennung M 2680 geführt hatte, erhielt es ab 1969 »Y 1661« als Kennzeichen. Ab 1973 fand ein weiterer Wechsel statt. Das Boot führte nun wieder M 2667 bis zum Ende seiner aktiven Laufbahn.
Danach lag es zunächst als Auflieger im Marinearsenal und ist anschließend über die VEBEG nach Dänemark verkauft worden.

8. Minensuchgeschwader

Das 8. Minensuchgeschwader wurde am 1. April 1959 in Cuxhaven aufgestellt. Zu diesem Zeitpunkt umfaßte es den folgenden Bootsbestand: M 1082 WOLFSBURG, M 1083 ULM, M 1084 FLENSBURG, M 1085 MINDEN, M 1086, FULDA, M 1087 VÖLKLINGEN.

Im April 1962 verlegt das Geschwader nach Borkum und wird bereits nach drei Jahren am 15. Juli 1963 von seinem bisherigen Heimathafen nach Wilhelmshaven verlegt. Und schon am 15. Juni 1963 war seine Existenz durch die beschlossene Auflösung wieder beendet. Der Bootsbestand von sechs Einheiten wurde je zur Hälfte dem bereits bestehenden 4. und 6. Minensuchgeschwader zugeteilt.

Das 4. MSG erhielt die Boote FLENSBURG, FULDA und VÖLKLINGEN, während die WOLFSBURG, ULM und MINDEN dem 6. MSG unterstellt wurden.

Damit endete die kurze Geschichte dieses Geschwaders, wobei die abgegebenen Boote selbst innerhalb der Geschwader, an die sie abgegeben wurden, noch eine überdurchschnittlich lange Dienstzeit erleben durften. Weitere Einzelheiten hierzu sind in der jeweiligen Lebensgeschichte sowie in den Beschreibungen dieser beiden genannten Geschwader nachzulesen.

WOLFSBURG

NATO-Nr.: M 1082
Bauwerft:
Burmester, Bremen-Burg
Stapellauf:
10.12.1958
Indienststellung:
08.10.1959
Außerdienststellung:
29.09.2000
Geschwaderzugehörigkeit:
8. Minensuchgeschwader

Geschichte und Verbleib:
Nach der Indienststellung wurde die WOLFSBURG dem 8. Minensuchgeschwader in Cuxhaven unterstellt. Nach der Einfahrzeit der Besatzung nahm das Boot in den ersten Jahren bereits schon an bedeutsamen Flottenmanövern teil. Dazu zählten damals die Übungen mit der Bezeichnung WALLENSTEIN, die in der mittleren und westlichen Ostsee abgehalten wurden. Dabei kam es bereits regelmäßig zu Begegnungen mit Einheiten des Warschauer Paktes.
Nach Auflösung des 8. Minensuchgeschwaders wird das Boot nun dem 6. MSG zugeteilt. 1966: Wegen des harten Winters werden vorübergehend andere Liegehäfen in Frankreich aufgesucht. 1967 wird die WOLFSBURG zeitweise als Ausbildungsschiff für die Marineunterwasserwaffenschule eingesetzt. In den folgenden Jahren werden mit der Patenstadt regelmäßig gegenseitige Patenschaftsbesuche durchgeführt. Bei einem dieser Veranstaltungen kommt es auf der Fahrt nach Helgoland bei Windstärke 9 zu einem Ruderversager, was zu einer zeitweiligen Krängung bis zu 40 Grad führte. Der Liegeplatz im Inselhafen konnte schließlich nur mit Notruder erreicht werden.
Ab 1976 gehört das Boot wieder zum Geschwaderverband des 6. MSG und nimmt am Manöver NORMINEX im Bereich des Englischen Kanals teil. 1977 wird es der STANAVFORCHAN unterstellt. 1978 Großveranstaltung mit insgesamt 1300 Marinesoldaten bei der Operation Schwertfisch. WOLFSBURG erreicht dabei den 2. Platz. Danach geht es als Austauschboot nach Frankreich und nimmt am Manöver NORMINEX teil.
Am 27. April wird das Boot vorläufig außer Dienst gestellt, um bei der Kröger-Werft in Rendsburg zum Hohlstablenkboot umgebaut zu werden. Als viertes HL-Boot wird es am 4. März 1982 wieder in Dienst gestellt. Danach erhält es die »Seehunde« Nr. 10, 11 und 12 zur Lenkung zugeteilt. 1983 informieren sich 24 Admirale im Ruhestand an Bord über das System. Bei einem Einsatz bei der SEF im Jahre 1984 waren erstmals vier HL-Systeme im Einsatz. Nach der Auflösung des Minenabwehrgeschwaders Nordsee, welches in einem Truppenversuch vorübergehend als Typ-Kommando fungierte, wird die WOLFSBURG wieder dem 6. MSG unterstellt.
Bei der AAG 307/85 sind sechs HL-Boote und zehn Hohlstäbe im Einsatz. Anlaufhäfen sind Hull und Scheveningen. Bei einer Sturmfahrt von Cuxhaven nach Wilhelmshaven erleidet das Boot einen erheblichen Seeschaden. Eine hohe Welle, die über der Backbordseite zusammenbricht, führt zu einer Krängung von 40 Grad, reißt das achtere Schanzkleid des Bootes ab und nimmt außerdem noch das Scherdrachengerät mit über Bord.
1987 ist WOLFSBURG als erstes HL-Boot bei der STANAVFORCHAN vertreten. WOLFSBURG und GÖTTINGEN leisten mit ihren Tauchern Hilfe beim Untergang der britischen Fähre HERALD OF FREE ENTERPRISE (Einzelheiten hierzu siehe Geschichte der GÖTTINGEN).1988 findet die 30-Jahr-Feier des 6. Minensuchgeschwaders in Wilhelmshaven statt. WOLFSBURG gewinnt den Geschwaderpokal bei der Seine-Olympiade. Dahinter verbirgt sich eine »Jux«-Veranstaltung im Rahmen der AAG 313/89.
1991 im Rahmen des Golf-Einsatzes werden u.a. auch Stellenwechsel von kompletten Bootsbesatzungen auf andere Boote erprobt. Dabei übernimmt die Crew der WOLFSBURG das Schwesterboot PADERBORN. Am 13. September kehrt der Verband in seinen Heimathafen Wilhelmshaven zurück. 1995: Während einer Kraftstoffübergabe an einen »Seehund« dringt dieser durch die Bordwand des eigenen Bootes 1,5 m über der Wasserlinie in die Kommandantenkammer ein. AAG 317/95, an Bord der Boote befinden sich neben der Stammbesatzung noch 20 Offiziersanwärter der Crew VII/94, die ihr Praktikum Flotte absolvieren. Im Monat August 1998 fährt das Boot zum Fischerfest nach Arcachon in Frankreich.
WOLFSBURG sowie fünf weitere HL-Boote des Geschwaders sind nach der gemeinsamen Außerdienststellung am 29. September 2000 für eine Übergabe an die südafrikanische Marine vorbereitet, wo sie noch einige Jahre in Fahrt bleiben sollen.

ULM

NATO-Nr.: M 1083
Bauwerft:
Burmester, Bremen-Burg
Stapellauf:
10.02.1959
Indienststellung:
07.11.1959
Außerdienststellung:
21.09.1999
Geschwaderzugehörigkeit:
8. Minensuchgeschwader

Geschichte und Verbleib:
Die ULM wird nach ihrer Indienststellung zunächst dem 8. Minensuchgeschwader zugeteilt. 1960 finden die Einfahrtzeiten in der Nord- und Ostsee statt, um anschließend am ersten bedeutsamen Seemanöver WALLENSTEIN III teilzunehmen. 1962 ist das Boot am Manöver DOOR KEEPER beteiligt. 1963 wird die ULM dem 6. Minensuchgeschwader in Cuxhaven unterstellt. 1965 ABC-Umbau und Englandreise. 1967 wird die ULM Austauschboot und geht nach Cherbourg. ULM ist Führerboot beim Besuch der Minentaktikschule in Ostende. 1968 hat das Boot in einer Sturmfahrt einen schweren Seeschaden erlitten und muß in die Werft. 1971 Räumung einer Kabeltrasse in der Nordsee und Manöver FORTEX in der Nordsee, außerdem geht es für acht Wochen zur Minentaktikschule in Rouen. Bei der ÜAG 306/72 fährt die ULM nach Portsmouth und Bilbao. 1974 Teilnahme am Manöver JAGUAR. Die Geschützbedienung der ULM gewinnt den Artilleriewanderpokal des 6. Minensuchgeschwaders. 1975: ÜAG 307/75 mit vier verschiedenen Anlaufhäfen in Frankreich. 1976: Die ULM ist Teil der STANAVFORCHAN und gewinnt 1977 auch den Artillerie-Wanderpokal dieses Geschwaders. Das Boot geht wieder als Austauschboot nach Frankreich. 1978 Geschwaderausbildung im Kattegat und Operation Schwertfisch in Eckernförde. Am 28. Juli 1978 wird das Boot als erstes seiner Klasse bei der Kröger-Werft in Rendsburg zum Hohlstablenkboot umgebaut. Während dieser Umbauphase entsteht an Bord ein Großbrand, der den fast vollständigen Neubau des Vorschiffes erforderlich machte. Die Instandsetzungskosten lagen dabei bei ca. 5 Millionen DM. Danach erhielt es die »Seehunde« Nr. 16, 17 und 18 zugeteilt.

1983 ist die ULM beim zwanzigsten multinationalen Manöver JAGUAR mit dabei.1985 bei der AAG 307 mit sechs HL-Booten und zehn Hohlstäben. Vor der belgischen Küste nimmt das Boot am Manöver UNIFORM YOWL teil. 1987: BLUE HARRIER. ULM gerät im Hafen bei einer Standprobe ein Tampen in die Schraube, das Boot muß ins Dock. 1988: Die ULM feiert mit dem 6. MSG dessen 30jähriges Bestehen und kann bei der wiederholten Teilnahme nach 1987, beim Manöver BLUE HARRIER, diesmal fünfzehn Räumerfolge verbuchen.

ULM ist mit drei »Seehunden« bei STANAVFORCHAN. 1990: Austauschprogramm, dabei leisten drei Heeressoldaten aus Ulm für eine Woche Dienst auf dem Boot, während dafür gleichzeitig drei Besatzungsmitglieder bei einer Heereseinheit in Ulm dienen. Das Boot ist wieder bei STANAVFORCHAN. 1993 erhält das Boot anläßlich eines Werftaufenthaltes zwei Fliegerfaustständе eingebaut. 1995 gemeinsame Übungen des zweiten Kontingentes für Bosnien vor den Ostfriesischen Inseln zusammen mit Booten vom 1. MSG. Bei der AAG 317/95 sind neben der Besatzung auch Offiziersanwärter, die ihr Praktikum Flotte absolvieren. Bei dieser zum Teil sehr stürmischen Seefahrt verliert die ULM eines ihrer Bugwappen. Nachdem im Oktober 1995 das 6. MSG zum Ausbildungsgeschwader benannt wird, fährt auch die ULM zeitweise als Schulboot. 1997 Ausbildungsreise mit dem 6. MSG mit Häfen auf der Kanalinsel Jersey, Dublin und London. Im Rahmen dieser Reise wurden vom mitfahrenden Versorger NIENBURG eine Reihe von Übungsminen ausgebracht, über deren Lageort die beteiligten Boote natürlich nichts wußten. Alle Minen konnten letztlich doch gefunden und geborgen werden. Ein See- und Luftzielschießen gehörte ebenfalls noch mit zur Ausbildung.

Nach der erfolgten Außerdienststellung wird das Boot beim Marinearsenal in Wilhelmshaven für eine weitere Verwendung in Südafrika vorbereitet. Die ULM ist damit das erste Troika-Boot der alten Generation, das künftig durch die KULMBACH, deren Umbau inzwischen erfolgt ist, ersetzt wird.

FLENSBURG
NATO-Nr.: M 1084
Bauwerft:
Burmester, Bremen-Burg
Stapellauf:
07.04.1959
Indienststellung:
03.12.1959
Außerdienststellung:
26.06.1991
Geschwaderzugehörigkeit:
8. Minensuchgeschwader

Geschichte und Verbleib:
Die vorläufige Abnahme der FLENSBURG durch die Marine fand am 23. November 1959 statt. Nach der Indienststellung wurde das Boot dem 8. Minensuchgeschwader zur Dienstleistung unterstellt. Nach Auflösung dieses Geschwaders kommt die FLENSBURG zum 15. Juli 1963 zum 4. MSG. Danach fährt das Boot mit beim NATO-Manöver SEA RAKE und geht später noch zur Minentaktikschule nach Ostende. 1964 nimmt die FLENSBURG am NATO-Manöver BLUE CLEARION im Kattegat und Großen Belt teil. Das Boot geht zum ABC-Umbau in die Werft.
1965: NATO-Manöver TOP TEN in der Seine-Bucht. FLENSBURG kollidiert mit WEILHEIM beim Wenden im großen Hafen, dabei wird es an der Steuerbordseite in Höhe der Brücke stark beschädigt, die Folge ist eine Werftliegezeit. Verschiedene Boote, darunter die FLENSBURG, nehmen am Manöver WOODEN WALLS westlich von Helgoland teil. Außerdem stehen in diesem Jahr noch die Manöver SUCHEX und BOTANY BAY in der Ostsee an. 1967 werden verschiedene Geschwaderausbildungen durchgeführt, außerdem ist das Boot bei MINOFLOTEX mit dabei. 1968 ist der Wehrbeauftragte des deutschen Bundestages an Bord. Auslandsreise nach Schottland. Auf der Fahrt durch den Nord-Ostsee-Kanal kollidiert die FLENSBURG mit dem griechischen Tanker KAPITÄN GEORGIES. Anschließend muß das Boot den Rückmarsch nach Wilhelmshaven antreten und geht danach in die Werft. 1969 nimmt FLENSBURG als Führerboot beim Manöver JAGUAR teil und geht später noch zur Minentaktikschule nach Ostende.
Am 26. März 1970 wurde das Boot wegen des bevorstehenden Umbaus zum Minenjagdboot außer und mit feierlichem Zeremoniell am 12. September 1972 wieder in Dienst gestellt. 1973 Verlegung in die Ostsee zur Ausbildung. 1974 suchen FLENSBURG und FULDA nach einem bei Terschelling abgestürzten Starfighter. Der Pilot konnte sich glücklicherweise mit dem Schleudersitz retten. Das Wrack wurde binnen 24 Stunden geortet, und so konnte die Bergung eingeleitet werden. Bei weiteren Übungen und Manövern in diesem Jahr werden noch verschiedene Auslandshäfen angelaufen.
FLENSBURG ist wieder auf Wracksuche in der Deutschen Bucht. Diesmal ist es eine Phantom vom Jagdgeschwader Richthofen. Die Piloten können mittels Hubschrauber geborgen werden. Teile der Maschine wurden in 38 m Wassertiefe geortet und anschließend vom Bergungsschlepper HELGOLAND geborgen. Im Rahmen dieser Suche werden noch vier weitere Schiffswracks gefunden.
1976 und 1977 Teilnahme an weiteren Übungen in außerheimischen Gewässern. 1978 Operation Schwertfisch in Eckernförde. Von einem deutschen Segler werden vor der dänischen Küste zwei erschöpfte Damen geborgen. Das Boot wird unter Land geschleppt. 1979 wird bei einer Auslandsreise der nördliche Polarkreis überquert. Sichtbarer Beweis beim Einlaufen in den Heimathafen sind die »blauen Nasen« auf dem Vorschiff. 1980 wird zusammen mit französischen Einheiten beim Manöver NORMINEX in der Seine-Bucht geübt. Erster Besuch von deutschen Kriegsschiffen, es sind dies die FLENSBURG und FULDA, auf der englischen Kanalinsel Jersey. Am 9. April 1984 kommt es zu einer Kollision mit einem schwedischen Frachter. Dabei entstand ein Schaden in Höhe von ca. 900.000 DM.
Nach Auflösung des Minenabwehrgeschwaders Nordsee wird die FLENSBURG nun dem 4. Minensuchgeschwader zugeteilt. 25-Jahr-Feier der Indienststellung in Gegenwart einer Abordnung aus der Patenstadt. 1986: Auf der Fahrt zur Schiffssicherungsausbildung nach Neustadt wird die FLENSBURG im Nord-Ostsee-Kanal vom polnischen Motorschiff ADAM MIKIEWICZ auf die Böschung gedrückt und kehrt anschließend nach Wilhelmshaven zurück. Ein außerplanmäßiger Aufenthalt in der Werft ist die Folge dieser Karambolage. 1987 ist das Boot bei der STANAVFORCHAN und 1988 beim Manöver TEAMWORK.1989 Schiffssicherungsausbildung in Neustadt.
Nach der Außerdienststellung lag das Boot beim Marinearsenal in Wilhelmshaven als Auflieger. Seine wohl letzte Verwendung erfuhr das Boot nun als schwimmendes Heim für Jugendliche mit Liegeplatz Duisburg-Ruhrort unter dem neuen Namen MINCHEN. Zuvor sind jedoch alle Maschinen und Wellen ausgebaut und dafür einige Bullaugen in den Rumpf eingeschnitten worden.
Das Boot hatte neben der FULDA als Besonderheit im Achterschiff einen zusätzlichen Schottelantrieb erhalten. Eine Detailzeichnung dieses Antriebs ist in der Geschichte der FULDA abgebildet. Wegen dieses Unterschieds zu den übrigen Booten der Baureihe trugen die beiden Boote die Klassenbezeichnung 331 A.

MINDEN

NATO-Nr.: M 1085
Bauwerft:
Burmester, Bremen-Burg
Stapellauf:
09.06.1959
Indienststellung:
22.01.1960
Außerdienststellung:
04.12.1997
Geschwaderzugehörigkeit:
8. Minensuchgeschwader

Geschichte und Verbleib:
Die MINDEN wurde nach ihrer Indienststellung dem 8. Minensuchgeschwader zur Dienstleistung unterstellt. Das erste bedeutsame Manöver, an dem sich das Boot beteiligte, war WALLENSTEIN III in der Ostsee. 1963 wurde das 8. Minensuchgeschwader aufgelöst und das Boot von nun an dem 6. MSG unterstellt. 1967 besucht das Boot mit den übrigen Booten des Geschwaders die Minentaktikschule in Ostende. 1970 wird zusammen mit französischen Einheiten beim Manöver JAGUAR geübt. 1972 geht es als Austauschboot nach Frankreich.
Am 29. August 1975 wird das Boot außer Dienst gestellt und zum Minenjagdboot umgebaut. Als viertes Minenjagdboot wird es dann am 31. Mai 1978 wieder in Dienst gestellt. 1978 gilt es, ein Flugzeugwrack zu suchen. Derartige Einsätze sind zu dieser Zeit leider keine Seltenheit. Nach dreitägiger Suche findet das Boot mit Hilfe seines Sonargerätes die Trümmer des Flugzeuges. Bergungsschlepper der Marine übernehmen die Reste der Maschine. Die beiden Piloten konnten leider nur noch tot geborgen werden. 1979 wird bei einer Auslandsreise der nördliche Polarkreis überschritten. Sichtbarer Beweis bei der Heimkehr der Boote in den Heimathafen ist die blaue Nase am Bug der Boote.
1984: Nach Auflösung des Minenabwehrgeschwaders Nordsee wird die MINDEN dem 4. Minensuchgeschwader unterstellt. Im Dezember 1984 laufen sieben Boote des Geschwaders, darunter die MINDEN, zu gemeinsamen Übungen aus. Dabei kollidiert die MINDEN mit der VÖLKLINGEN mit der Folge eines Sachschadens von rund 15.000 DM. Im März 1985 wird wieder ein Flugzeugwrack (Starfighter) gesucht und gefunden. Der Pilot konnte sich in diesem Fall mit dem Schleudersitz retten und durch einen Rettungshubschrauber geborgen werden. Im weiteren Verlauf des Jahres nimmt das Boot noch an den Manövern BLUE HARRIER und NORMINEX teil. 1986 nimmt das Boot an der Schiffssicherungsausbildung in Neustadt teil. Auslandsreise mit Häfen in Brest und Porto. In den nächsten Jahren bestimmen weitere regelmäßige Manöver sowie eine Teilnahme an der Schiffssicherungsausbildung in Neustadt/Holstein den Alltag des Bootes.
Nach einer Dienstzeit von mehr als 37 Jahren wurde das Boot am 4. Dezember 1997 in Wilhelmshaven außer Dienst gestellt. Anschließend lag es dort beim Marinearsenal und wurde in Zusammenarbeit mit den Motorenwerken in Bremerhaven in der Zeit vom 15. Juli bis 6. Oktober 1998 zu einem Küstenwachboot umgebaut und überholt. Durch den neuen Anstrich ist das Boot nicht sofort wiederzuerkennen, zumal auch die zuvor vorhandenen Minensuch- und Minenjagdgeräte von Bord kamen.
Am 22. Oktober 1998 wird das Boot in Gegenwart des Botschafters von Georgien offiziell wieder in Dienst gestellt und fuhr nun unter dem neuen Namen AYETY für die Marine Georgiens. Die Überführungsfahrt wurde am 31. Oktober 1998 mit dem Dockschiff V angetreten. Am 15. November erreichte es seinen neuen Liegehafen Poti. Inzwischen wurde bekannt, daß es nach noch ungeklärter Ursache gesunken sein soll.

FULDA

NATO-Nr.: M 1086

Bauwerft:
Burmester, Bremen-Burg

Stapellauf:
19.08.1959

Indienststellung:
05.03.1960

Außerdienststellung:
26.03.1992

Geschwaderzugehörigkeit:
8. Minensuchgeschwader

Geschichte und Verbleib:

Die FULDA wurde nach der Indienststellung dem 8. Minensuchgeschwader unterstellt. Nach der Auflösung dieses Geschwaders wird das Boot nun dem 4. MSG zugeteilt. 1965 findet in der Seine-Bucht das NATO-Manöver TOP TEN statt. Die FULDA hat auf der Seenotfrequenz einen Seenotfall aufgefangen. Fünf Seeleute eines fremden Fahrzeuges sind über Bord gegangen und werden vermißt. Drei davon können geborgen werden, die restlichen zwei bleiben verschollen. Auslandsreise nach Schweden und Norwegen. Beim Einholen des Räumgerätes kommt ein Teil davon in die Schrauben und einige Schwimmer gehen verloren. Außerdem wird die FULDA manövrierunfähig und muß von der MARBURG nach Wilhelmshaven eingeschleppt werden. 1968 wird Schottland besucht, bevor das Boot, wegen des Umbaus zum Minenjagdboot, in die Werft geht. Dabei ist die FULDA das einzige Fahrzeug, das in dieser Phase nicht außer Dienst gestellt und gleichzeitig das erste dieses Typs, auf dem diese Umrüstung vollzogen wird.
Während der Werfterprobungsfahrt kommt es beim Festmachen zu einer Havarie mit der PADERBORN, und die FULDA muß zurück in die Werft. 1970 und 1971 fährt das Boot für die Erprobungsstelle 71 in Eckernförde. Zum NATO-Manöver EARLY EXILE verlegen alle Boote durch den Nord-Ostsee-Kanal in die Ostsee. FULDA verlegt 1972 nach Brest zur Erprobung des PAP. Diese Tests werden in Eckernförde fortgesetzt. In der Helgoländer Bucht wird ein verlorengegangener Übungstorpedo geborgen. Im Seegebiet Borkumriff eilt die FULDA der Besatzung des leckgeschlagenen britischen Katamarans TWITCHID zur Hilfe und nimmt die Schiffbrüchigen, die sich in eine Rettungsinsel gerettet hatten, an Bord. 1974 wird ein abgestürzter Starfighter gesucht, dessen Pilot sich mit dem Fallschirm retten konnte. Das Wrack des Flugzeuges wurde binnen 24 Stunden gefunden und vom Bergungsschlepper HELGOLAND geborgen. Bei weiteren Aktivitäten und Manöverteilnahmen werden im Laufe dieses Jahres Bremen, Liverpool, Ostende und Hamburg besucht. FLENSBURG und FULDA suchen in der Deutschen Bucht wieder nach einem Flugzeugwrack. Diesmal ist es eine Phantom. Die georteten Teile werden vom Bergungsschlepper HELGOLAND aus 38 m Wassertiefe geborgen. 1978 Teilnahme an der Operation Schwertfisch in Eckernförde. FULDA eilt dem deutschen Küstenmotorschiff MARIE R zu Hilfe, das mit brennendem Ruderhaus in Höhe des Kieler Feuerschiffes in der Ostsee treibt. Eine »Seaking« wurde von der SAR-Leitstelle in Glücksburg ebenfalls an die Unfallstelle beordert. FULDA geht beim Havaristen längsseits. Dem Löschkommando gelingt es binnen einer Stunde, den Brand zu löschen. Nach der Sicherheitsinspektion konnte das Schiff wieder verlassen werden, da es bei dem Brand glücklicherweise keine Verletzten gegeben hatte. 1979 wird bei einer Nordlandreise der nördliche Polarkreis überschritten. Die Besatzungen mußten sich daher einer Polartaufe unterziehen. Nach Auflösung des Minenabwehrgeschwaders Nordsee wird das Boot dem 4. MSG unterstellt. 1989 durchläuft das Boot zweimal die Schiffssicherungsausbildung in Neustadt.
Nach der Außerdienststellung lag das Boot zunächst einige Zeit als Auflieger beim Marinearsenal in Wilhelmshaven und wurde danach durch die VEBEG zum Abbruch nach Dänemark verkauft.

VÖLKLINGEN

NATO-Nr.: M 1087
Bauwerft:
Burmester, Bremen-Burg
Stapellauf:
20.10.1959
Indienststellung:
31.05.1960
Außerdienststellung:
23.03.1999
Geschwaderzugehörigkeit:
8. Minensuchgeschwader

Geschichte und Verbleib:
Zunächst war die VÖLKLINGEN nach ihrer Indienststellung dem 8. Minensuchgeschwader unterstellt worden. Nach der Auflösung dieses Geschwaders wurde das Boot dem 4. MSG zugeteilt. 1963 nahm es am Manöver SEA RAKE teil. Weitere Unternehmungen in diesem Jahr bestanden in einer Abstellung für die Marineunterwasserwaffenschule in Eckernförde und einer Auslandsreise nach Schottland und Ostende. 1965 ging das Boot zum ABC-Umbau in die Werft. Bei der ÜAG 28/65 wurden außerdem die Häfen Zeebrügge und Caen besucht. In der zweiten Jahreshälfte war die VÖLKLINGEN noch bei der Minenschule in Ostende sowie am NATO-Manöver BOTANY BAY beteiligt. Ein nicht alltäglicher Auftrag wurde dem Boot zuteil, als es zur Sicherung bei Tauchversuchen eines norwegischen U-Bootes abgeteilt wurde. Dabei kam es zum Bruch einer Ankerkette. Nach der Ausbringung einer Boje an der entsprechenden Position konnte dieser später wiedergefunden und geborgen werden. Im Jahr 1967 nimmt die VÖLKLINGEN mit anderen Booten an der »Kieler Woche« teil, im Herbst am Manöver MINOFLOTEX sowie wiederholt am Manöver BOTANY BAY. Auf der Rückreise von Neustadt/Holstein nach Wilhelmshaven durch den Nord-Ostsee-Kanal hatte das Boot bei der nächtlichen Durchfahrt einen Ruderversager und mußte auf die Kanalböschung auflaufen. Gegen Morgen kam es wieder frei und konnte die Heimreise antreten. 1969 ist das Boot wieder einmal beim Manöver JAGUAR und bei der Minenschule in Ostende mit dabei. Bei einer Geschwaderausbildung 1970 in der Ostsee werden die beteiligten Boote intensiv durch Einheiten der sowjetischen Kriegsmarine beobachtet.
1971 leistet VÖLKLINGEN mit ihren Tauchern bei einem Seenotfall Hilfe. Ein zu Baggerarbeiten eingesetzter niederländischer Saugbagger war nach einer Kollision mit einem Tanker gesunken. Dabei gab es neben zwei Toten noch fünf Vermißte, die trotz intensiver Suche nicht geborgen werden konnten. Nach zwölf Stunden mußte das Unternehmen wegen Erschöpfung der Bordtaucher abgebrochen werden. Die Jahre 1972 bis 1974 bringen die bereits bekannten nationalen und internationalen Manöverbeteiligungen. 1975 befindet sich die VÖLKLINGEN auf dem Schiffssicherungslehrgang in Neustadt. Danach ist sie beim Standardeinsatzausbildungsverband (SEF) der Flotte mit beteiligt. Am 21. August wird das Boot wegen des bevorstehenden Umbaus zum Minenjagdboot außer Dienst gestellt. Erst am 15. Mai 1979 kommt es als achtes Minenjagdboot zur Wiederindienststellung. 1979 und 1983 kommt es bei Ausbildungsreisen zur Überschreitung des nördlichen Polarkreises. Hierzu sollen am Beispiel der VÖLKLINGEN einmal einige Bemerkungen zum Zeremoniell einer Polartaufe gemacht werden. Unter einem Feuerwerk (Abschießen von Leuchtkugeln) und dem Erklingen aller Typhone wird der Polarkreis überquert. Im Anschluß bringt jeder beteiligte Minensucher ein Schlauchboot mit den Täuflingen zur Insel Viking. Vor der Metallkugel, die die Erde symbolisiert, versammeln sich die Vertreter aller beteiligten Nationen, um ihre Nationalflaggen zu heißen. Nach Abschluß werden die Schlauchboote und ihre Besatzungen getauft. Dabei laufen diese durch einen Parcour, der Ähnlichkeiten mit einer Äquatortaufe besitzt. Als Beweis für das erlebte Ereignis erhält jeder der Täuflinge eine entsprechende Urkunde. Den Minensuchern werden vor dem Einlaufen in den Heimathafen vom seemännischen Personal noch die entsprechenden blauen Nasen aufgemalt.
1984 wird das Boot nach Auflösung des Minenabwehrgeschwaders Nordsee dem 4. Minensuchgeschwader unterstellt. Beim Auslaufen zu einer gemeinsamen Übung kollidiert die VÖLKLINGEN mit der MINDEN. An beiden Booten entsteht Sachschaden. 1985 gilt es, einen abgestürzten Starfighter zu suchen, dessen Pilot sich glücklicherweise zuvor mit dem Schleudersitz retten konnte. Mit Hilfe des Hochseeschleppers HELGOLAND können wesentliche Teile des Wracks geborgen werden. Beim Manöver BLUE HARRIER nimmt die VÖLKLINGEN einen havarierten »Seehund« bis nach Sylt in Schlepp. Einen nicht alltäglichen Auftrag gab es von der Kripo Oldenburg. Eine Minentauchergruppe des Bootes mußte im Küstenkanal nach einer Pistole suchen, die in einem Mordfall ein wichtiges Indiz war. Nach rund zwanzig Stunden intensiver Suche wurde diese dann auch gefunden. 1987 dreht das ZDF an Bord einen Film über Minenabwehrtechnologie. 1991 wird das Boot zur STANAVFORCHAN abgeteilt, auch an den übrigen Manövern war das Boot im Rahmen der Geschwaderausbildung regelmäßig mit dabei. Während der STANAVFORCHAN 1998 wurden Häfen in Deutschland, Norwegen, England und je ein weiterer Hafen in Rußland, Frankreich, Belgien und Holland angelaufen.
Bei der letzten Fahrt der VÖLKLINGEN wird das Boot nochmals voll gefordert. Es gehört dabei für 89 Tage dem Ständigen Einsatzverband Kanal (SNFC) der NATO an. In dieser Zeit stehen neben intensiver Ausbildung im Verband auch zwölf Hafenbesuche ebenso wie die Teilnahme am Manöver JOIN MARITIME COURSE auf dem Programm. Am 23. März 1999 wurde das Boot nach nahezu vierzig Jahren Dienstzeit bei der Bundesmarine außer Dienst gestellt. Es ist jedoch zu erwarten, daß es diese Marge, wenn auch unter einer anderen Flagge, noch übertreffen wird. Die lettische Marine beabsichtigt, das Boot noch für einige Jahre weiter zur See fahren zu lassen. Am 13. September 1999 verließ es den bisherigen Heimathafen mit Kurs auf Lettland und führt künftig den Namen NEMEJS sowie das Kennzeichen »M 03«.

Minenabwehrgeschwader Nordsee

Vollständigkeitshalber wird dieses Geschwader in diese Darstellung mit aufgenommen, wenngleich die zugehörigen Boote bei den Geschwadern aufgeführt werden, denen sie bei ihrer Indienststellung zugeordnet waren.

Am 1. Oktober 1977 wurde das Geschwader im Rahmen einer Geschwadermusterung aus der Taufe gehoben und umfaßte während der Zeit seines Bestehens die 18 Boote des 4. und 6. Minensuchgeschwaders mit deren Besatzung (ca. 760 Mann) sowie einem Stab von 90 Mitarbeitern.

Hintergrund für dieses Erprobungsmodell war die Einführung des Divisionsprinzips bei der Flottille der Minenstreitkräfte im Jahr 1977 sowie die dadurch erhofften Einsparungseffekte beim Stabspersonal und bei den Haushaltsmitteln.

Ursprünglich war der Erprobungszeitraum auf 18 Monate angelegt, er dauerte dann jedoch tatsächlich bis zum 30. Juni 1984. In dieser Zeit waren zunächst zwei Boote zu Minenjagdbooten Klasse 331 A umgebaut und zehn weitere zum Umbau zu Minenjagdbooten der Klasse 331 B vorgesehene Boote außer Dienst gestellt. Weitere sechs Boote sollten zu Holstablenkbooten hergerichtet und dazu ebenfalls außer Dienst gestellt werden. Dies bedeutete die umfassendste strukturelle Veränderung, die die Boote dieses Typs bisher mitgemacht hatten. Im nachhinein betrachtet, nicht gerade die besten Voraussetzungen für zusätzliche Experimente in organisatorischen und logistischen Bereichen. Die anfangs erhofften Einspareffekte im Personalbereich sind ebenfalls nicht eingetreten.

Nach Beendigung dieses Versuches wurden die Boote wie folgt aufgeteilt: Die Minenjagdboote wurden dem 4. MSG, die HL-Boote dem 6. MSG unterstellt.

10. Minensuchgeschwader

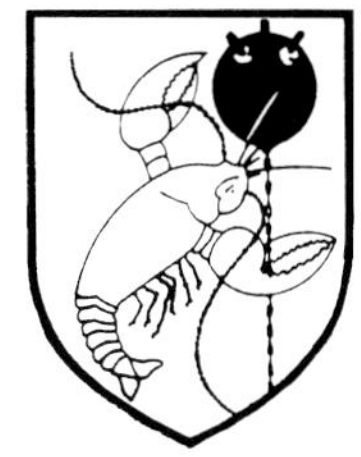

Am 1. Januar 1962 wurde in Cuxhaven das 2. Küstenwachgeschwader aufgestellt. Vier Jahre später wurde es dann am 1. Januar 1966 in »10. Minensuchgeschwader« umbenannt.

In der Gründungszeit umfaßte das Geschwader folgende Einheiten:

NIOBE	Kennung W 21	Klasse 361
HANSA	Kennung W 22	Klasse 360
ARIADNE	Kennung W 23	Klasse 362
FREYA	Kennung W 24	Klasse 362
VINETA	Kennung W 25	Klasse 362
HERTHA	Kennung W 26	Klasse 362
NYMPHE	Kennung W 27	Klasse 362
NIXE	Kennung W 28	Klasse 362
AMAZONE	Kennung W 29	Klasse 362
GAZELLE	Kennung W 30	Klasse 362

Mit der Umbenennung des Geschwaders wurden die Boote auch umklassifiziert. Aus den ehemaligen Küstenwachbooten wurden nun Binnenminensuchboote der Typ-Klasse 393. Eine Ausnahme machten hierbei lediglich die NIOBE und die HANSA. Außerdem erhielten sie an Stelle der bisherigen W-Kennzeichnungen nun die NATO-Hullnummern M 2663 bis M 2670 zugeteilt. Die NIOBE wurde der Typ-Klasse 391 zugeordnet, HANSA gehörte danach der Typ-Klasse 392 an.

Am 1. Dezember 1966 erhält das Geschwader noch Zuwachs durch das BM-Boot HOLNIS der Klasse 390. Sie war der Prototyp einer geplanten neuen Serie von 30 Booten, die jedoch vorwiegend aus Haushaltsgründen nicht realisiert wurde. Siehe hierzu auch die Einzelbeschreibung des Bootes. Am 10. September 1968 kommt es wie bereits beim 2. und 8. Minensuchgeschwader aus Personalmangel zur Auflösung des Geschwaders. Sechs Boote werden im April und Juli 1968 sowie zwei weitere im Februar 1969 außer Dienst gestellt. AMAZONE und GAZELLE werden in die Reserveflotte eingegliedert.

1974 werden alle acht Boote aus diesem Reservistendasein wieder zum aktiven Dienst in der Flottille reaktiviert und entsprechend vorbereitet. Danach bildete das 3. Minensuchgeschwader die neue militärische Heimat. Die HOLNIS erfuhr jedoch eine Spezialverwendung (siehe Einzelbeschreibung). Ähnlich erging es der HANSA, die nach entsprechender Umrüstung für die Minentaucherkompanie tätig war. NIOBE war ebenfalls für eine Spezialverwendung ausersehen. Auf diesem Boot wurde in den folgenden Jahren das Troika-System für die Holstablenkboote erprobt.

Die Boote erhielten im Verlauf ihrer Dienstzeit in der Marine insgesamt viermal eine andere Kennung zugeteilt. In der nachstehenden Übersicht sind diese in der zeitlichen Reihenfolge ihrer Zuerkennung aufgelistet.

	Kennungen			
	1	2	3	4
ARIADNE	W 23	M 2663	Y 1644	M 2650
FREYA	W 24	M 2664	Y 1645	M 2651
VINETA	W 25	M 2665	Y 1646	M 2652
HERTHA	W 26	M 2666	Y 1647	M 2653
NYMPHE	W 27	M 2667	Y 1648	M 2654
NIXE	W 28	M 2668	Y 1649	M 2655
AMAZONE	W 29	M 2669	Y 1650	M 2656
GAZELLE	W 30	M 2670	Y 1651	M 2657

HOLNIS

NATO-Nr.: M 2651
Bauwerft:
Abeking & Rasmussen, Lemwerder
Stapellauf:
20.05.1965
Indienststellung:
31.03.1966
Außerdienststellung:
19.12.1996
Geschwaderzugehörigkeit:
1. Minensuchgeschwader, danach
10. Minensuchgeschwader

Geschichte und Verbleib:
Die HOLNIS war der Prototyp für eine geplante Serie von 20 Booten, die jedoch aus finanziellen Gründen nie gebaut wurde, sie blieb ein Einzelgänger. Nach der Indienststellung wurden zunächst ausgedehnte Erprobungen durchgeführt. In dieser Zeit führte es die Kennung M 2651. Ab 1. Dezember 1966 wurde es dann dem 10. Minensuchgeschwader unterstellt. Im Anschluß wurde sie für eine neue Verwendung als Fernmeldeversuchsboot vorgesehen und dem Kommando für Truppenversuche unterstellt. Dafür wurden die Flak-Bewaffnung und die gesamte Minensuchausrüstung ausgebaut. Auf dem Achterschiff wurde eine Hütte errichtet. In der neuen Funktion erhielt das Boot nun auch wieder eine andere Kenn-Nr. »Y 836« und fuhr nun mit ziviler Besatzung. Nach über 30jährigem Einsatz wurde es dann außer Dienst gestellt. Es hatte sich bei zahlreichen Einsätzen in Nord- und Ostsee voll bewährt und keinerlei Havarien oder Personenschäden zu beklagen.

NIOBE

NATO-Nr.: M 2661
Bauwerft:
Kröger-Werft, Rendsburg
Stapellauf:
08.08.1957
Indienststellung:
29.04.1958
Außerdienststellung:
13.08.1976
Geschwaderzugehörigkeit:
3. Küstenwachgeschwader

Geschichte und Verbleib:
Mit der Kennung W 21 leistete die NIOBE zunächst Dienst beim 3. Küstenwachgeschwader. Nach dessen Auflösung im Dezember 1961 erfolgte am 1. Januar 1962 ein Wechsel zum 2. KW-Geschwader. Ab 1. Januar 1964 wurde das Boot nach vorangegangenem Umbau bei der Beckmann-Werft in Cuxhaven der Sperrwaffenversuchsstelle unterstellt, wobei die truppendienstliche Unterstellung unter das Geschwader zunächst bestehenblieb. Im April 1964 verlegte es nach Kiel und erlebte 1965 den ersten größeren Umbau. Dabei wurde hinter der Brücke ein größeres Deckshaus errichtet. Der zweite Umbau folgte bei der Kröger-Werft in Rendsburg in der Zeit vom 4. November 1968 bis 14. Februar 1969. Dabei wurde auf besagtem Deckshaus eine Radarkonsole aufgebaut. In diesem Zusammenhang mußte die zuvor noch vorhandene Minensuchausrüstung von Bord gegeben werden. Am 1. Juni 1970 wurde die NIOBE mit der neuen Kennung Y 1643 mit ziviler Besatzung für das Bundesamt für Wehrtechnik und Beschaffung neu in Dienst gestellt. In der Folgezeit diente sie der intensiven Erprobung des TROIKA-Waffensystems mit Hohlstabfernräumgeräten. Nach Abschluß dieser Versuche im Jahre 1976 wurde das Boot außer Dienst gestellt und lag bis zum Verkauf an einen privaten Käufer aus Amsterdam als Auflieger im Arsenal. Der neue Besitzer nutzte das Boot im Touristikgewerbe.
Namensvorgänger: Segelschulschiff NIOBE der Reichsmarine, welches am 26. Juli 1932 vor Fehmarn durch eine Gewitterbö kenterte und sank.

HANSA

NATO-Nr.: M 2662
Bauwerft:
Kröger-Werft, Rendsburg
Stapellauf:
18.11.1957
Indienststellung:
23.07.1958
Außerdienststellung:
17.01.1992
Geschwaderzugehörigkeit:
3. Hafenschutzgeschwader

Geschichte und Verbleib:
Nach Indienststellung erhielt die HANSA zunächst die Kennung W 22 und wurde dem 3. Küstenwachgeschwader unterstellt. Ab Januar 1962 geht es nach Cuxhaven zum 2. KW-Geschwader, welches dann in das 10. Minensuchgeschwader umbenannt wurde. Damit einher ging auch die Zuordnung einer neuen Kenn-Nr. M 2662 sowie die Typ-Bezeichnung als Binnenminensuchboot. Am 4. Juni 1968 erfolgte dann in Bardenfleth ein Umbau zum Minentaucherboot. Von nun an führte es die Kennung Y 806. Werftprobefahrt war am 31. Januar 1969 und am 5. Februar 1969 die Abnahmefahrt. Das optische Merkmal für den neuen Verwendungszweck war ein Deckshaus für das Taucherpersonal, welches hinter der Brücke errichtet wurde. Dafür mußte die gesamte Minenräumanlage ausgebaut werden. An Oberdeck erhielt es außerdem noch eine transportable Druckkammer. Ab April 1987 führte es die neue Kennung M 1052. Nach der Außerdienststellung befand es sich noch beim Marinearsenal in Wilhelmshaven und wurde dann am 24. Januar 1994 über die VEBEG an privat nach Aschaffenburg verkauft.

ARIADNE

NATO-Nr.: M 2650
Bauwerft:
Kröger-Werft, Rendsburg
Stapellauf:
23.04.1960
Indienststellung:
23.10.1961
Außerdienststellung:
12.10.1991
Geschwaderzugehörigkeit:
2. Küstenwachgeschwader, danach
10. Minensuchgeschader, zuletzt
3. Minensuchgeschwader

Geschichte und Verbleib:
Die ARIADNE war das erste Boot einer Reihe von achtzehn Minensuchbooten, die den beiden Typ-Klassen 393 und 394 angehörten. Nach der Indienststellung führte es zunächst die Kennung W 23 und war dem 3. Küstenwachgeschwader unterstellt. Ab 1. Januar 1966 Umklassifizierung zum Binnenminensuchboot. Es führte nun die Kennung M 2663 und gehörte zur Typ-Klasse 393. Nach einer Werftliegezeit im Januar/Februar 1968 lag sie im Marinearsenal in Wilhelmshaven bis zur ersten Außerdienststellung am 22. April 1968. Ab Mai 1968 waren die Boote als Mob-Reserve bestimmt, und vom 1. Januar 1969 an gehörten sie zur Reserveflottille. Die in diesem Zeitraum zugeteilte Kennung 1664 wurde jedoch nicht geführt.
Am 18. April 1974 wurde das Boot reaktiviert und für das 3. Minensuchgeschwader mit der Kennung M 2650 vorübergehend wieder in Dienst gestellt. Nach vorangegangener Liegezeit im Arsenal wurde es über die VEBEG am 13. November 1995 nach Dänemark zum Abbruch verkauft.

FREYA

NATO-Nr.: M 2651
Bauwerft:
Kröger-Werft, Rendsburg
Stapellauf:
25.06.1960
Indienststellung:
06.01.1962
Außerdienststellung:
07.05.1992
Geschwaderzugehörigkeit:
2. Küstenwachgeschwader

Geschichte und Verbleib:
Nach der Indienststellung war die FREYA zunächst als Küstenwachboot klassifiziert und dem 2. Küstenwachgeschwader mit der Kennung W 24 unterstellt. 1966 erfolgt die Umbenennung des 2. KW-Geschwaders in 10. Minensuchgeschwader. Das Boot behält jedoch zunächst noch seine KW-Kennung und Bezeichnung als KW-Boot weiter. Erst 1968 erfolgt dann die Umklassifizierung zum Binnenminensuchboot. Von nun an ist es der Typ-Klasse 393 zugeordnet. Gleichzeitig führt FREYA nun auch anstelle der KW-Nr. die M-Numerierung. 1968 erfolgt dann die erste Außerdienststellung. Danach gehörte das Boot zur Mob-Reserve und vom 1. Mai 1968 an zur Reserve-Flottille. Die dort zugeteilte Kennung Y 1645 wurde jedoch nur formal und nicht am Rumpf sichtbar geführt. In der Zeit der Zugehörigkeit zur Reserve waren alle Boote, so auch die FREYA, für einige Zeit einkokoniert. Am 25. April 1974 erfolgte die Reaktivierung und Wiederindienststellung für das 3. Minensuchgeschwader mit der Kennung M 2651. Nach der endgültigen Außerdienststellung am 7. Mai 1992 lag das Boot als Auflieger in Wilhelmshaven.

VINETA

NATO-Nr.: M 2652
Bauwerft:
Kröger-Werft, Rendsburg
Stapellauf:
17.09.1960
Indienststellung:
09.04.1962
Außerdienststellung:
19.12.1991
Geschwaderzugehörigkeit:
2. Küstenwachgeschwader

Geschichte und Verbleib:
Nach der Indienststellung diente VINETA beim 2. Küstenwachgeschwader mit Kennung W 25. Die Neu-Klassifizierung als Binnenminensuchboot erfolgte dann ab dem 1. Januar 1966. Damit änderte sich gleichzeitig die Kennung auf M 2665 sowie die Zugehörigkeit zum 10. Minensuchgeschwader. Wie die übrigen Boote gehörte VINETA ab 1. Januar 1968 zur Typ-Klasse 393. Im Juli 1968 wurde das Boot erstmals außer Dienst gestellt, gehörte danach zur Mob-Reserve und ab 1. Januar 1969 zur Reserveflottille. Die für diese Zeit zugeteilte Kennung Y 1646 ist jedoch optisch nie erkennbar gewesen und wurde lediglich auf dem Papier geführt. Im Rahmen eines Truppenversuchs war VINETA zusammen mit den übrigen Booten des Geschwaders zeitweise einkokoniert. Nach Reaktivierung ist das Boot am 2. April 1974 für das 3. Minensuchgeschwader neu in Dienst gestellt worden. Jetzt führte es die Kennung M 2652. Am 19. Dezember 1991 kam dann die endgültige Außerdienststellung aus dem Flottendienst. Danach lag es noch geraume Zeit als Auflieger im Arsenal in Wilhelmshaven und wurde schließlich am 9. August 1995 über die VEBEG verkauft.

HERTHA

NATO-Nr.: M 2653
Bauwerft:
Kröger-Werft, Rendsburg
Stapellauf:
18.02.1961
Indienststellung:
07.06.1962
Außerdienststellung:
07.05.1992
Geschwaderzugehörigkeit:
2. Küstenwachgeschwader

Geschichte und Verbleib:
Die HERTHA ist zunächst für das 2. Küstenwachgeschwader mit Kennung W 26 in Dienst gestellt worden. Ab 1. Januar 1966 erhielt sie die Klassifizierung zum Binnenminensuchboot. Als solches führte HERTHA die neue Kennung M 2666 und gehörte nunmehr zum 10. Minensuchgeschwader. Ab 1. Januar 1968 galt für dieses Boot die Typ-Klassenbezeichnung 393. Die erste Außerdienststellung kam dann am 15. Juli 1968. Von diesem Zeitpunkt an war es der Mob-Reserve zugeordnet und trat danach ab 1969 zur Reserve-flottille. Die zu dieser Zeit zugeordnete Kennzeichnung Y 1647 wurde allerdings nicht sichtbar am Rumpf geführt. Einige Zeit war das Boot wie seine Schwesterboote einkokoniert. Nach der Reaktivierung wurde es am 5. März 1974 wieder in Dienst gestellt und dem 3. Minensuchgeschwader zur Dienstleistung zugeteilt. Nun führte es bis zu seiner endgültigen Außerdienststellung am 7. Mai 1992 die Kennung M 2653. Bis auf weiteres befindet es sich noch beim Marinearsenal in Wilhelmshaven als Werftauflieger.

NYMPHE

NATO-Nr.: M 2654
Bauwerft:
Kröger-Werft, Rendsburg
Stapellauf:
20.09.1962
Indienststellung:
08.05.1963
Außerdienststellung:
18.06.1992
Geschwaderzugehörigkeit:
2. Küstenwachgeschwader

Geschichte und Verbleib:
Nach der Indienststellung gehörte die NYMPHE vorerst zum 2. Küstenwachgeschwader und trug die Kennung W 27. Ab dem 1. Januar 1968 erhielt das Boot dann die Klassifikation als Binnenminensuchboot. Damit änderte sich gleichzeitig die Kenn-Nr. auf M 2667. Aus dem 2. KW-Geschwader wurde nunmehr das 10. Minensuchgeschwader. Weiterhin änderte sich ab 1. Januar 1968 die Typ-Klasse auf 393. Die erstmalige Außerdienststellung war am 31. Juli 1968. Danach war die NYMPHE der Mob-Reserve und der Reserveflottille zugeordnet. Die in diesem Zeitraum geführte Kennung Y 1648 war jedoch äußerlich nicht erkennbar. Wie die übrigen Boote war es in diesem Zeitraum konserviert.
Nach der Reaktivierung am 12. Februar 1974 wurde das Boot für das 3. Minensuchgeschwader neu in Dienst gestellt. Danach führte es bis zur endgültigen Außerdienststellung die Kennung M 2654. Zuletzt befand es sich noch beim Marinearsenal in Wilhelmshaven als Auflieger.

NIXE

NATO-Nr.: M 2655
Bauwerft:
Kröger-Werft, Rendsburg
Stapellauf:
03.12.1962
Indienststellung:
20.06.1963
Außerdienststellung:
02.04.1992
Geschwaderzugehörigkeit:
2. Küstenwachgeschwader

Geschichte und Verbleib:
Die NIXE führte zunächst die Kennung W 28 und war nach der Indienststellung zunächst dem 2. Küstenwachgeschwader unterstellt. Ab 1. Januar 1966 erfolgte dann die neue Klassifizierung zum Binnenminensuchboot unter gleichzeitiger Änderung der Kenn-Nr. Diese lautete nun M 2668. Damit verbunden war auch ein Wechsel der Geschwaderbezeichnung. Das Boot gehörte nunmehr dem 10. Minensuchgeschwader an. Eine weitere Änderung trat bei der Zuordnung der Typ-Klasse ein: Diese lautete nun Klasse 393. In der Folgezeit wurde das Boot erstmalig am 31. Juli 1968 außer Dienst gestellt und im Anschluß daran der Mob-Reserve bzw. später der Reserveflottille unterstellt. In dieser Zeit erhielt das Boot erneut die listenmäßig zugeordnete Kenn-Nr. Y 1649. Diese trat jedoch optisch nie in Erscheinung. Das einkokonierte Boot wurde dann wie die übrigen wieder reaktiviert, am 22. Januar 1974 für das 3. Minensuchgeschwader neu in Dienst genommen und erhielt nun die Kenn-Nr. M 2655. Am 29. Januar 1976 kam es in der Kieler Förde zu einer Kollision mit dem Fahrgastschiff PRINZESSE RAGNHILD, die die Route Kiel–Oslo befährt, wobei das Boot mittlere Schäden davontrug. Am 2. April 1992 wurde es dann endgültig aus dem aktiven Dienst der Flotte genommen. Nach Liegezeit beim Arsenal wurde es dann an die Stadt Hamburg verkauft.

Amazone

NATO-Nr.: M 2656
Bauwerft:
Kröger-Werft, Rendsburg
Stapellauf:
27.02.1963
Indienststellung:
04.09.1963
Außerdienststellung:
09.04.1992
Geschwaderzugehörigkeit:
2. Küstenwachgeschwader, danach
10. Minensuchgeschwader, zuletzt
3. Minensuchgeschwader

Geschichte und Verbleib:
Die Indienststellung der AMAZONE erfolgte zunächst als Küstenwachboot für das 2. KW-Geschwader. 1964 Unterstellungswechsel unter das Kommando der Minenstreitkräfte ohne Änderung der Klassifizierung. Im Jahre 1966 wird das 2. KW-Geschwader in 10. Minensuchgeschwader umbenannt. Es behält zunächst jedoch seine W-Kennung und die Bezeichnung als KW-Boot weiter. 1968 erfolgt die Umklassifizierung ohne Umbau als Binnenminensuchboot; die AMAZONE gehört nun zur Typ-Klasse 393. Sie bekam nun anstelle der KW-Nr. die Bezeichnung M-2669. Am 1. Oktober 1968 wird die AMAZONE kurzzeitig dem 6. Minensuchgeschwader unterstellt. Am 28. Februar 1969 wird das Boot erstmals außer Dienst gestellt. Vom 1. März 1969 an erhält es die Y-Nr. 1650, die jedoch nicht am Rumpf sichtbar geführt wird. Die Neuindienststellung für das 3. Minensuchgeschwader am 9. November 1973 ist auch gleichzeitig mit einer neuen Kennzeichnung gekoppelt. Diese lautet nun auf M 2656. Am 2. September 1992 wird das Boot dann endgültig außer Dienst gestellt.

Gazelle

NATO-Nr.: M 2657
Bauwerft:
Kröger-Werft, Rendsburg
Stapellauf:
14.08.1963
Indienststellung:
09.12.1963
Außerdienststellung:
02.07.1992
Geschwaderzugehörigkeit:
2. Küstenwachgeschwader

Geschichte und Verbleib:
Zuerst gehörte die GAZELLE zum 2. Küstenwachgeschwader und führte die Kennung W 30. Nach der neuen Klassifizierung zum Binnenminensuchboot wechselte diese auf M 2670, und sie diente nun dem 10. Minensuchgeschwader. Die Typ-Klasse wechselte ab Januar 1968 auf 393. Ab 1. Oktober 1968 wurde es kurzzeitig dem 6. Minensuchgeschwader unterstellt. Nach der Außerdienststellung am 28. Februar 1969 war es ein Teil der Reserveflottille und wurde einkokoniert. Die in dieser Zeit geführte neue Kenn-Nr. Y 1651 wurde im Gegensatz zu den übrigen Booten des Geschwaders tatsächlich sichtbar an den Brückenseiten geführt. Am Heck hingegen war bereits die neue Kenn-Nr. für die geplante Reaktivierung angebracht.
Ab 1972 fuhr das Boot für die Erprobungsstelle 73 mit ziviler Besatzung bis zur erneuten Außerdienststellung am 29. Juni 1973. Nach Reaktivierung wurde es am 12. November 1973 für das 3. Minensuchgeschwader wieder in Dienst gestellt und fährt nun die Kenn-Nr. M 2657. Am 2. Juli 1992 erneut a.D. gestellt. Danach Auflieger beim Arsenal. Letzte Verwendung am 17. August 1993 als stationärer Schul-Hulk bei der TMS/Lehrgruppe GA in Brake.

Das Minenlegergeschwader

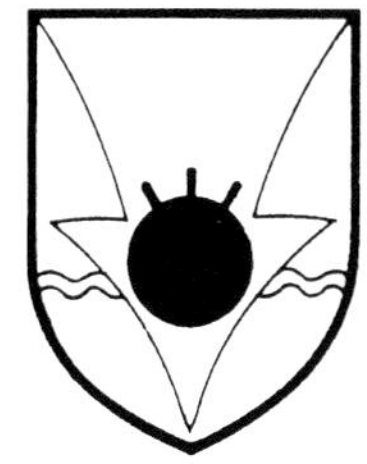

Am 1. Januar 1965 wurde das Minenlegergeschwader in Dienst gestellt; es trat die Nachfolge des am 1. Januar 1962 gegründeten Minenschiffgeschwaders an. Zunächst gehörten zwei Boote zum Geschwader. Es waren dies die BOTTROP mit der Kennung A 1405 und die BOCHUM mit Kennung A 1404.

Bei beiden Schiffen handelt es sich um ehemalige Panzerlandungsschiffe »Landing Ship Tank« (LST), die zusammen mit drei weiteren Einheiten dieses Typs von der US-Navy angekauft und im Anschluß daran zu Minenschiffen bzw. Minenlegern umgebaut wurden.

Anläßlich der Indienststellung erhielten die Schiffe dann folgende NATO-Kennungen: BOCHUM N 120 und BOTTROP N 121

Die BAMBERG, deren Umbau bereits zu 60 Prozent erfolgt war, wurde wegen eines zwischenzeitlichen Baustopps nicht mehr fertiggestellt und anschließend nach Holland verkauft.

Ab 1. Januar 1965 fand dann ein weiterer Unterstellungswechsel mit der Folge der Umbenennung statt. Am 8. August 1967 wird der Tender OSTE nach großem Umbau vom Tender zum Meßboot als solches in Dienst gestellt. Einen weiteren Zuwachs erfährt das Geschwader durch die Unterstellung der beiden Minentransporter der Klasse 762, SACHSENWALD und STEIGERWALD, die anfangs dem Kommando der Troßschiffe zugeordnet waren.

Ab 1. Januar 1968 wird außerdem noch die TRAVE dem Geschwader bis zu ihrer Außerdienststellung am 25. November 1971 zur Dienstleistung zugeordnet. Das Schiff wurde danach zunächst beim Marinearsenal in Kiel aufgelegt und nach seiner Aussonderung über die VEBEG zum Abwracken verkauft.

Am 19. Oktober 1971 wird dann als letztes Boot die ALSTER in Dienst gestellt. Bereits am 1. Juli 1972 kam es zu einem Unterstellungswechsel zum Flottendienstgeschwader.

Dieses als Fischtrawler erbaute und ab 1970 umgebaute Schiff wird wegen seiner speziellen Ausrüstung nicht mit seiner Geschichte hier abgehandelt, sondern lediglich der Vollständigkeit halber erwähnt.

Im Jahre 1972 wurde die Auflösung dieses Geschwaders beschlossen und vollzogen.

Anmerkung: Die Geschichte der OSTE ist beim 1. Minensuchgeschwader abgehandelt und dort nachzulesen.

BOCHUM
NATO-Nr.: A 1404
Bauwerft:
American Bridge/USA
Stapellauf:
17.02.1945
Indienststellung:
28.03.1945 als LST und
09.04.1964 als Minenschiff
Außerdienststellung:
14.09.1971
Geschwaderzugehörigkeit:
Minenlegergeschwader

Geschichte und Verbleib:
1958 wurden aus den Beständen der US-Marine fünf Landungsschiffe vom Typ LST zum Stückpreis von je 340.000 DM angekauft und im ersten Halbjahr 1961 nach Deutschland überführt. Während der Überreise nach Deutschland führte die spätere BOCHUM die Kennung A 1404. Danach wurde das Schiff bei den Motorenwerken in Bremerhaven gründlich überholt und für seinen neuen Verwendungszweck als Minenschiff hergerichtet.
Anschließend kam das Schiff mit neuer Kennung N 120 BOCHUM für die Bundesmarine in Dienst und wurde dem Minenlegergeschwader unterstellt. In dieser Funktion diente es zusammen mit seinem Schwesterschiff BOTTROP bis zur Außerdienststellung. Im Anschluß wurde die BOCHUM nach vorangegangener Grundüberholung am 12. Dezember 1972 an die Türkei abgegeben. Diese stellte das Schiff unter dem Namen SANCATAR mit Kennung A 580 unter der Flagge des Halbmondes wieder in Dienst.

BOTTROP
NATO-Nr.: A 1405
Bauwerft:
Missouri Valley in Evansvill, USA
Stapellauf:
03.01.1945 für die US-Marine
Indienststellung:
26.01.1945 als LST 1101,
06.02.1964 als BOTTROP
Außerdienststellung:
28.09.1971
Geschwaderzugehörigkeit:
Minenlegergeschwader

Geschichte und Verbleib:
Aus den Beständen der US-Marine kaufte die Bundesrepublik im Jahre 1958 insgesamt fünf LST. Davon wurden zwei als Minenschiffe umgebaut. Zum Zeitpunkt des Kaufs hieß das Schiff noch SALINE COUNTY (LST 1101). Der Kaufpreis des Schiffes betrug 340.000 DM. Nach seiner Überführung nach Deutschland unter der Kennung A 1405 wurde das Schiff zunächst einer grundlegenden Überholung unterzogen.
Im Anschluß folgte die Umrüstung zum Minenschiff und die Indienststellung unter dem Namen BOTTROP mit der neuen Kennung N 121. Bis zu seiner Außerdienststellung fuhr es nun für das Minenlegergeschwader.
Am 12. Dezember 1972 wurde die BOTTROP an die türkische Marine übergeben, die es unter dem neuen Namen BAYRAKTAR mit der Kennung A 589 wieder in Fahrt brachte.

SACHSENWALD

NATO-Nr.: A 1437
Bauwerft:
Blohm & Voss, Hamburg
Stapellauf:
10.12.1966
Indienststellung:
20.08.1969
Außerdienststellung:
26.09.1991
Geschwaderzugehörigkeit:
Kommando der Troßschiffe

Geschichte und Verbleib:
Nach der Indienststellung wurde der Minentransporter SACHSENWALD zunächst dem Kommando der Troßschiffe unterstellt. 1972 wird der Transporter zusammen mit seinem Schwesterschiff STEIGERWALD zum Minenlegergeschwader in Flensburg zugeordnet. Nach der Auflösung dieses Geschwaders ist das 1. Minensuchgeschwader die neue organisatorische Heimat. Das Schiff war ursprünglich für den Transport von Minen ins Einsatzgebiet sowie zur Abgabe von Minen an hierfür vorgesehene Einheiten geplant worden. Dafür waren im Zwischendeck parallel verlaufende Gleisstränge mit Querverbindungsstücken verlegt. Diese Gleise mündeten achtern in vier durch Klappen verschlossene Ladeluken. Weitere Abwurfanlagen waren mobmäßig an Oberdeck vorhanden. Die Beladung erfolgte über Ladeluken an Oberdeck, unterstützt durch bordeigene Kräne.
Nach der Außerdienststellung wurde der Transporter der VEBEG zur Verwertung übereignet.

STEIGERWALD

NATO-Nr.: A 1438
Bauwerft:
Blohm & Voss, Hamburg
Stapellauf:
10.03.1967
Indienststellung:
20.08.1969
Außerdienststellung:
04.11.1993
Geschwaderzugehörigkeit:
zuletzt 1. Minensuchgeschwader

Geschichte und Verbleib:
Nach kurzer Unterstellung beim Kommando der Troßschiffe erfolgte die Zuordnung zum Minenlegergeschwader in Flensburg. Im Jahre 1972 wurde dieses Geschwader jedoch aufgelöst und die STEIGERWALD nunmehr dem 1. Minenlegergeschwader unterstellt. Der Auftrag des Schiffes bestand in der Ausrüstung von Schnellbooten und Minensuchbooten in See zum Minenlegen. Dies wurde auch in Form von entsprechenden Manöverlagen entsprechend geübt. Außerdem hatte es Minentransporte zwischen verschiedenen NATO-Depots durchzuführen. Nach der Außerdienststellung wurde das Schiff an die VEBEG mit der Auflage der Ausschreibung zur Verschrottung übergeben.

Die Waffentauchergruppe

Aufstellung als Waffentauchergruppe am 1. Oktober 1991 in Eckernförde. Folgende Einheiten waren bisher zur Ausbildung der Taucher unterstellt:

Y 850	ALDEBARAN
A 50	EIDER
M 1052	HANSA
M 1053	STIER
A 1441	LANGEOOG
M 1052	MÜHLHAUSEN

Von diesen Booten sind inzwischen nur noch die beiden letztgenannten für den Ausbildungsbetrieb übriggeblieben.

Mit der neuen Struktur Marine 2005 wurden auch die Spezialeinheiten der Marine ab 1. Oktober 1991 neu organisiert. Die zuvor selbständige Minentaucherkompanie wurde nun mit der Kampfschwimmerkompanie als Waffentauchergruppe der Flottille der Minenstreitkräfte unterstellt.

Die untenstehende Abbildung zeigt die derzeitige Gliederungsform.

Die Minentaucherkompanie wurde am 1. Oktober 1964 gegründet. Bereits im Jahre 1958 fanden die ersten Versuche einer gemeinsamen Ausbildung von Minentauchern und Kampfschwimmern bei der Marine-Unterwasserwaffenschule (seinerzeit noch in Flensburg) und der Ausbildungsstätte List/Sylt statt. Zunächst stand das Taucherboot UW 1 und später die EIDER als Ausbildungsplattform zur Verfügung

Ab 1963 verlegen die Minentaucher ihre Ausbildung nach Eckernförde in die Marinewaffenschule. Das Wohnboot ALTER HAFEN wird ab 1966 Unterkunft für die Minentaucherkompanie.

Ende der sechziger Jahre wird dann die »Unterwasser-Feuerwehr« gegründet. Damit stellt die Minentaucherkompanie (MiTaKp) eine ständige, rund um die Uhr einsatzbereite Truppe auf, die für Einsätze auf See und unter Wasser sofort abrufbereit ist.

1969 wird die HANSA nach vorangegangenem Umbau als Minentaucherboot zugeteilt, die STIER als Sicherheitsboot für U-Boot-Erprobungen umgerüstet und für diese neue Verwendung abgestellt. Bereits 1970 wird sie der Kompanie jedoch wieder unterstellt, da die ALDEBARAN wegen eines Brandschadens geraume Zeit nicht mehr genutzt werden kann.

1972 erfolgt der Umzug der Kompanie vom Wohnboot in Landunterkünfte. Seit 1975 wird dann das auch heute noch genutzte Unterkunftsgebäude bezogen.

Ab 1. Oktober 1974 übernimmt die Minentaucherkompanie die Minentaucherausbildung der Waffenschule, und ab Februar 1978 wird auch noch die Minentaucher-Demonteur-Ausbildung-(EOD-)Kampfmittelbeseitigung durchgeführt.

Die Minentaucher sind ein unverzichtbarer Bestandteil des Minenabwehrverbandes der Flotte. Sie übernehmen an Bord von Minenjagdbooten und den mobilen Einsatzgruppen Aufgaben überall dort, wo die herkömmliche Minenabwehr ihre Grenzen findet oder wo Maßnahmen der Kampfmittelbeseitigung erforderlich werden. Im einzelnen bestehen diese im Suchen, Lokalisieren und der Identifizierung von Seeminen und anderen Kampfmitteln in küstennahen Seegebieten, Hafenanlagen und Binnengewässern.

Explosive Ordnance Reconnaisance (EOR). Sprengen, neutralisieren und bergen sowie demontieren und beseitigen von Seeminen und anderen Kampfmitteln. Feldmäßiges Auswerten unbekannter Kampfmittel. Tauchereinsätze aller Art bis zur Einsatzgrenze von 60 m Wassertiefe.

Beim Einsatz an Bord von Minenjägern hat die in der Regel aus vier Mann bestehende Minentauchergruppe die durch das Sonargerät bzw. durch die Unterwasserdrohnen

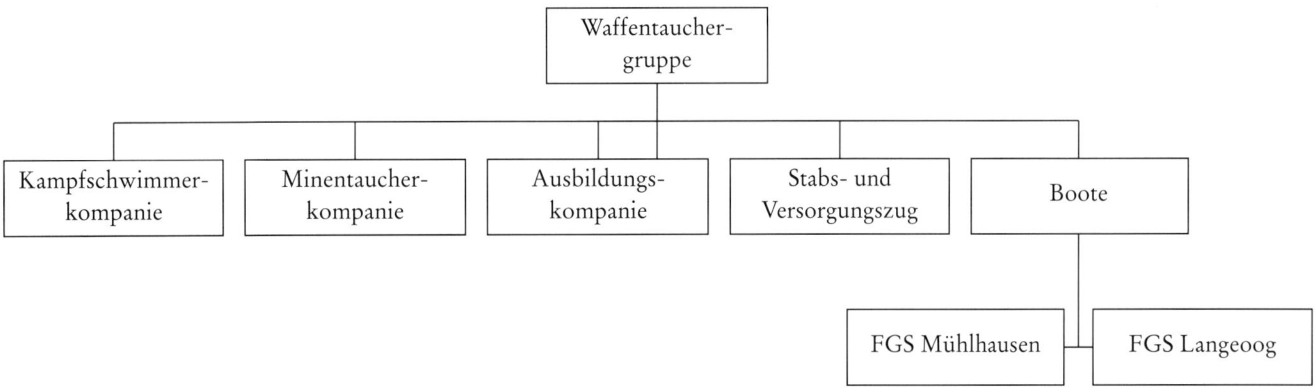

georteten Objekte, die nicht sicher zu identifizieren sind, durch persönliche Untersuchung vor Ort in Augenschein zu nehmen, zu untersuchen und ggf. durch Anbringung einer Sprengladung unschädlich zu machen. Freilich nutzen die Minentaucher bei ihren Einsätzen keine Tauchgeräte, wie sie üblicherweise von Sporttauchern benutzt werden. Der Grund liegt darin, daß alles, was mit der Minenabwehr zu tun hat, weitgehend amagnetisch sein muß, um die Zündsysteme der Minen nicht zu aktivieren. Dafür wurden im Laufe der Jahre sehr fortschrittliche Ausrüstungen entwickelt. Es handelt sich dabei um amagnetische Mischgasgeräte mit der Bezeichnung FGT 1, deren Gasgemisch je nach Tiefe variiert und daher vom Taucher vor dem Einsatz eingestellt werden muß. Auch alle anderen Ausrüstungsgegenstände sind amagnetisch, so daß der Taucher ungefährdet in unmittelbarer Nähe der Mine arbeiten kann. Zur Ausrüstung gehören mittlerweile auch modernste Handsonargeräte sowie das Sonarsichtgerät DSE. Das Minentaucherboot als Plattform, verschiedene Schlauchboote und ein umfangreicher Kraftfahrzeugpark machen die Einsatzgruppen der Kompanie hochmobil und überall unabhängig einsetzbar. Wegen der uneingeschränkten Beweglichkeit hat diese Kompanie im Katastrophenmanagement der Flotte, darunter ist beispielsweise ein großer Seenotfall zu verstehen, ihren festen Platz.

Für die nahe Zukunft zeichnen sich neue Aufgabengebiete ab. Dazu sind Einsätze im Rahmen von Evakuierungsmaßnahmen im internationalen Einsatz, Vernichtung von verdeckten Ladungen oder Sprengfallen. Denkbar sind auch die Durchführung von Spezialsprengungen zum Beseitigen von Über- und Unterwasserhindernissen.

Diese neuen Aufgaben verlangen andererseits auch andere Geräteausstattungen. Dazu gehört die Entwicklung neuer, extrem kleiner und leichter Tauchgeräte sowie Unterwasserschwimmhilfen, allgemein unter dem Begriff SCOOTER bekannt. All dies ist derzeit in der Entwicklung und soll der Einheit bei Erreichen der Einsatzreife zur Verfügung gestellt werden.

Nachstehend sind die Geschichten der Boote erfaßt, die bisher für die Waffentaucher abgestellt waren. ALDEBARAN, HANSA und STIER waren zum Zeitpunkt ihrer Indienststellung als Minensucher eingesetzt und sind daher an anderer Stelle aufgeführt.

Wegen des Umbaues für den neuen Verwendungszweck hat sich jedoch das äußere Erscheinungsbild stark verändert. Deshalb wird an dieser Stelle mit den folgenden Abbildungen der Unterschied gegenüber der ursprünglichen Anordnung der Oberdecksaufbauten deutlich gemacht.

TB 1 wurde nach seiner Indienststellung zunächst der Erprobungsstelle 71 unterstellt und fuhr während dieser Zeit mit der Bezeichnung Y 1678 mit ziviler Besatzung. Die Kennung M 1050 trug es erst ab Mitte der achtziger Jahre. Nach seiner Außerdienststellung wurde es am 20. Mai 1994 an die Marinekameradschaft Flensburg abgegeben.

EIDER

NATO-Nr.: A 50
Bauwerft:
G.T. Davie & Sons,
Quebec/Kanada
Stapellauf:
26.06.1942
unter dem Namen DOCHET
Indienststellung:
13.11.1942 für Kanada;
1.9.1953 für die Bundesmarine
unter dem Namen EIDER
Außerdienststellung:
06.04.1978
Geschwaderzugehörigkeit:
Zunächst Seegrenzschutz,
zuletzt Marinewaffenschule

Geschichte und Verbleib:
Das Schiff wurde zunächst als Korvette in Kanada in Dienst gestellt. Bei der Suche nach geeignetem Schiffsraum erwarb das Innenministerium das für einen Einsatz im Seegrenzschutz vorgesehene Boot in Belgien und ließ es bei den Atlas-Werken in Bremen für seinen neuen Bestimmungszweck umbauen. Nach der Aufstellung der Bundesmarine wurde es übernommen und in der Folgezeit als Kadettenschulschiff eingesetzt. Als solches unternahm es zusammen mit seinem Schwesterschiff TRAVE die ersten Auslandsreisen deutscher Kriegsschiffe nach dem Zweiten Weltkrieg. Ebenso war sie an der ersten Flottenübung SEEWOLF der Marine beteiligt. Nach weiteren Ausbildungsreisen wurde das Schiff am 15. Juli 1963 der Marineunterwasserwaffenschule und ab 1. Oktober 1974 der Marinewaffenschule mit Heimathafen Eckernförde zugeteilt. In dieser Zeit diente es als Torpedoklarmachschiff, Navigationsbelehrungsboot, geophysikalisches Meßschiff sowie als Basis für Minentaucher und Kampfschwimmer und zu guter Letzt, nach einem weiteren Umbau, als Minenwurf- und Lichtboot. Die EIDER war auch als Einsatzplattform bei Unterwassersprengstofflehrgängen eingesetzt. Nach der Außerdienststellung lag das Schiff noch einige Zeit als Auflieger beim Marinearsenal in Wilhelmshaven.

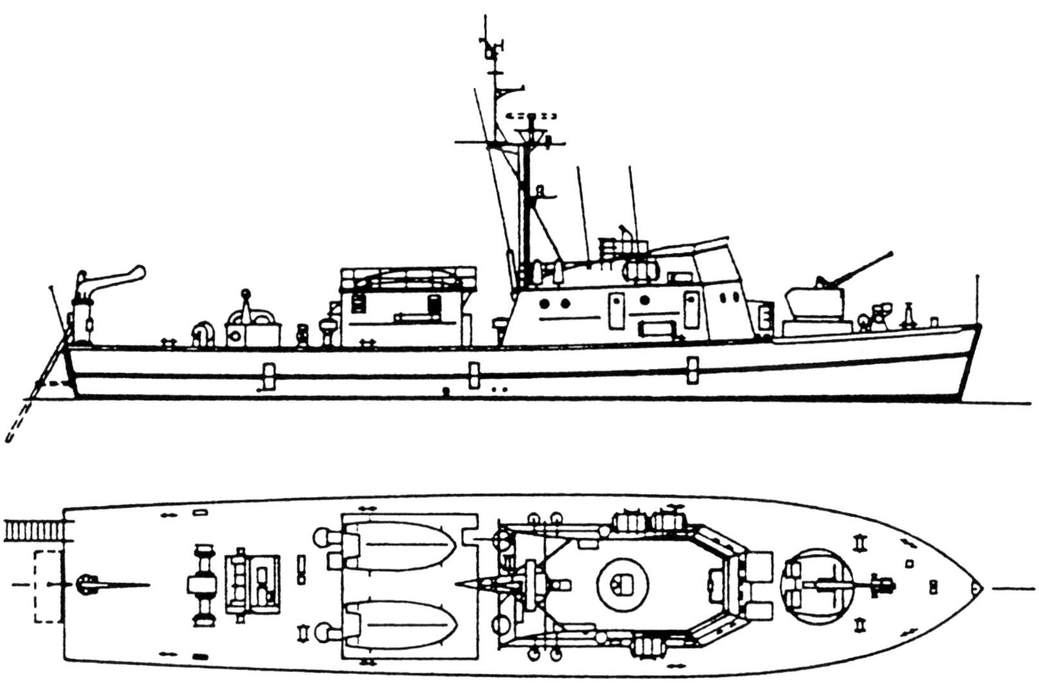

Die Zeichnung gibt das letzte Aussehen der HANSA nach dem Umbau als Taucherschulboot wieder. Entnommen aus dem Buch »Die Schiffe, Fahrzeuge und Flugzeuge der Marine von 1956 bis heute«, Seite 128.

STIER nach Umbau

LANGEOOG
NATO-Nr.: A 1441
Bauwerft:
Schichau-Werft, Unterweser
Stapellauf:
02.05.1967
Indienststellung:
06.06.1978 (als Schulboot)
Geschwaderzugehörigkeit:
Waffentauchergruppe
Eckernförde

Geschichte und Verbleib:
Die LANGEOOG wurde als Seeschlepper der Klasse 722 erbaut und war bis 1977 beim 1. Versorgungsgeschwader eingesetzt. Danach wurde sie von der Mützelfeldt-Werft in Cuxhaven zum Schulboot umgebaut und anschließend der Marinewaffenschule unterstellt. In der neuen Funktion löste es nun die EIDER ab.
Zunächst führte die LANGEOOG als Schlepper die Kennung A 1453. Nach der Umrüstung gehörte sie zur Typ-Klasse 754 und führte nun die Kennung Y 1665. Die Besatzung bestand aus Zivilpersonal.
Technische Daten: 854 ts, Länge 57,8 m, Breite 12,1 m, Tiefgang 4,20 m. Maschinenleistung 2400 PS und 13,6 Knoten. Fahrstrecke 5000 sm bei 10 Knoten, Besatzung 31 Mann

MÜHLHAUSEN ex WALTER VON LEDEBUR

NATO-Nr.: M 1052
Bauwerft:
Burmester, Bremen
Stapellauf:
30.06.1966
Indienststellung:
21.12.1967
Außerdienststellung:
24.3.1994
als Sperrwaffenversuchsboot
Unterstellungsverhältnis:
Bundesamt für Wehrtechnik
und Beschaffung,
Abteilung Erprobungsstelle 71

Geschichte und Verbleib:
MÜHLHAUSEN ist der neue Name für das ehemalige Sperrwaffenversuchsboot WALTER VON LEDEBUR. Ursprünglich war das ganz aus Holz gebaute Boot als Prototyp eines Hochseeminensuchbootes geplant. Der Rumpf ist ausschließlich verleimt unter Verwendung amagnetischer Materialien. Ähnlich wie die HOLNIS blieb das Boot jedoch ein Einzelgänger und wurde nach Aufgabe der Konstruktionskonzeption der Erprobungsstelle 71 als Versuchsboot im Bereich der Sperrwaffen unterstellt. 1972 erlitt es durch einen umstürzenden Werftkran erhebliche Beschädigungen.
In dieser Zeit fuhr das Boot noch mit ziviler Besatzung zunächst unter der Kennung Y 841 und ab 1987 unter A 1410. Nach der Außerdienststellung lag es noch einige Zeit beim Marinearsenal in Wilhelmshaven als Auflieger. Nachdem das Taucherschulboot STIER nicht mehr einsatzfähig war, wurde die WALTER VON LEDEBUR aus ihrem Dasein als Auflieger erlöst und durch entsprechende Umbauten für die neue Aufgabe als Minentaucherboot hergerichtet. Von diesem Zeitpunkt an fuhr sie unter militärischer Besatzung unter der neuen Kennung M 1052.

Taucherboot TB 1

NATO-Nr.: M 1050
Bauwerft:
Burmester, Bremen
Indienststellung:
21.06.1972
Außerdienststellung:
10.12.1983
Geschwaderzugehörigkeit:
Erprobungsstelle 71

Geschichte und Verbleib:
Nach der Indienststellung wurde das Taucherboot TB 1 der Erprobungsstelle 71 unterstellt. Zunächst trug es die Kennung Y 1678 und gehörte zur Typ-Klasse 732.
Ab Mitte der achtziger Jahre erhielt es die M-Kennung (M 1050). Nach der Außerdienststellung bekam das Boot eine neue Verwendung und wurde der Marinekameradschaft Flensburg als schwimmendes Kameradschaftsheim übereignet.
Technische Daten: Tonnage 70 t. Länge 27,60, Breite 5,77 m, Tiefgang 1,90 m, Maschinenleistung 700 kW, Ausrüstung: Ein Schlauchboot, zwei Rettungsinseln, ein Buganker in BB-Seitenklüse. Taucherdruckkammer. Maschinenanlage: Ein MWM-Viertakt-12-Zylinder-Dieselmotor, 950 PS/700 kW, E-Anlage: zwei Dieselgeneratoren je 35 PS/26 kW, eine dreiflügelige Schraube. Das Boot ist aus Holz gebaut und in sechs Abteilungen unterteilt.

Anhang

Gesamtübersicht

Name	Typ-Klasse	Hull-Nr.	In Dienst	Außer Dienst	Fundstelle
ACHERON	394	M 2680	10.02.1969	20.03.1995	7. Minensuchg.
ALDEBARAN	359	M 1060	16.11.1956	31.03.1970	3. Minensuchg.
ALGOL	359	M 1061	30.10.1956	28.04.1961	3. Minensuchg.
ALGOL II	341	M 1068	27.06.1963	28.11.1989	3. Minensuchg.
AMAZONE	393	M 2669	04.09.1963	09.04.1992	2. KW-Geschw.
ARIADNE	393	W 23	23.10.1961	12.10.1991	2. KW/10/3. MSG
ARKTURUS	359	M 1062	15.11.1956	31.05.1963	3. Minensuchg.
ATAIR	359	M 1063	30.10.1956	13.04.1960	3. Minensuchg.
ATAIR II	341	M 1067	27.09.1961	30.06.1988	3. MSG/5. MSG
ATLANTIS	394	W 39	29.03.1968	20.03.1995	7. Minensuchg.
AUERBACH	343/352	M 1093	07.05.1991		5. Minensuchg.
BAD BEVENSEN	332	M 1063	09.12.1993		1. Minensuchg.
BAD RAPPENAU	332	M 1067	19.04.1994		1. MSG/3. MSG
BOCHUM	370	A 1404/N 120	09.04.1964	14.09.1971	M-Legergeschw.
BOTTROP	370	A 1405/N 121	06.02.1964	28.09.1971	M-Legergeschw.
CAPELLA	359	M 1050	19.06.1956	20.02.1959	1. Minensuchg.
CAPELLA II	341	M 1098	30.06.1960	08.01.1965	5. Minensuchg.
CASTOR	359	M 1051	19.06.1956	20.02.1959	1. Minensuchg.
CASTOR II	340	M 1051	11.12.1962	15.08.1990	1. Minensuchg.
CUXHAVEN	320	M 1078	11.03.1959	08.02.2000	4. MSG/6. MSG
DATTELN	332	M 1068	08.12.1994		1. Minensuchg.
DENEB	359	M 1064	30.10.1956	28.07.1961	3. Minensuchg.
DENEB II	341	M 1064	07.12.1961	08.09.1989	3. MSG/5. MSG
DETMOLD	321	M 1252	23.02.1960	31.12.1973	2. Minensuchg.
DIANA	394	M 2664	21.09.1967	16.02.1995	7. Minensuchg.
DILLINGEN	332	M 1065	25.04.1995		1. Minensuchg.
DÜREN	351	M 1079	22.04.1959	29.09.2000	4. MSG/6. MSG
EIDER	752	A 50	01.09.1953	06.04.1978	M-LegerGeschw
EMS	419	A 53	11.12.1956	10.03.1978	3. Minensuchg.
ENSDORF	343/352	M 1094	25.09.1990		5. Minensuchg.
FISCHE	341	M 1096	12.01.1960	20.04.1989	5. Minensuchg.
FLENSBURG	331 A	M 1084	03.12.1959	26.06.1991	8. MSG/4. MSG

Name	Typ-Klasse	Hull-Nr.	In Dienst	Außer Dienst	Fundstelle
FLUNDER	520	L 760	22.02.1966	16.05.2001	1. LandG/3. MSG
FRANKENTHAL	332	M 1066	16.12.1992		1. MSG/3. MSG
FRAUENLOB	394	W 31/M 2658	27.09.1966	27.03.2002	7. MSG/5. MSG
FREYA	393	W 24/M 2651	06.01.1962	07.05.1992	2. KWG/3., 10. MSG
FULDA	331 A	M 1086	05.03.1960	26.03.1992	8. MSG/4. MSG
FULDA II	332	M 1058	16.06.1998		1. Minensuchg.
GAZELLE	393	W 30/M 2657	09.12.1963	02.07.1992	2. KWG/3. MSG
GEFION	394	W 33/M 2660	17.02.1967	27.03.2002	7. MSG/5. MSG
GEMMA	341	M 1097	10.05.1960	18.12.1987	5. Minensuchg.
GÖTTINGEN	320	M 1070	31.05.1958	11.09.1997	6. Minensuchg.
GRÖMITZ	332	M 1064	23.08.1994		1. Minensuchg.
HAMELN	321	M 1251	04.12.1959	31.12.1973	2. Minensuchg.
HAMELN II	343/352	M 1092	29.06.1989		5. Minensuchg.
HANSA	732 A	M 2662/Y 806	23.07.1958	17.01.1992	3. KWG/10. MSG
HERCULES	341	M 1095	09.12.1960	21.08.1987	5. Minensuchg.
HERTEN	343/333	M 1099	26.02.1991		5. MSG/3. MSG
HERTHA	393	W 26/M 2653	07.06.1962	07.05.1992	2. KWG/3. MSG
HOLNIS	390	M 2651	31.03.1966	19.12.1996	1. Minensuchg.
HOMBURG	332	M 1069	26.09.1995		1. Minensuchg.
ISAR	402	A 54	25.01.1964	06.05.1992	3. Minensuchg.
JUPITER	359	M 1065	31.07.1956	20.02.1959	1. MSG/3. MSG
JUPITER II	341	M 1065	30.05.1961	26.10.1961	3. MSG/5. MSG
KOBLENZ	320	M 1071	08.07.1958	22.06.1999	6. Minensuchg.
KONSTANZ	351	M 1081	23.07.1959	29.09.2000	4. MSG/6. MSG
KREBS	340	M 1052	21.07.1959	19.10.1973	5. Minensuchg.
KULMBACH	343/333	M 1091	24.04.1990		5. MSG/3. MSG
LABOE	343/333	M 1097	07.12.1989		5. MSG/3. MSG
LACHS	520	L 762	24.03.1966		1. LGsch/3. MSG
LANGEOOG	722	A 1441	06.06.1978		1.Vers.Geschw.
LINDAU	320	M 1072	24.04.1958	19.10.2000	6. Minensuchg.
LORELEY	394	W 38/M 2665	29.03.1968	06.2002	7. MSG/5. MSG
MARBURG	320	M 1080	10.06.1959	25.05.2000	4. MSG/6. MSG
MARS	359	M 1052	19.06.1956	20.02.1959	1. Minensuchg.
MARS II	340	M 1058	18.07.1961	27.02.1992	1. Minensuchg.
MEDUSA	394	W 34/M 2661	17.02.1967	14.06.2001	7. MSG/5. MSG
MERKUR	359	M 1066	05.06.1956	31.10.1968	1. MSG/3. MSG
MINDEN	320	M 1085	22.01.1960	04.12.1997	8. MSG/6. MSG
MINERVA	394	W 36/M 2663	16.06.1967	16.02.1995	7. Minensuchg.

Name	Typ-Klasse	Hull-Nr.	In Dienst	Außer Dienst	Fundstelle
MIRA	340	M 1050	22.11.1960	12.12.1973	1. Minensuchg.
MOSEL	402	A 67	08.06.1963	28.06.1990	5. Minensuchg.
MOSEL II	404	A 512	22.06.1993		5. Minensuchg.
MÜHLHAUSEN	742/732	Y 841/M 1052	21.12.1967		Erp 71/Wafftaug.
NAUTILUS	394	W 31/M 2659	26.10.1966	28.04.1994	5. MSG/7. MSG
NEPTUN	341	M 1093	29.09.1960	28.02.1990	5. Minensuchg.
NIENBURG	701	A 1416	01.08.1968	26.03.1998	4. Minensuchg.
NIOBE	391	W 21/M 2661	29.04.1958	13.08.1976	3. KWG/BWB
NIXE	393	W 28/M 2655	20.06.1963	02.04.1992	2. KWG/3. MSG
NYMPHE	393	W 27/M 2654	08.05.1963	18.06.1992	2. KWG/3. MSG
ORION	359	M 1053	05.06.1956	19.01.1962	1. Minensuchg.
ORION II	340	M 1053	14.02.1962	16.11.1973	1. Minensuchg.
OSTE	419	A 52	21.01.1957	12.06.1987	1. Minensuchg.
PADERBORN	351	M 1076	16.12.1957	30.06.2000	4. Minensuchg.
PASSAU	321	M 1255	15.10.1960	31.12.1973	2. Minensuchg.
PASSAU II	343/333	M 1096	18.12.1990		5. MSG/3. MSG
PEGASUS	359	M 1067	15.11.1956	28.04.1961	3. Minensuchg.
PEGASUS II	341	M 1066	16.05.1962	17.12.1973	3. Minensuchg.
PEGNITZ	343/352	M 1090	09.03.1990		5. Minensuchg.
PERSEUS	341	M 1090	16.03.1961	30.09.1988	5. Minensuchg.
PLÖTZE	520	L 763	24.03.1966	07.09.2001	1. Lgesch/3. MSG
PLUTO	341	M 1092	19.12.1960	01.07.1987	5. Minensuchg.
POLLUX	359	M 1054	19.06.1956	19.06.1956	1. Minensuchg.
POLLUX II	340	M 1054	28.04.1961	26.05.1992	1. Minensuchg.
REGULUS	359	M 1055	31.07.1956	16.01.1964	1. Minensuchg.
REGULUS II	340	M 1057	20.06.1960	27.09.1990	1. Minensuchg.
RHEIN	404	A 513	22.09.1993		3. SGsch/3. MSG
RIEGEL	359	M 1056	05.06.1956	08.12.1961	1. Minensuchg.
RIEGEL II	340	M 1056	19.09.1962	29.03.1990	1. Minensuchg.
ROTTWEIL	332	M 1061	07.07.1993		1. Minensuchg.
SAAR	402	A 65	11.05.1963	06.05.1992	1. Minensuchg.
SACHSENWALD	762	A 1437	20.08.1969	26.09.1991	M-Legergeschw.
SATURN	359	M 1057	31.07.1956	30.11.1961	1. Minensuchg.
SCHLEI	520	L 765	26.07.1966		1. Lgesch/3. MSG
SCHLESWIG	351	M 1073	30.10.1958	29.09.2000	6. Minensuchg.
SCHÜTZE	341	M 1062	14.04.1959	26.11.1992	3. MSG/1. MSG
SEEHUND	319	M 187	17.07.1956	04.01.1960	2. Minensuchg.
SEEIGEL	319	M 188	30.08.1956	29.01.1960	2. Minensuchg.

Name	Typ-Klasse	Hull-Nr.	In Dienst	Außer Dienst	Fundstelle
SEELÖWE	319	M 189	17.07.1956	04.01.1960	2. Minensuchg.
SEEPFERD	319	M 190	30.08.1956	10.02.1960	2. Minensuchg.
SEESCHLANGE	319	M 191	15.08.1956	13.02.1960	2. Minensuchg.
SEESTERN	319	M 192	15.08.1956	14.01.1960	2. Minensuchg.
SIEGBURG	343/352	M 1098	17.07.1990		5. Minensuchg.
SIEGEN	321	M 1254	09.07.1960	31.12.1973	2. Minensuchg.
SIRIUS	359	M 1058	05.06.1956	20.02.1959	1. Minensuchg.
SIRIUS II	340	M 1055	05.10.1961	01.11.1990	1. Minensuchg.
SKORPION	359	M 1068	15.11.1956	03.08.1962	3. Minensuchg.
SKORPION II	341	M 1060	09.10.1963	10.05.1990	3. MSG/1. MSG
SPICA	359	M 1059	31.07.1956	20.02.1959	1. Minensuchg.
SPICA II	340	M 1059	10.05.1961	30.09.1992	1. Minensuchg.
STEIGERWALD	762	A 1438	20.08.1969	04.11.1993	M-Legergeschw.
STEINBOCK	341	M 1091	10.10.1960	08.03.1974	5. Minensuchg.
STIER	341/732	M 1061/Y 849	28.06.1961	31.03.1995	3. MSG/Wafftaucherkp.
SULZBACH-ROSENBERG	332	M 1062	23.01.1996		1. Minensuchg./3. MSG
Taucherboot TB1	732	Y 1678/M 1050	21.06.1972	10.12.1983	Erprob-Stelle 71
TÜBINGEN	320	M 1074	25.09.1958	26.06.2000	6. Minensuchg.
ÜBERHERRN	343/333	M 1095	19.09.1989		5. MSG/3. MSG
ULM	351	M 1083	07.11.1959	21.09.1999	8. MSG/6. MSG
UNDINE	394	W 35/M 2662	20.03.1967	30.06.2001	7. MSG/5. MSG
URANUS	341	M 1099	05.07.1960	02.08.1971	5. Minensuchg.
VEGESACK	321	M 1250	10.09.1959	31.12.1973	2. Minensuchg.
VINETA	393	W 25/M 2652	09.04.1962	19.12.1991	2. KWG/3. MSG
VÖLKLINGEN	320	M 1087	31.05.1960	23.03.1999	8. MSG/4. MSG
WAAGE	341	M 1063	19.03.1962	30.09.1992	3. MSG/1. MSG
WEGA	359	M 1069	30.10.1956	02.03.1962	3. Minensuchg.
WEGA II	341	M 1069	08.04.1963	15.12.1988	3. MSG/5. MSG
WEIDEN	332	M 1060	30.03.1993		1. Minensuchg.
WEILHEIM	320	M 1077	28.01.1959	15.06.1995	4. Minensuchg.
WEILHEIM II	332	M 1059	03.12.1998		1. Minensuchg.
WERRA	401	A 68	02.09.1964	21.03.1991	7. SGesch/6. MSG
WERRA II	404	A 514	09.12.1993		1. Minensuchg.
WETZLAR	320	M 1075	20.08.1958	30.06.1995	6. Minensuchg.
WIDDER	341	M 1094	26.09.1960	14.07.1989	5. Minensuchg.
WOLFSBURG	351	M 1082	08.10.1959	29.09.2000	8. MSG/6. MSG
WORMS	321	M 1253	31.12.1973	31.12.1973	2. Minensuchg.
ZANDER	520	L 769	26.08.1966	03.2002	1. LandG/3. MSG.

Wichtige Anmerkungen zur Gesamtübersicht

Um Irritationen vorzubeugen, sei an dieser Stelle angemerkt, daß zahlreiche Hull-Nummern doppelt in dieser Übersicht vertreten sind. Dies bedeutet jedoch nicht, daß die betreffenden Boote zeitgleich diese Nummer getragen haben, sondern lediglich die Tatsache, daß die Nummer von außer Dienst gestellten Booten wieder an Neubauten weitergegeben wurden. Das gleiche gilt sinngemäß für die doppelten Bootsnamen. Dort ist als zusätzliche Orientierung und Unterscheidung die Typ-Klassifizierung mit angegeben. Die jüngsten Umbaumaßnahmen und die damit verbundene Änderung der Typ-Klassenzuordnung sind in dieser Übersicht dahingehend berücksichtigt, daß neben der ersten Klassifizierung nach der Indienststellung nach dem Schrägstrich die neue Typ-Klasse, z.B. 333 oder 352, mit angefügt wurde.

Weiterhin ist zu beachten, daß verschiedene Boote im Verlaufe ihrer Indiensthaltungszeit z.T. mehrfach ihr Kennzeichen gewechselt haben. Hierzu ist anzumerken, daß alle Boote und Schiffe einheitlich unter der Nummer und dem Geschwader zugeordnet sind, die sie zum Zeitpunkt ihrer Indienststellung getragen haben bzw. dem sie zu diesem Zeitpunkt angehört haben. Spätere Veränderungen in diesem Sinne sind dann hinter dem Schrägstrich erkennbar. Außerdem sind sie auch noch in der Lebensgeschichte dokumentiert. Somit können nachträglich als notwendig erachtete Umbauten und Verlegungen innerhalb des Kommandobereiches der Bundesmarine jederzeit nachvollzogen werden. In Anbetracht des Gesamtumfangs dieses Buches konnten dabei jedoch nur die wichtigsten Maßnahmen erfaßt werden.

Zusammenfassung aller Einzelbildnachweise:

Bildstelle der Marine in Rostock Nr. 10, 11, 12, 15, 36, 37, 38, 39, 40, 41, 42, 43, 44, 45, 67, 89, 90, 91, 92, 93, 94, 95, 96, 97, 98, 99, 120, 123, 125, 127, 128, 129, 130, 131, 132, 133, 135, 136, 164, 166, 167, 181, 182, 183, 190, 193, 195, 196, 204, 208.
Bildstelle BMVg Bonn (Modes) 7, 53, **79 (Titelfoto der Einbandseite)**
Bildstelle des Marinefliegergeschwaders 2 in Tarp 13, 124, 146.
Bildstelle des Flottenkommandos in Glücksburg (Görlich), Kölsch, Menzel 99a, 99b, 99c, 184.
Gerd Böttcher 54, 57, 126, 148, 154, 156, 162, 177, 187, 189, 191, 197, 205, 207.
Dinziol 5, 6, 8, 16, 17, 18, 52, 58. 59, 61, 64, 65, 152, 155, 159, 160, 179, 180, 186, 198, 200, 201, 202.
Fuchs 84, 85.
Verlag Jansen 21, 23, 28, 68.
Hinrichsmeyer 48, 49, 50.
Hendrik Killi 9, 9a, 9b, 33, 34, 35, 47, 121, 134, 142, 143, 144, 176, 199, 209.
E. Miller 1, 2, 3, 46, 66 100, 101a, 113, 114 115, 116, 117, 118, 119, 122 137, 147, 157, 158, 161, 185, 203.
Foto-Renard 20, 22, 24, 25, 26, 80, 88, 168.
Rausch 4, 14.
Wolfgang Scholz 69, 70, 72, 112, 165, 178.
Werft-Foto Abeking & Rasmussen 30, 31, 32, 51, 56, 63, 79, 107, 108, 109, 110, 149, 150, 151, 163, 192, 194.
Werft-Foto Kröger-Werft, Rendsburg 60, 153, 169, 170, 171, 172, 173, 174, 175.
Werft-Foto Lürssen-Werft 55, 62, 138, 139, 140, 141, 145.
WZ-Bilddienst 19, 27, 71, 73, 75, 76, 78, 82, 83, 87, 211.
Unbekannte Urheber ges. 8 Fotos

Quellennachweis:

Verfasser	Verlag	Titel
Gerhard Koop, Siegfried Breyer	Bernhard Graefe-Verlag, Bremen	Die Schiffe, Fahrzeuge und Flugzeuge der deutschen Marine von 1956 bis heute
Hans Hildebrand, Albert Röhr, Hans Steinmetz	Koehlers Verlagsgesellschaft	Die deutschen Kriegsschiffe Band 1 bis 7
Reinhart Ostertag	Koehlers Verlagsgesellschaft	80 Jahre Seeminenabwehr
	Koehlers Verlagsgesellschaft	Köhlers Flottenkalender Jhrg. 1979, S. 145, Jhrg. 1982, S. 152, Jhrg. 1986, S. 113, Jhrg. 1988, S. 152, Jhrg. 1990, S. 81, Jhrg. 1991, S. 61, Jhrg. 1993, S. 61, Jhrg. 1996, S. 187, Jhrg. 1997, S. 74, Jhrg. 1998, S. 97, Jhrg. 1999, S. 56 und 172
Mike Whitley	Motorbuch-Verlag, Stuttgart	Deutsche Seestreitkräfte 1939 bis 1945
Olt z.S. Hauser	4. Minensuchgeschwader	Chronik des 4. Minensuchgeschwaders 1958–1985
Flottille der Minenstreitkräfte	Margit Fieguth, Pressereferentin beim DMB	Chronik des 4. und 6. MSG
FKpt Prien	Marine	Festschrift zum 40jährigen Bestehen der Flottille der Minenstreitkräfte
Zeitschriften		Soldat und Technik verschiedene Jahrgänge und Monats-Ausgaben
		Blaue Jungs und Leinen los (siehe oben und Einzelexemplare)
		Truppenpraxis (siehe oben und Einzelexemplare)

Informationsmaterial, das vom Flottenkommando und von den Geschwadern an die interessierte Öffentlichkeit in regelmäßigen Zeitabschnitten zur Information herausgegeben wird. Außerdem vielerlei Zeitungsausschnitte und Pressemitteilungen, die im Wege der Auswertung über einen Zeitraum von vielen Jahren gesammelt und archiviert wurden, jedoch im einzelnen nicht mehr zugeordnet werden können.

Verzeichnis der Typ-Klassen in der Minensuchflottille

Typ-Klasse 319	Seeschlange	Boote: Seehund, Seeigel, Seelöwe, Seestern, Seepferd, Seeschlange
Typ-Klasse 320	Lindau-Klasse	Boote: Göttingen, Koblenz, Lindau, Tübingen, Wetzlar, Weilheim, Cuxhaven, Marburg, Flensburg, Minden, Fulda, Völklingen
Typ-Klasse 321	Vegesack-Klasse	Boote: Vegesack, Hameln I, Detmold, Worms, Siegen, Passau I
Typ-Klasse 331 A	Lindau-Klasse	Boote: Fulda und Flensburg
Typ-Klasse 331 B	Lindau-Klasse	Boote: Schleswig, Paderborn, Düren, Konstanz, Wolfsburg, Ulm
Typ-Klasse 332	Weiden-Klasse	Boote: Rottweil, Sulzbach-Rosenberg, Bad Bevensen, Grömitz, Dillingen, Frankenthal, Bad Rappenau, Datteln, Homburg, Fulda II, Weilheim II
Typ-Klasse 333	Kulmbach-Klasse	Boote: Kulmbach, Überherrn, Herten, Passau, Laboe
Typ-Klasse 340	Schütze-Klasse	Boote: Mira, Castor, Krebs, Orion, Pollux, Sirius, Rigel, Regulus, Mars, Spica
Typ-Klasse 341	Schütze-Klasse	Boote: Skorpion, Stier, Schütze, Waage, Deneb, Jupiter, Pegasus, Atair, Algol, Wega, Perseus, Steinbock, Pluto, Neptun, Widder, Hercules, Fische, Gemma, Capella, Uranus
Typ-Klasse 343	Hameln-Klasse	Boote: Pegnitz, Kulmbach, Hameln II, Auerbach, Ensdorf, Überherrn, Passau II, Laboe, Siegburg, Herten. (Fünf dieser Boote wurden ab 1998 umgerüstet und gehörten danach zur Typ-Klasse 333. Die restlichen fünf siehe bei Typ-Klasse 352)
Typ-Klasse 351	Schleswig-Klasse	Boote: Schleswig, Paderborn, Düren, Konstanz, Ulm, Wolfsburg
Typ-Klasse 352	Ensdorf-Klasse	Boote: Pegnitz, Hameln II, Auerbach, Ensdorf, Siegburg
Typ-Klasse 359	R 41 bis R 129	Boote: Wega, Algol, Atair, Deneb, Aldebaran, Arkturus, Pegasus, Skorpion
Typ-Klasse 359	R 130 bis R 150	Boote: Merkur, Jupiter, Orion, Rigel, Sirius, Capella, Mars, Castor, Pollux, Regulus, Saturn, Spica
Typ-Klasse 360	Ariadne-Klasse	Boote: Hansa (als Küstenwachboot)
Typ-Klasse 361	Ariadne-Klasse	Boote: Niobe (als Küstenwachboot)
Typ-Klasse 370	Bochum-Klasse	Schiffe: Bochum, Bottrop, Bamberg
Typ-Klasse 390	Holnis-Klasse	Boot: Holnis (Einzelboot)
Typ-Klasse 391	Ariadne-Klasse	Boot: Niobe (als Küstenwachboot)
Typ-Klasse 392	Ariadne-Klasse	Boote: Ariadne, Freya, Vineta, Hertha, Nymphe, Nixe, Amazone, Gazelle
Typ-Klasse 394	Frauenlob-Klasse	Boote: Frauenlob, Nautilus, Gefion, Medusa, Undine, Minerva, Diana, Loreley, Atlantis, Acheron
Typ-Klasse 401	Rhein-Klasse	Schiffe: Rhein I, Elbe I, Weser, Main I, Ruhr, Neckar, Donau I, Werra
Typ-Klasse 402	Rhein-Klasse	Schiffe: Isar, Saar, Mosel I
Typ-Klasse 404	Elbe-Klasse	Schiffe: Elbe II, Donau II, Main II, Werra II, Rhein II, Mosel II
Typ-Klasse 419	Ems	Schiff: Ems
Typ-Klasse 701	Lüneburg-Klasse	Schiff: Nienburg
Typ-Klasse 732 A	Ariadne-Klasse	Boot: Hansa (als Minentaucherboot)
Typ-Klasse 732 B	Schütze-Klasse	Boot: Stier (als Minentaucherboot)
Typ-Klasse 752		Boot: Eider nach Umbau zum Minentaucherboot
Typ-Klasse 752		Boot: Mühlhausen nach Umbau (ex Walter von Ledebur)
Typ-Klasse 762	Sachsenwald-Klasse	Schiffe: Sachsenwald, Steigerwald

Technische Daten im Vergleich

Typ-Klasse	Tonnage	Länge	Breite	Tiefgang	PS/kW	kn/sm	Besatzung	Bewaffnung
Typ 1940/319 SEEHUND	775	62,3	8,50	2,63	2.700 PS	17,2 kn	70 Mann	1 x 76 mm 4 x 40 mm 4 x 20 mm
Typ 1943/ SEESCHLANGE	821	68,2	9,0	2,68	2.700 PS	16,7 kn	80 Mann	wie oben
Klasse 359 Ex R-Boote der Kriegsmarine	130	38–41	5,80	1,40–1,60	1.836 PS	20,0 kn	28 Mann	Mehrheitlich 2 x 20 mm
Klasse 320 LINDAU-Klasse vor Umbau	380	45	8,50	2,70	3.940 PS	16 kn	46 Mann	1 x 40 mm
Nach Umbau z. Minenjagdboot Klasse 331 A	402	47,5	8,30	2,70	3.940 PS	16 kn	44 Mann	wie oben
HL-Boot Kl. 351 SCHLESWIG-Klasse	430	47,5	8,30	2,70	3.400 PS	16 kn	44 Mann	wie oben
Klasse 321 VEGESACK-Klasse	383	44,6	8,41	2,10	4.000 PS	15 kn	40 Mann	2 x 20 mm
Klasse 340/341 SCHÜTZE-Klasse	241	44,10	6,96	1,91	3.180 kW	22,0 kn	31 Mann	Mehrheitlich 1 x 40 mm
Klasse 393 ARIADNE-Klasse	199	38,01	7,66– 8,03	1,88	1.325 kW	14,0 kn	24 Mann	1 x 40 mm
Klasse 394 FRAUENLOB-Klasse	237	38,01	8,03	1,88	1.325 kW	13,6 kn	24 Mann	1 x 40 mm
Klasse 332 FRANKENTHAL-Klasse	590	54,40	9,20	2,60	4.080 kW	18 kn	37 Mann	1 x 40 mm
Klasse 343 HAMELN-Klasse	590	54,40	9,20	2,50	4.080 kW	18 kn	37 Mann	2 x 40 mm Fliegerfäuste

Zeitchronik der Aufstellung der Geschwader und der Flottille

16.05.1956	Aufstellung des 1. Schnellen Minensuchgeschwaders in Wilhelmshaven, Unterstellung bis 30.9.1958 beim Kommando der Seestreitkräfte.
01.06.1956	Aufstellung des 2. Hochseeminensuchgeschwaders in Bremerhaven. Dieses Geschwader war ebenfalls bis 30.09.1958 dem Kommando der Seestreitkräfte unterstellt.
15.10.1956	Aufstellung des 3. Schnellen Minensuchgeschwaders in Bremerhaven. Bis zum 14.02.1960 war es unter dieser Bezeichnung im Flottendienst.
29.11.1956	Umbenennung des 2. Hochseeminensuchgeschwaders in 2. MINENSUCHGESCHWADER.
01.10.1957	Aufstellung des Kommandos der Minensuchboote, bis zum 30.6.1962 unter dieser Bezeichnung im aktiven Dienst.
01.03.1958	Aufstellung des 6. Minensuchgeschwaders in Cuxhaven.
01.10.1958	Aufstellung des 4. Minensuchgeschwaders.
01.10.1958	Aufstellung des 5. Minensuchgeschwaders in Neustadt/Holstein.
01.10.1958	Wechsel des Unterstellungsverhältnisses des 1. und 2. MSG vom Kommando der Minensuchboote.
01.04.1959	Aufstellung des 8. Minensuchgeschwaders in Cuxhaven.
15.02.1960	Umbenennung des 3. Schnellen Minensuchgeschwaders zum 3. MINENSUCHGESCHWADER.
01.07.1962	Aufstellung des Minenlegergeschwaders.
07.1962	Umbenennung des Kommandos der Minensuchboote in KOMMANDO DER MINENSTREITKRÄFTE.
15.07.1963	Auflösung des 8. Minensuchgeschwaders mit der Aufteilung des Bootsbestandes von je drei Einheiten zum 4. und 6. MSG.
25.07.1963	Auflösung des 2. Minensuchgeschwaders.
01.07.1964	Aufstellung als 2. Küstenwachgeschwader in Neustadt/Holstein. Ab diesem Zeitpunkt ist es dem Kommando der Minenstreitkräfte unterstellt (später in 10. MSG umbenannt).
01.10.1964	Aufstellung der Minentaucherkompanie.
01.01.1965	Umbenennung des Minenlegergeschwaders in MINENSCHIFFGESCHWADER.
01.01.1966	Umbenennung des 2. Küstenwachgeschwaders in 10. MINENSUCHGESCHWADER.
01.01.1967	Umbenennung vom Kommando der Minenstreitkräfte in FLOTTILLE DER MINENSTREITKRÄFTE.
24.03.1967	Aufstellung des 7. Minensuchgeschwaders in Neustadt/Holstein.
28.11.1967	Verlegung des 5. Minensuchgeschwaders nach Olpenitz.
01.04.1968	Der Flottillenstab verlegt von Cuxhaven nach Wilhelmshaven.

16.09.1968	Auflösung des 10. Minensuchgeschwaders.
04.06.1969	Verlegung des 6. Minensuchgeschwaders von Cuxhaven nach Wilhelmshaven.
30.06.1972	Auflösung des Minenschiffgeschwaders (zuvor Minenlegergeschwader).
03.10.1977	Das 4. u. 6. Minensuchgeschwader werden in einem Truppenversuch zum MINEN-ABWEHRGESCHWADER NORDSEE zusammengefaßt.
29.06.1984	Beendigung des o.a. Versuches. Die Boote werden wieder auf das 4. und 6. MSG verteilt.
23.09.1992	Das 3. Minensuchgeschwader wird aufgelöst.
01.10.1994	Verlegung des Flottillenstabes inklusive der zuvor bestehenden Geschwaderstäbe vom 1., 3. und 5. MSG nach Olpenitz.
31.12.1995	Das 7. Minensuchgeschwader wird aufgelöst.
31.12.1995	Neuaufstellung des 3. Minensuchgeschwaders in Olpenitz.
16.05.1996	Das 1. Minensuchgeschwader ist 40 Jahre im Dienst.
17.09.1997	Auflösung des 4. Minensuchgeschwaders mit der Eingliederung und Unterstellung der restlichen Boote des Geschwaders unter das 6. Minensuchgeschwader.
02.04.1998	5. Minensuchgeschwader feiert in Olpenitz 40 Jahre seiner Indienststellung.
25.05.1999	Aufstellung eines neuen NATO-Verbandes. Es ist dies der Minenabwehrverband Mittelmeer (MCMFORMED), an dem die Marine durch Abstellung entsprechender Minensucheinheiten von nun an maßgeblich beteiligt ist.
12.06.1999	Die LINDAU und im Anschluß die SULZBACH-ROSENBERG räumen im Rahmen der Operation »Allied Harvest« Kriegsmüll aus der Adria, der dort während des Kosovo-Konfliktes von den Luftstreitkräften der NATO abgeworfen wurde.
24.09.1999	Als erstes Boot der zur neuen Typ-Klasse 333 umgebauten Serie verläßt die KULMBACH die Umbauwerft in Wolgast.
06.1999–08.1999	LINDAU, FULDA und SULZBACH-ROSENBERG bei Operation Allied Harvest in der Adria.
10.1999	Neuverteilung des Bootsbestandes mit dem Augenmerk nicht mehr typenrein, sondern unter dem Aspekt der Umbauten zur Typ-Klasse 333 und 352.
29.09.2000	Restliche vier HL-Boote werden außer Dienst gestellt und gehen später nach Südafrika.
06.1999–08.1999	Einsatz bei Operation »ALLIED HARVEST 1999« in der Adria. Beteiligte Boote: LINDAU, FULDA, SULZBACH-ROSENBERG und ROTTWEIL
13.12.2000	Auflösung des 6. Minensuchgeschwaders in Wilhelmshaven.
06.1997 bis 11.2001	Umbaumaßnahmen der Typ-Klassen 331/351-343 zu MJ-Booten und HL-Booten.